信息产业核心关键技术
自主创新出版工程

嵌入式
实时操作系统

基于RT-Thread的EAI&IoT系统开发

王宜怀　史洪玮　孙锦中　罗喜召／著

EMBEDDED REAL-TIME
OPERATING SYSTEM

机械工业出版社
CHINA MACHINE PRESS

嵌入式实时操作系统是嵌入式人工智能与物联网终端的重要工具和运行载体。本书以国产 RT-Thread 实时操作系统为背景，阐述实时操作系统的线程、调度、延时函数、事件、消息队列、信号量、互斥量等基本知识要素，并给出实时操作系统下的程序设计方法。全书分为基础应用（第 1~7 章）、原理剖析（第 8~12 章）及综合实践（第 13~14 章）三篇，如果读者只从事实时操作系统下的应用开发，可只阅读基础应用篇与综合实践篇；如果希望理解实时操作系统原理，则建议通读全书。

　　本书可作为应用开发工程师、高等学校研究生及高年级本科生的参考用书，也可作为实时操作系统技术的培训用书。

　　本书配有网上电子资源，在"百度"中搜索"苏州大学嵌入式学习社区"官网，从"著作"→"RTOS"→"RT-Thread"中可下载与本书配套的学习资源（参考资料、硬件资源及其使用文档、源代码、开发环境、课件、视频等）。

图书在版编目（CIP）数据

嵌入式实时操作系统：基于 RT-Thread 的 EAI&IoT 系统开发/王宜怀等著.—北京：机械工业出版社，2021.7（2025.1重印）

ISBN 978-7-111-68633-0

Ⅰ.①嵌…　Ⅱ.①王…　Ⅲ.①实时操作系统-软件开发　Ⅳ.①TP316.2

中国版本图书馆 CIP 数据核字（2021）第 133392 号

机械工业出版社（北京市百万庄大街 22 号　邮政编码 100037）
策划编辑：李馨馨　　责任编辑：李馨馨
责任校对：张艳霞　　责任印制：李　昂
北京中科印刷有限公司印刷

2025 年 1 月第 1 版·第 6 次印刷
184mm×260mm·19.5 印张·484 千字
标准书号：ISBN 978-7-111-68633-0
定价：99.00 元

电话服务　　　　　　　　　　网络服务
客服电话：010-88361066　　　机 工 官 网：www.cmpbook.com
　　　　　010-88379833　　　机 工 官 博：weibo.com/cmp1952
　　　　　010-68326294　　　金 书 网：www.golden-book.com
封底无防伪标均为盗版　　　　机工教育服务网：www.cmpedu.com

前　言

　　嵌入式实时操作系统（RTOS）是面向微控制器类应用的嵌入式人工智能与物联网终端的重要工具和运行载体。它的种类繁多，但是其共性是一致的，就是多线程编程，内核负责调度，线程之间或线程与中断服务程序之间采用通信机制。不同 RTOS 的性能及对外接口函数等有一定差异，但均包含调度、延时函数、事件、消息队列、信号量、互斥量等基本要素。学习 RTOS 有两个可能的出发点：一是学会在 RTOS 场景下进行基本应用程序开发；二是在掌握应用编程的前提下，理解其运行原理，进行深度应用程序开发。本书就是基于这两个场景进行撰写的。

　　虽然 RTOS 种类繁多，有国外的，也有国产的；有收费的，也有免费的；有可以持续维护升级的，也有依赖爱好者更新升级的。初学者有时不知所措，但是无论如何，学习 RTOS，必须以一个具体的 RTOS 为蓝本。实际上，不同 RTOS 的应用方法及原理大同小异，掌握其共性是学习的关键，这样才能达到举一反三的效果。需要特别说明的是，学习的目的是应用，注意在应用时不能陷入收费陷阱。

　　本书推荐的国产 RT-Thread 实时操作系统是上海睿赛德电子科技有限公司于 2006 年推出的开源 RTOS，它具有高可靠性、超低功耗和中间组件丰富易用等特点，面向嵌入式人工智能与物联网领域，已经成为装机量大、开发者数量多的物联网操作系统之一，被广泛应用于工业控制、智能家居、智能穿戴等众多行业领域。本书以 RT-Thread 为蓝本，以通用嵌入式计算机（GEC）为硬件载体，阐述 RTOS 中的线程、调度、延时函数、事件、消息队列、信号量、互斥量等基本知识要素，给出 RTOS 下的程序设计方法。

　　为了使读者更容易学习应用 RTOS，本书把应用与原理分开撰写，先学习应用，后学习原理。全书包括基础应用（第 1~7 章）、原理剖析（第 8~12 章）及综合实践（第 13~14 章）三篇，如果读者只从事实时操作系统下的应用开发，可只阅读基础应用篇与综合实践篇；如果希望理解实时操作系统原理，则建议通读全书。基础应用篇采用将 RT-Thread 驻留于 BIOS 内部，在此基础上进行 RTOS 下应用开发的学习实践思路，架构简捷明了，编译链接速度快，符合应用开发特点。原理剖析篇采用源码级剖析，利用 printf 输出至计算机屏幕，清晰给出运行原理，达到知其然也知其所以然的目的。综合实践篇主要介绍了 RTOS 在嵌入式人工智能与物联网领域的综合应用。本书若作为教材，可根据课时做适当缩减，一般情况下，在本科教学中，基础应用篇和综合实践篇是重点，若用于研究生教学，原理剖析篇则作为重点。

　　本书配有网上电子资源，在"百度"中搜索"苏州大学嵌入式学习社区"官网，从"著作"→"RTOS"→"RT-Thread"可下载与本书配套的电子资源（包含参考资料、硬件资源及其使用文档、源代码、开发环境、课件和视频等）。

　　参与本书材料整理与程序设计的除了封面署名作者外，还有徐丽华副教授、徐文彬副教授，以及苏州大学嵌入式人工智能与物联网课题组的研究生汪恒、刘肖、奚圣鑫、刘中华、叶柯阳、徐婷婷、陈瑞雪、韦雪婷等。本书编写过程中还得到了上海睿赛德电子科技有限公司罗齐熙先生以及机械工业出版社时静编辑、李馨馨编辑的大力支持，特此致谢！

苏州大学　王宜怀

2021 年 5 月

目　录

第二篇 原 理 剖 析

第三篇 综合实践

Part I

第一篇
基础应用

第1章　RTOS的基本概念与线程基础知识

在进行嵌入式应用产品开发时，根据项目需求、主控芯片的资源状况、软件可移植性要求及开发人员技术背景等情况，可选用一种实时操作系统作为嵌入式软件设计载体。特别是随着嵌入式人工智能与物联网的发展，对嵌入式软件的可移植性要求不断增强，实时操作系统的应用也将更加普及。

作为本书的开始，本章从一般意义上阐述实时操作系统的基本含义；给出线程与调度的基本含义及相关术语；阐述线程的三要素、四种状态及三种基本形式。希望通过本章的阅读，读者能够对实时操作系统的基本概念有一个初步的认识，这是应用编程及理解原理的基础。

1.1　实时操作系统的基本含义

实时操作系统（Real-Time Operating System，RTOS）是应用于嵌入式系统中的一种系统软件，学习实时操作系统可以从了解其基本功能开始。本节首先简要给出嵌入式系统的基本分类，随后阐述无操作系统与实时操作系统下程序运行流程的区别，由此初步了解RTOS的基本功能，最后介绍实时操作系统与非实时操作系统的基本差异。

1.1.1　嵌入式系统的基本分类

嵌入式系统，即嵌入式计算机系统，它是不以计算机面目出现的"计算机"。这类计算机隐含在各种具体产品之中，在这些产品中，计算机程序发挥关键核心作用。嵌入式产品有手机、平板计算机、冰箱、工业控制系统、农业大棚控制、月球车等。应用于嵌入式系统的处理器，被称为嵌入式处理器。嵌入式处理器按其应用范围可以分为电子系统智能化（微控制器类）和计算机应用延伸（多媒体应用处理器）两大类。

1. 微控制器类

一般来说，微控制器与应用处理器的主要区别在于可靠性、数据处理量、工作频率等方面。相对于应用处理器来说，微控制器的可靠性要求更高、数据处理量较小、工作频率较低。电子系统智能化类的嵌入式系统，主要用于嵌入式人工智能终端、物联网终端、工业控制、现代农业、家用电器、汽车电子、测控系统、数据采集等，这类应用所使用的嵌入式处理器一般被称为微控制器（Microcontroller Unit，MCU）。这类嵌入式系统产品从形态上看，更类似于早期的电子系统，但其内部，计算机程序起核心控制作用。本书阐述的实时操作系统主要面向微控制器类。

2. 多媒体应用处理器

计算机应用延伸类的嵌入式系统，主要用于平板计算机、智能手机、电视机顶盒、企业网络设备等，这类应用所使用的嵌入式处理器一般被称为多媒体应用处理器（Multimedia Application Processor，MAP）。MAP类一般使用非实时操作系统。

1.1.2　无操作系统与实时操作系统

在嵌入式产品开发中，可以根据硬件资源、软件复杂程度、可移植性需求、研发人员的知识结构等各个方面综合考虑是否使用操作系统，若使用操作系统，还要考虑选择哪种操作系统。

1. 无操作系统下程序运行流程

无操作系统（No Operating System，NOS）的嵌入式系统中，在系统复位后，首先进行堆栈、中断向量、系统时钟、内存变量、部分硬件模块等初始化工作，然后进入"无限循环"，在这个无限循环中，CPU 一般根据一些全局变量的值决定执行各种功能程序（线程），这是**第一条运行路线**。若发生中断，则将响应中断，执行中断服务程序（Interrupt Service Routine，ISR），这是**第二条运行路线**，执行完 ISR 后，返回中断处继续执行。从操作系统的调度功能视角理解，NOS 中的主程序可以被简单地理解为一个 RTOS 内核，这个内核负责系统初始化和调度其他线程。

2. RTOS 下程序运行流程及 RTOS 的基本功能

本书主要阐述面向嵌入式人工智能与物联网领域的实时操作系统（RTOS）的应用方法与原理。在基于 RTOS 的编程模式下，有两条路线：一条是**线程线**，编程时把一个较大工程分解成几个较小的工程（被称为线程或任务），由调度者负责这些线程的执行；另一条路线是**中断线**，与 NOS 情况一致，若发生中断，则将响应中断，执行中断服务程序（ISR），然后返回中断处继续执行。

可以进一步理解，RTOS 是一个标准内核，包括芯片初始化、设备驱动及数据结构的格式化，应用层程序员可以不直接对硬件设备和资源进行操作，而是通过标准调用方法实现对硬件的操作，所有的线程由 RTOS 内核负责**调度**。也可以这样理解，RTOS 是一段嵌入在目标代码中的程序，系统复位后首先执行它，用户的其他应用程序（线程）都建立在 RTOS 之上。不仅如此，RTOS 将 CPU 时间、中断、I/O、定时器等资源都包装起来，留给用户一个标准的应用程序编程接口（Application Programming Interface，API），并根据各个线程的优先级，合理地在不同线程之间分配 CPU 时间。**RTOS 的基本功能可以简单地概括如下**：RTOS 为每个线程建立一个可执行的环境，方便线程间传递消息，在中断服务程序（ISR）与线程之间传递事件，区分线程执行的优先级，管理内存，维护时钟及中断系统，并协调多个线程对同一个 I/O 设备的调用。**简而言之就是：线程管理与调度、线程间的通信与同步、存储管理、时间管理、中断处理等。**

3. RTOS 的应用场合

一个具体的嵌入式系统产品是否需要使用操作系统，使用何种操作系统，必须根据系统的具体要求做出合理的决策，这就依赖于对系统的理解和所具备的操作系统知识。是否使用操作系统，可以从以下几个方面来考虑：

1）系统是否复杂到一定需要使用一个操作系统？

2）硬件是否具备足够的资源支撑操作系统的运行？

3）是否需要并行运行多个较复杂的线程，线程间是否需要进行实时交互？

4）应用层软件的可移植性是否能得到更好的保证？

即使决定使用操作系统，还要考虑选择哪一种操作系统、是否是实时操作系统等，此外，还要从性能、熟悉程度、是否免费、是否有产品使用许可、是否会出现收费陷阱等视角考虑。

本书阐述的 RT-Thread 是一款国产开源免费的实时操作系统。

1.1.3　实时操作系统与非实时操作系统

我们知道，操作系统（Operating System，OS）是一套用于管理计算机硬件与软件资源的程序，是计算机的系统软件。通常使用的个人计算机（Personal Computer，PC）系统，在硬件上一般由主机、显示屏、鼠标、打印机等组成。操作系统提供设备驱动管理、进程管理、存储管理、文件系统、安全机制、网络通信及使用者界面等功能，这类操作系统有 Windows、macOS、Linux 等。

而嵌入式操作系统（Embedded Operating System，EOS）是一种工作在嵌入式微型计算机上的系统软件。一般情况下，它固化到微控制器、应用处理器内的非易失存储体中，具有一般操作系统最基本的功能，负责嵌入式系统的软硬件资源分配、线程调度、同步机制、中断处理等功能。

嵌入式操作系统有**实时与非实时**之分。一般情况下，应用处理器使用的嵌入式操作系统（EOS）对实时性要求不高，主要关心功能，这类操作系统主要有 Android、iOS、嵌入式 Linux 等。而以微控制器为核心的嵌入式系统，如工业控制设备、军事设备、航空航天设备、嵌入式人工智能与物联网终端等，大多对实时性要求较高，期望能够在较短的确定时间内完成特定的系统功能或中断响应，应用于这类系统中的操作系统就是**实时操作系统**。

相对于实时操作系统（RTOS）而言，适合于应用处理器的嵌入式操作系统一般不再追求实时性指标，这类操作系统主要有：最初由 Andy Rubin 开发，2005 年后由 Google 持续改进的 Android，在手机中得到较广泛应用；2007 年首发，由苹果公司推出的 iOS 操作系统等。而实时操作系统中，实时性是重要关注点，这类操作系统主要有：2014 年首发，由 ARM 公司出品的 mbedOS；2003 年首发，受到亚马逊公司资助的 FreeRTOS；1992 年首发，由 Jean Labrosse 持续改进的 μC/OS；1989 年首发，后由 NXP 公司推出的 MQX；2006 年，上海睿赛德电子科技有限公司发布的 RT-Thread（Real Time-Thread）等。

与一般运行于 PC 或服务器上的通用操作系统相比，RTOS 的突出特点是"实时性"，一般的通用操作系统（如 Windows、Linux 等）大都从"分时操作系统"发展而来。在单中央处理器（Central Processing Unit，CPU）条件下，分时操作系统的主要运行方式是：对于多个线程，CPU 的运行时间被分为多个时间段，并且将这些时间段平均分配给每个线程，轮流让每个线程运行一段时间，或者说每个线程独占 CPU 一段时间，如此循环，直至完成所有线程。这种操作系统注重所有线程的平均响应时间而较少关心单个线程的响应时间，对于单个线程来说，注重每次执行的平均响应时间而不关心某次特定执行的响应时间。而 RTOS 系统中，要求能"立即"响应外部事件的请求，这里的"立即"含义是相对于一般操作系统而言的，即在更短的时间内响应外部事件。与通用操作系统不同，RTOS 注重的不是系统的平均表现，而是要求每个实时线程在最坏情况下都要满足其实时性要求，也就是说，RTOS 注重的是个体表现，更准确地讲是个体最坏情况表现。

1.2　RTOS 中的基本概念

在 RTOS 中，线程与调度是两个最重要的概念，本节首先阐述这两个概念，然后给出 RTOS 的其他相关术语，简单地分为内核类与线程类的相关术语，理解这些基本概念是学习 RTOS 的关键一环。这里的内核是指 RTOS 的核心部分，是 RTOS 厂家提供的程序，而线程则是指应用程序设计者编制的程序，它在内核的调度下运行。

1.2.1　线程与调度基本含义

线程与调度是 RTOS 中两个不可分割的重要的基本概念，透彻地理解它们，对 RTOS 的学习至关重要。

1. 线程的基本含义

线程是 RTOS 中最重要的概念之一。在 RTOS 下，把一个复杂的嵌入式应用工程按一定规则分解成一个个功能清晰的小工程，然后设定各个小工程的运行规则，交给 RTOS 管理，这就是基于 RTOS 编程的基本思想。这一个个小工程被称为线程（Thread），RTOS 管理这些线程，被称为调度（Scheduling）。

要给 RTOS 中的线程下一个准确而完整的定义并不十分容易，可以从不同视角理解线程。**从线程调度视角理解**，可以认为，RTOS 中的线程是一个功能清晰的小程序，是 RTOS 调度的基本单元；**从 RTOS 的软件设计视角来理解**，就是在软件设计时，需要根据具体应用，划分出独立的、相互作用的程序集合，这样的程序集合就被称为线程，每个线程都被赋予一定的优先级；**从 CPU 视角理解**，在单 CPU 下，某一时刻 CPU 只会处理（执行）一个线程，或者说只有一个线程占用 CPU。RTOS 内核的关键功能就是以合理的方式为系统中的每个线程分配时间（即调度），使之得以运行。

实际上，根据特定的 RTOS，线程可能被称为任务（Task），也可能使用其他名词，含义或许稍有差异，但本质不变，也不必花过多精力追究其精确语义，因为学习 RTOS 的关键在于掌握线程设计方法、理解调度过程、提高编程鲁棒性、理解底层驱动原理、提高程序规范性/可移植性/可复用性、提高嵌入式系统的实际开发能力等。要真正理解与掌握利用线程进行基于 RTOS 的嵌入式软件开发，需要从线程的状态、结构、优先级、调度、同步等视角来认识，这些将在后续章节中详细阐述。

2. 调度的基本含义

多线程系统中，RTOS 内核（Kernel）负责管理线程，或者说为每个线程分配 CPU 时间，并且负责线程间的通信。

调度（Scheduling）就是决定该轮到哪个线程运行了，它是内核最重要的职责。每个线程根据其重要程度不同，被赋予一定的优先级。不同的调度算法对 RTOS 的性能有较大影响，基于优先级的调度算法是 RTOS 常用的调度算法，其核心思想是，总是让处于就绪态的、优先级最高的线程先运行。然而何时高优先级线程掌握 CPU 的使用权，由使用的内核类型确定，基于优先级的内核有不可抢占型和可抢占型两种类型。

1.2.2　内核类其他基本概念

在 RTOS 场景下编程，芯片启动时先运行一段被称为 RTOS 内核的程序代码，这段代码的功能是开辟好用户线程的运行环境，准备好对线程进行调度。RTOS 一般由内核与扩展部分组成，内核的最主要功能是线程调度，扩展部分的最主要功能是提供应用程序编程接口（API）。内核类其他基本概念主要有时间嘀嗒、代码临界段、不可抢占型内核与可抢占型内核、实时性相关概念及 RTOS 实时性指标等。

1. 时间嘀嗒

时钟节拍（Clock Tick），有时也直接译为时钟嘀嗒，它是特定的周期性中断，通过定时器产生周期性的中断，以便内核判断是否有更高优先级的线程已进入就绪状态。

2. 代码临界段

代码临界段也称为临界区，是指处理时不可分割的代码，一旦这部分代码开始执行，则不允许任何中断打扰。为确保临界段代码的执行，在进入临界段之前要关中断，且临界段代码执行完后应立即开中断。

3. 不可抢占型内核与可抢占型内核

不可抢占型内核（Non-Preemptive Kernel），要求每个线程主动放弃 CPU 的使用权，不可抢占型调度算法也称为合作型多线程，各个线程彼此合作共享一个 CPU。但异步事件还是由中断服务来处理，中断服务可使高优先级的线程由挂起态变为就绪态，但中断服务以后，使用权还是回到原来被中断了的那个线程，直到该线程主动放弃 CPU 的使用权，新的高优先级的线程才能获得 CPU 的使用权。

当系统响应时间很重要时，须使用可抢占型内核（Preemptive Kernel）。在可抢占型内核中，一个正在运行的线程可以被打断，而让另一个优先级更高且变为就绪态的线程运行。如果是中断服务子程序使高优先级的线程进入就绪态，中断完成时，被中断的线程被挂起，优先级高的线程开始运行。

4. 实时性相关概念及 RTOS 实时性指标

硬实时（Hard Real-Time）要求在规定的时间内必须完成操作，这是在设计操作系统时保证的，通常将具有优先级驱动的、时间确定性的、可抢占调度的 RTOS 系统称为硬实时系统。软实时（Soft Real-Time）则没有那么严格，只要按照线程的优先级，尽可能快地完成操作即可。

RTOS 追求的是调度的实时性、响应时间的可确定性和系统的高度可靠性，评价一个 RTOS 一般可以从线程调度、内存开销、系统响应时间、中断延迟等几个方面来衡量。

（1）线程调度的时间指标

RTOS 的实时性和多线程能力在很大程度上取决于它的线程调度机制。在大多数商用的实时系统中，为了让操作系统能够在有突发事件时迅速取得系统使用权，以便对事件做出反应，所以大都提供了"抢占式线程调度"功能，也就是操作系统有权主动终止应用程序（应用线程）的执行，并且将执行权交给拥有最高优先级的线程。

调度延时（Scheduling Latency）：指当一个更高优先级的线程就绪到这个线程开始运行之间的时间。简而言之，就是一个线程被触发后，由就绪到开始运行的时间。

线程切换时间（Context-Switching Time）：由于某种原因使一个线程退出运行时，RTOS 保存它的运行现场信息，并插入相应列表，依据一定的调度算法重新选择一个新线程使之投入运行，这一过程所需时间称为线程切换时间。线程切换时间越短，RTOS 的性能就越高。

恢复时间（Recovery Time）：指从线程完成后，系统响应到恢复执行主程序所需要的时间。

（2）最小内存开销

在 RTOS 的设计过程中，由于成本限制，嵌入式系统产品内存的配置一般都不大，而在有限的内存空间内不仅要装载 RTOS，还要装载用户程序。因此，最小内存开销是一个重要的指标，这是 RTOS 设计与其他操作系统设计的明显区别之一。

（3）系统响应时间

系统响应时间（System Response Time）：指系统发出处理要求到系统给出应答信号的时间，也就是从线程请求产生到线程完成之间的时间间隔，需要满足一定的时间约束。控制要满足一定的实时性要求，就是响应时间小于临界时间。系统响应时间由反应时间和处理时间两部分组成，反应时间指外部中断提交到 CPU 开始处理的时间，处理时间指 CPU 完成处理的时间。提高系统的响应时间，可以从缩短反应时间和处理时间两个方面入手。反应时间是电信号的传导时间，对于不同速度的处理器，这个时间相差不大。

（4）中断延迟

中断是一种硬件机制，用于通知 CPU 发生了一个异步事件。CPU 一旦识别出一个中断，保存线程上下文后，跳至该中断服务程序（ISR）执行，处理完这个中断后，返回到就绪列表中具有最高优先级的线程执行。当 RTOS 运行在核心态或执行某些系统调用的时候，不会因为外部中断的到来而立即执行中断服务程序，只有当 RTOS 重新回到用户态时才响应外部中断请求，这一过程所需的最大时间就是中断禁止时间。

中断延迟（Interrupt Latency）时间：是指系统确认中断开始直到执行中断服务程序第一条指令为止，整个处理过程所需要的时间。中断禁止时间越短，则中断延迟时间越短，那么系统的实时性也会越高。

1.2.3　线程类其他基本概念

这里归纳线程类其他基本概念主要有线程的上下文及线程切换、线程间通信、死锁、线程优先级、优先级驱动、优先级反转、优先级继承、资源、共享资源与互斥等。

1. 线程的上下文及线程切换

线程的上下文（Context），即 CPU 内寄存器。当多线程内核决定运行另外的线程时，它保存正在运行线程的当前上下文，这些内容保存在随机存储器（Random Access Memory，RAM）中的线程当前状况保存区（Task's Context Storage Area），也就是线程自己的堆栈之中。入栈工作完成以后，就把下一个将要运行线程的当前状况从其线程堆栈中重新装入 CPU 的寄存器，开始下一个线程的运行，这一过程叫作线程切换或上下文切换。

2. 线程间通信

线程间通信是指线程间的信息交换，其作用是实现同步及数据传输。同步是指根据线程间的合作关系，协调不同线程间的执行顺序。线程间通信的方式主要有事件、消息队列、信号量、互斥量等。有关线程间通信及下述的优先级反转、优先级继承、资源、共享资源与互斥等概念将在后续章节中详细阐述。

3. 死锁

死锁指两个或两个以上的线程无限期地互相等待对方释放其所占资源。死锁产生的必要条件有 4 个，即资源的互斥访问、资源的不可抢占、资源的请求保持以及线程的循环等待。解决死锁问题的方法是破坏产生死锁的任一必要条件，例如规定所有资源仅在线程运行时才分配，其他任意状态都不可分配，破坏其资源请求保持特性。

4. 线程优先级、优先级驱动、优先级反转、优先级继承

在一个多线程系统中，每个线程都有一个优先级（Priority）。

优先级驱动（Priority-Driven）：在一个多线程系统中，正在运行的线程总是优先级最高的线程。在任何给定的时间内，总是把 CPU 分配给优先级最高的线程。

优先级反转（Priority- Inversion）：当一个线程等待比它优先级低的线程释放资源而被阻塞时，这种现象被称为优先级反转，这是一个在编程时必须注意的问题。优先级继承技术可以解决优先级反转问题，目前市场上大多数商用操作系统都使用优先级继承技术。

优先级继承（Priority-Inheritance）：优先级继承是用来解决优先级反转问题的技术。当优先级反转发生时，较低优先级线程的优先级暂时被提高，以匹配较高优先级线程的优先级。这样，就可以使较低优先级线程尽快地执行并且释放较高优先级线程所需要的资源。

5. 资源、共享资源与互斥

资源（Resources）：任何为线程所占用的实体均可称为资源。资源可以是输入/输出设备，例如打印机、键盘及显示器，也可以是一个变量、结构或数组等。

共享资源（Shared Resources）：可以被一个以上线程使用的资源叫作共享资源。为了防止数据被破坏，每个线程在与共享资源打交道时，必须独占资源，即互斥。

互斥（Mutual Exclusion）：互斥是用于控制多线程对共享数据进行顺序访问的同步机制。在多线程应用中，当两个或更多的线程同时访问同一数据区时，就会造成访问冲突，互斥能使它们依次访问共享数据而不引起冲突。

1.3 线程的三要素、四种状态及三种基本形式

线程是完成一定功能的函数，但是并不是所有的函数都可以被称为线程。一个函数只有在给出其线程描述符及线程堆栈情况下，才可以被称为线程，才能够被调度运行。本节首先给出线程的三要素：线程函数、线程堆栈、线程描述符，随后给出线程的四种状态：终止态、阻塞态、就绪态和激活态，最后给出线程的基本形式：单次执行、周期执行、资源驱动。

1.3.1 线程的三要素：线程函数、线程堆栈、线程描述符

从线程的存储结构上看，线程由三个部分组成：线程函数、线程堆栈、线程描述符，这就是线程的三要素。线程函数就是线程要完成具体功能的程序；每个线程拥有自己独立的线程堆栈空间，用于保存线程在调度时的上下文信息及线程内部使用的局部变量；线程描述符是关联了线程属性的程序控制块，记录线程的各个属性。下面做进一步阐述。

1. 线程函数

一个线程，对应一段函数代码，完成一定功能，可被称为线程函数。从代码上看，线程函数与一般函数并无区别，被编译链接生成机器码之后，一般存储在 Flash 区。但是从线程自身视角来看，它认为 CPU 就是属于它自己的，并不知道还有其他线程存在。线程函数也不是用来被其他函数直接调用的，而是由 RTOS 内核调度运行。要使线程函数能够被 RTOS 内核调度运行，必须将线程函数进行"登记"，要给线程设定优先级、设置线程堆栈大小、给线程编号等，否则有几个线程都要运行时，RTOS 内核如何知道哪个该先运行呢？由于任何时刻只能有一个线程在运行（处于激活态），当 RTOS 内核使一个线程运行时，之前的运行线程就会退出激活态。CPU 被处于激活态的线程所独占，从这个角度看，线程函数与无操作系统（NOS）中的"main"函数性质相近，一般被设计为"永久循环"，认为线程一直在执行，永远独占处理器。但也有一些特殊性，将在第 7 章中讨论。

2. 线程堆栈

线程堆栈是独立于线程函数之外的 RAM，按照"先进后出"策略组织的一段连续存储空间，是 RTOS 中线程概念的重要组成部分。在 RTOS 中被创建的每个线程都有自己私有的堆栈空间，在线程的运行过程中，堆栈用于保存线程程序运行过程中的局部变量、线程调用普通函数时会为线程保存返回地址等参数变量、保存线程的上下文等。

虽然前面已经简要描述过"线程的上下文"的概念，这里再提一下，以便对线程堆栈用于保存线程的上下文作用的充分认识。在多线程系统中，每个线程都认为 CPU 寄存器是自己的，一个线程正在运行时，当 RTOS 内核决定不让当前线程运行，而转去运行别的线程时，就

要把 CPU 的当前状态保存在属于该线程的线程堆栈中，当 RTOS 内核再次决定让其运行时，就从该线程的线程堆栈中恢复原来的 CPU 状态，就像未被暂停过一样。

在系统资源充裕的情况下，可分配尽量多的堆栈空间，可以是 K 数量级的（例如常用 1024 B），但若是系统资源受限，就得精打细算了，具体的数值要根据线程的执行内容才能确定。对线程堆栈的组织及使用由系统维护，对于用户而言，只要在创建线程时指定其大小即可。

3. 线程描述符

线程被创建时，系统会为每个线程创建一个唯一的线程描述符（Task Descriptor，TD），它相当于线程在 RTOS 中的一个"身份证"，RTOS 就是通过这些"身份证"来管理线程和查询线程信息的。这个概念在不同操作系统中名称不同，但含义相同，在 RT-Thread 中被称为线程控制块（Thread Control Block，TCB），在 μC/OS 中被称作任务控制块（Task Control Block，TCB），在 Linux 中被称为进程控制块（Process Control Block，PCB）。线程函数只有配备了相应的线程描述符才能被 RTOS 调度，未配备线程描述符的驻留在 Flash 区的线程函数代码就只是通常意义上的函数，是不会被 RTOS 内核调度的。

多个线程的线程描述符组成链表，存储于 RAM 中。每个线程描述符中含有指向前一个节点的指针、指向后一个节点的指针、线程状态、线程优先级、线程堆栈指针、线程函数指针（指向线程函数）等字段，RTOS 内核通过它来执行线程。

在 RTOS 中，一般情况下使用列表来维护线程描述符。例如在 RT-Thread 中，阻塞列表用于存放因等待某个信号而终止运行的线程，延时阻塞列表用于存放因调用延时函数而暂停运行的线程，就绪列表则按优先级的高低存放准备要运行的线程。在 RTOS 内核调度线程时，可以通过就绪列表的头节点查找链表，获取就绪列表上所有线程描述符的信息。

1.3.2　线程的四种状态：终止态、阻塞态、就绪态和激活态

RTOS 中的线程一般有四种状态，分别为终止态、阻塞态、就绪态和激活态。在任一时刻，线程被创建后所处的状态一定是四种状态之一。

1. 线程状态的基本含义

1）终止态（Terminated，Inactive）：线程已经完成或被删除，不再需要使用 CPU。

2）阻塞态（Blocked）：又可称为"挂起态"。线程未准备好，不能被激活，因为该线程需要等待一段时间或等待某些情况发生；当等待时间到或等待的情况发生时，该线程才变为就绪态，处于阻塞态的线程描述符存放于等待列表或延时列表中。

3）就绪态（Ready）：线程已经准备好可以被激活，但未进入激活态，因为其优先级等于或低于当前的激活线程，一旦获取 CPU 的使用权就可以进入激活态，处于就绪态的线程描述符存放于就绪列表中。

4）激活态（Active，Running）：又称为"运行态"，该线程在运行中拥有 CPU 使用权。

如果一个激活态的线程变为阻塞态，则 RTOS 将执行切换操作，从就绪列表中选择优先级最高的线程进入激活态；如果有多个具有相同优先级的线程处于就绪态，则就绪列表中的首个线程先被激活。也就是说，每个就绪列表中相同优先级的线程是按先进先出（First in First out，FIFO）的策略进行调度的。

在一些操作系统中，还把线程分为中断态和休眠态，对于被中断的线程 RTOS 把它归为中断态；休眠态是指该线程的相关资源虽然仍驻留在内存中，但并不被 RTOS 所调度的状态，其

实它就是一种终止的状态。

2. 线程状态之间的转换

RTOS 线程的四种状态是动态转换的，有
的情况是系统调度自动完成，有的情况是用户
调用某个系统函数完成，有的情况是等待某个
条件满足后完成。线程的四种状态转换关系如
图 1-1 所示。

（1）终止态转为就绪态

终止态转为就绪态（图 1-1 中的①线，下

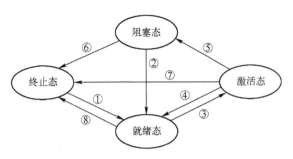

图 1-1　线程状态转换图

同）：线程准备重新运行，根据线程优先级进入就绪态。例如在 RT-Thread 中，调用 rt_thread_
init（）或 rt_thread_create（）函数再次创建线程，调用 rt_thread_startup（）启动线程。

（2）阻塞态转为就绪态、终止态

阻塞态转为就绪态（②）：阻塞条件被解除，例如中断服务或其他线程运行时释放了线程
等待的信号量，从而使线程再次进入就绪状态。又如，延时列表中的线程延时到达唤醒的时
刻。在 RT-Thread 中，会自动调用 rt_thread_resume（）函数。

阻塞态转为终止态（⑥）：例如在 RT-Thread 中，调用 rt_thread_delete（）或 rt_thread_
detach 函数。

（3）就绪态转为激活态、终止态

就绪态转为激活态（③）：就绪线程被调度而获得了 CPU 资源进入运行；也可以直接调用
函数进入激活态。例如在 RT-Thread 中，调用 rt_thread_yield（）函数。

就绪态转为终止态（⑧）：例如在 RT-Thread 中，调用 rt_thread_exit（）函数。

（4）激活态转为就绪态、阻塞态、终止态

激活态转为就绪态（④）：正在执行的线程被高优先级线程抢占进入就绪列表；或使用时
间片轮询调度策略时，时间片耗尽，正在执行的线程让出 CPU；或被外部事件中断。

激活态转为阻塞态（⑤）：正在执行的线程等待信号量、等待事件或者等待 I/O 资源等，
在 RT-Thread 中，调用 rt_thread_suspend（）函数。

激活态转为终止态（⑦）：在 RT-Thread 中，调用 rt_thread_exit（）函数。

1.3.3　线程的三种基本形式：单次执行、周期执行、资源驱动

线程函数一般分为两个部分：初始化部分和线程体部分。初始化部分实现对变量的定义、
初始化以及设备的打开等，线程体部分负责完成该线程的基本功能。线程的一般结构如下：

```
void thread_a（uint32_t initial_data）
{
    //初始化部分
    //线程体部分
}
```

线程的基本形式主要有单次执行线程、周期执行线程以及事件驱动线程三种，下面介绍其
结构特点。

1. 单次执行线程

单次执行线程是指线程在创建完之后只会被执行一次，执行完成后就会被销毁或阻塞的线
程，线程函数结构如下：

```
void thread_a ( uint32_t initial_data )
{
    //初始化部分
    //线程体部分
    //线程函数销毁或阻塞
}
```

单次执行线程由三部分组成：线程函数初始化、线程函数执行以及线程函数销毁或阻塞。初始化部分包括对变量的定义和赋值、打开需要使用的设备等；线程函数的执行是该线程的基本功能实现；线程函数的销毁或阻塞，即调用线程销毁或者阻塞函数将自己从线程列表中删除。销毁与阻塞的区别在于销毁除了停止线程的运行之外，还将回收该线程所占用的所有资源，如堆栈空间等；而阻塞只是将线程描述符中的状态设置为阻塞而已。

2. 周期执行线程

周期执行线程是指需要按照一定周期执行的线程，线程函数的结构如下：

```
void   thread_a ( uint32_t initial_data )
{
    //初始化部分
    ……
    //线程体部分
    while(1)
    {
        //循环体部分
    }
}
```

初始化部分同上面一样，包括对变量的定义和赋值、打开需要使用的设备等，与单次执行线程不一样的地方在于周期执行线程的函数体内存在永久循环部分，由于该线程需要按照一定周期执行，该线程内一般存在如延时函数、等待事件、等待消息等代码，将自己放入相应的阻塞列表中，等到条件满足时，重新进入就绪态。

3. 资源驱动线程

除了上面介绍的两种线程类型之外，还有一种线程形式：资源驱动线程，这里的资源主要指信号量、事件等线程通信与同步中的方法。这种类型的线程比较特殊，它是操作系统特有的线程类型，因为只有在操作系统下才导致资源的共享使用问题，同时也引出了操作系统中另一个主要的问题：线程同步与通信。该线程与周期驱动线程的不同在于它的执行时间不是确定的，只有在它所要等待的资源可用时，它才会转入就绪态，否则就会被加入到等待该资源的等待列表中。资源驱动线程函数的结构如下：

```
voidthread_a ( uint32_t initial_data )
{
    //初始化部分
    ……
    while(1)
    {
        //调用等待资源函数
        //线程体部分
    }
}
```

初始化部分和线程体部分与之前两个类型的线程类似，主要区别就是在线程体执行之前会调用等待资源函数，以等待资源实现线程体部分的功能。仍以前面的系统为例，数据处理是在物理量采集完成后才能进行的操作，所以在系统中使用一个信号量用于两个线程之间的同步，当物理量采集线程完成时就会释放这个信号量，而数据处理线程一直在等待这个信号量，当等待到这个信号量时，就可以进行下一步的操作。系统中的数据处理线程就是一个典型的资源驱动线程。

以上就是三种线程基本形式的介绍，其中的周期执行线程和资源驱动线程从本质上来讲可以归结为一种，也就是资源驱动线程。因为时间也是操作系统的一种资源，只不过时间是一种特殊的资源，特殊在该资源是整个操作系统的实现基础，系统中大部分函数都是基于时间这一资源的，所以在分类中将周期执行线程单独作为一类。

1.4　本章小结

在 RTOS 下编程与 NOS 下编程相比有显著优点，这个优点就是有个调度者，指挥协调着各个线程的运行，这样编程者可以把一个大工程分解成一个个小工程，交由 RTOS 管理，这符合软件工程的基本原理。

线程是 RTOS 中最重要的概念之一。在 RTOS 下，把一个复杂的嵌入式应用工程按一定规则分解成一个个功能清晰的小工程，然后设定各个小工程的运行规则，交给 RTOS 管理，这就是基于 RTOS 编程的基本思想。这一个个小工程被称为线程，RTOS 管理这些线程，被称为调度。可以分别从线程调度、软件设计及 CPU 等不同视角来理解线程，从线程调度视角，RTOS 中的线程是一个功能清晰的小程序，是 RTOS 调度的基本单元；从软件设计视角，线程是独立的、相互作用的程序集合；从 CPU 视角，任何时刻只有一个线程占用 CPU。调度就是以合理的方式为每个线程分配时间，使之得以运行。

一个函数只有在给出其线程描述符及线程堆栈情况下，才可以被称为线程，才能够被调度运行。线程一般有四种状态，分别为终止态、阻塞态、就绪态和激活态，在任一时刻，线程被创建后所处的状态一定是四种状态之一。线程有三种基本形式，分别是单次执行形式、周期执行形式及资源驱动形式。

第 2 章　相关基础知识

RTOS 是直接与硬件打交道的系统软件，要深入理解 RTOS 就必须掌握相关软硬件基础知识。本章给出的硬件基础知识包括 ARM Cortex-M 内核中的主要寄存器及中断系统等内容。由于 RT-Thread 采用 C 语言编写，本章也概要给出一些理解源码所需的 C 语言和数据结构方面的基础知识，如 C 语言的构造类型、条件编译、栈和堆、队列以及链表等内容。同时，由于 RT-Thread 中 PendSV、SysTick 等重要中断处理均采用汇编语言指令编写，本章还给出了汇编语言基本语法和常用伪指令的使用方法。了解这些内容，有助于学习和理解 RT-Thread 运行机制。若是仅学习 RTOS 的使用，本章可粗略了解，若要理解 RTOS 的运行机制，则本章作为其基础。

2.1　CPU 内部寄存器分类及 ARM Cortex-M 中的主要寄存器

RTOS 在运行过程中需要对 CPU 的寄存器频繁进行操作。本书采用的是基于 ARM Cortex-M 系列内核的 MCU，理解和掌握其 CPU 的主要寄存器、熟悉各个寄存器的含义和操作方式，是深入理解 RTOS 的必要前提条件。

2.1.1　CPU 内部寄存器分类

以程序员视角，从底层学习一个 CPU，理解其内部寄存器用途是重要一环。计算机所有指令运行均由 CPU 完成，CPU 内部寄存器负责信息暂存，其数量与处理能力直接影响 CPU 的性能，本节先从一般意义上阐述寄存器的基础知识及相关基本概念，下一节介绍 ARM Cortex-M4 微处理器的内部寄存器。

从共性知识角度及功能来看，CPU 内至少应该有数据缓冲类寄存器、栈指针类寄存器、程序指针类寄存器、程序状态类寄存器及其他功能寄存器。

1. 数据缓冲类寄存器

CPU 内数量最多的寄存器是数据缓冲用途的寄存器，名字用寄存器英文 Register 的首字母加数字组成，如 R0、R1、R2 等，不同 CPU 其种类不同。例如 8086 中的通用寄存器有 8 个，分别是 AX、BX、CX、DX、SP、BP、SI、DI；Intel X86 系列的通用寄存器也有 8 个，分别是 EAX、EBX、ECX、EDX、ESP、EBP、ESI、EDI。

2. 栈指针类寄存器

在计算机的编程中，有全局变量与局部变量的概念。从存储器角度看，对一个具有独立功能的完整程序来说，全局变量具有固定的地址，每次读写都是那个地址。而在一个子程序中开辟的局部变量则不同，用 RAM 中的哪个地址是不固定的，采用"后进先出"（Last In First Out, LIFO）原则使用一段 RAM 区域，这段 RAM 区域被称为栈区⊖。它有个栈底的地址，是一开始就

⊖　这里的栈，其英文单词为 Stack，在单片微型计算机中基本含义是 RAM 中存放临时变量的一段区域。现实生活中，Stack 的原意是指临时叠放货物的地方，但是叠放的方法是一个一个码起来的，最后放好的货物，必须先取下来，之前放的货物才能取，否则无法取。在计算机科学的数据结构学科中，栈是允许在同一端进行插入和删除操作的特殊线性表。允许进行插入和删除操作的一端称为栈顶（top），另一端称为栈底（bottom）；栈底固定，而栈顶浮动；栈中元素个数为零时称为空栈。插入一般称为进栈（PUSH），删除则称为出栈（POP）。栈也称为后进先出表。

确定的，当有数据进栈或出栈时，地址会自动连续变动[⊖]，不然就放到同一个存储地址中了，CPU 中需要有个地方保存这个不断变化的地址，这就是栈指针（Stack Pointer，SP）寄存器。

3. 程序指针类寄存器

计算机的程序存储在存储器中，CPU 中有个寄存器指示将要执行的指令在存储器中的位置，这就是程序指针类寄存器。在许多 CPU 中，它的名字叫作程序计数寄存器（Program Counter，PC），它负责告诉 CPU 将要执行的指令在存储器的什么地方。

4. 程序运行状态类寄存器

CPU 在进行计算过程中，会出现诸如进位、借位、结果为 0、溢出等情况，CPU 内需要有个地方把它们保存下来，以便下一条指令结合这些情况进行处理，这类寄存器就是程序运行状态类寄存器。不同 CPU 其名称不同，有的叫作标志寄存器，有的叫作程序状态字寄存器等，大同小异。在这类寄存器中，常用单个英文字母表示其含义，例如 N 表示有符号运算中结果为负（Negative）、Z 表示结果为零（Zero）、C 表示有进位（Carry）、V 表示溢出（Overflow）等。

5. 其他功能寄存器

不同 CPU 中，除了具有数据缓冲、栈指针、程序指针、程序运行状态类等寄存器之外，还有表示浮点数运算、中断屏蔽[⊜]等寄存器。

2.1.2 ARM Cortex-M 中的主要寄存器

ARM Cortex-M 处理器的寄存器主要有 R0～R15 及 3 个特殊功能寄存器，如图 2-1 所示。其中 R0～R12 为通用寄存器，R13 为堆栈指针（SP），R14 是连接寄存器，R15 为程序计数器（PC）。特殊功能寄存器有预定义的功能，而且必须通过专用的指令来访问。

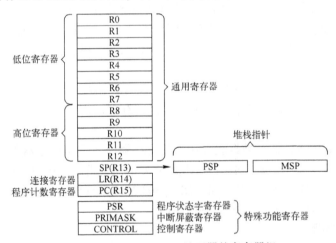

图 2-1 ARM Cortex-M 处理器的寄存器组

1. 通用寄存器 R0～R12

R0～R12 是最具"通用目的"的 32 位通用寄存器，用于数据操作，复位后初始值为随机值。32 位的 Thumb2[⊜]指令可以访问所有通用寄存器，但绝大多数 16 位 Thumb 指令只能访问

⊖ 地址变动方向是增还是减，取决于不同计算机。
⊜ 中断是暂停当前正在执行的程序，先去执行一段更加紧急程序的一种技术，它是计算机中的一个重要概念，将在第 8 章较为详细地阐述。中断屏蔽标志，就是表示是否允许某种中断进来的标志。
⊜ Thumb 是 RAM 架构中的一种 16 位指令集，而 Thumb2 则是 16/32 位混合指令集。

R0~R7。因而 R0~R7 又被称为低位寄存器，所有指令都能访问它们。R8~R12 也被称为高位寄存器，只有很少的 16 位 Thumb 指令能访问它们，32 位的指令则不受限制。

2. 堆栈指针寄存器 R13 (SP)

R13 是堆栈指针（SP）。在 ARM Cortex-M 处理器中共有两个堆栈指针：主堆栈指针（MSP）和进程堆栈指针（PSP），若用户用到其中一个，另一个必须用特殊指令（MRS、MSR 指令）来访问，因此任一时刻只能使用其中的一个。主堆栈指针是复位后默认使用的堆栈指针，它可由操作系统内核、中断服务程序以及所有需要特权访问的应用程序代码来使用。进程堆栈指针用于常规的应用程序代码（不处于中断服务程序中时），该堆栈一般供用户的应用程序代码使用。要注意的是，并不是每个应用工程都要用到这两个堆栈指针，简单的应用程序只用 MSP 就够了，并且 PUSH 指令和 POP 指令默认使用 MSP（有时 MSP 直接记为 SP）。另外，堆栈指针的最低两位永远是 0，即堆栈总是 4 字节对齐的。

3. 连接寄存器 R14 (LR)

当调用一个子程序时，由 R14 存储返回地址。不像大多数其他处理器，ARM 为了减少访问内存的次数[⊖]，把返回地址直接放入 CPU 内部寄存器中，这样足以使很多只有一级子程序调用[⊖]的代码无须访问内存（堆栈空间），从而提高了子程序调用的效率。如果多于一级，则需要把前一级的 R14 值压到堆栈里；在其他情况下，可以将 R14 作为通用寄存器使用。

4. 程序计数器寄存器 R15 (PC)

R15 是程序计数器（PC），其内容为当前正在执行的指令的地址。如果修改它的值，就能改变程序的执行流程（很多高级技巧隐藏其中）。在汇编代码中也可以使用名字"PC"来访问它，因为 ARM Cortex-M 内部使用了指令流水线，读 PC 时返回的值是当前指令的地址+4。ARM Cortex-M 中的指令至少是半字对齐的，所以 PC 的第 0 位总是 0。然而，在使用一些跳转或读存储器指令更新 PC 时，都必须保证新的 PC 值是奇数（即第 0 位为 1），用以表明这是在 Thumb 状态下执行，倘若第 0 位为 0，则被视为企图转入 ARM 模式，ARM Cortex-M 将触发错误异常。在本书第 8~12 章中理解 RTOS 运行流程时，关键点就是要理解 PC 寄存器值是如何变化的，PC 值的变化反映了程序的真实流程。

5. 特殊功能寄存器

ARM Cortex-M 内核中有一组特殊功能寄存器，包括程序状态字寄存器（xPSR）、中断屏蔽寄存器（PRIMASK）和控制寄存器（CONTROL）。

（1）程序状态字寄存器（xPSR）

程序状态字寄存器在内部分为以下几个子寄存器：APSR、IPSR 和 EPSR，用户可以使用 MRS 和 MSR 指令访问。三个子寄存器既可以单独访问，也可以两个或三个组合在一起访问，使用三合一方式访问时，把该寄存器称为 xPSR，见表 2-1。

1）应用程序状态寄存器（Application Program Status Register，APSR）：显示算术运算单元 ALU 状态位的一些信息。**负标志 N**：若结果最高位为 1，相当于有符号运算中结果为负，则置 1，否则清 0。**零标志 Z**：若结果为 0，则置 1，否则清 0。**进位标志 C**：若有向最高位进位（减法为借位），则置 1，否则清 0。**溢出标志 V**：若溢出，则置 1，否则清 0。**程序运行过程中**

⊖ 访问内存的操作往往要 3 个以上指令周期，带内存管理单元（Memory Management Unit，MMU）和 Cache 的就更加不确定了。

⊖ 实践表明，相当一部分子程序调用为一级子程序调用，这样做成效显著。

这些位会根据运算结果而改变，在条件转移指令中也可被用到。复位之后，这些位是随机的。

表 2-1　ARM Cortex-M 程序状态寄存器（xPSR）

数据位	31	30	29	28	27~25	24	23~10	9	8~6	5	4	3	2	1	0
APSR	N	Z	C	V											
IPSR									中断号						
EPSR						T									
xPSR	N	Z	C	V		T			中断号						

2）中断程序状态寄存器（Interrupt Program Status Register，IPSR）：该寄存器的 D31~D6 位为 0，D5~D0 位存放中断号（异常号）。每次中断完成之后，处理器会实时更新 IPSR 内的中断号字段，只能被 MRS 指令读写。进程模式下，值为 0；Handler 模式[⊖]下，存放当前中断的中断号。复位之后，寄存器被自动清零。复位中断号是一个暂时值，复位时是不可见的。

3）执行程序状态寄存器（Execution Program Status Register，EPSR）：T 标志位指示当前运行的是否是 Thumb 指令，该位是不能被软件读取的，运行复位向量对应的代码时置 1。如果该位为 0，则会发生硬件异常，进入硬件中断服务程序。

（2）中断屏蔽寄存器（PRIMASK）

中断屏蔽寄存器（PRIMASK）的 D31~D1 位保留，只有 D0 位（记为 PM）有意义，当该位被置位时，除不可屏蔽中断和硬件错误之外的所有中断都被屏蔽。使用特殊指令（如 MSR、MRS）可以访问该寄存器，还有一条称为改变处理器状态的特殊指令 CPS 也能访问它，只在实时线程中才会用到。对可屏蔽中断，有开、关总中断的汇编指令："CPSID　i"，将 D0 位置 1（关总中断）；"CPSIE　i"，将 D0 位清 0（开总中断），其中 i 代表 IRQ 中断，IRQ 是非内核中断请求（Interrupt Request）的缩写。这两个指令，由于没有高级语言对应指令，一般用宏定义用于编程之中。

（3）控制寄存器（CONTROL）

内核中的控制寄存器 CONTROL 的 D31~D2 位保留，D1、D0 位含义如下。

D1（SPSEL）：堆栈指针选择位。默认 SPSEL=0，使用主堆栈指针（MSP）为当前堆栈指针（复位后默认值）；SPSEL=1，在线程模式下，使用进程堆栈指针（PSP）为当前堆栈指针。特权、线程模式下，软件可以更新 SPSEL 位。在 Handler 模式下，写该位无效。复位后，控制寄存器清零。可用 MRS 指令读该寄存器，MSR 指令写该寄存器。非特权访问无效。

D0（nPRIV）：如果权限扩展，在线程模式下定义执行特权：nPRIV=0，线程模式下可以特权访问；nPRIV=1，线程模式下无特权访问。在 Handler 模式下，总是特权访问。

2.2　C 语言中构造类型及编译相关问题

在 RTOS 内核代码中，大量使用 C 语言中构造类型及宏定义、条件编译等，大致了解这些知识，有助于内核代码分析。

2.2.1　C 语言中构造类型

C 语言提供了许多种基本的数据类型（如 int、float、double、char 等）供用户使用，但是由于程序需要处理的问题往往比较复杂，而且呈多样化，已有的数据类型显然不能满足使用要

⊖　这里的 Handler 模式是指中断（异常）的模式。进程模式则指通常的程序执行过程，在一些操作系统下，也称为线程模式。

求。因此 C 语言允许用户根据需要自己声明一些类型，用户可以自己声明的类型有结构体类型（structure）、共用体类型（union）、枚举类型（enumeration）、类类型（class）等，这些类型将不同类型的数据组合成一个有机的整体，这些数据之间在整体内是相互联系的，这些类型称为构造类型。本书涉及的构造类型主要为结构体类型和枚举类型两种，下面对这两种类型进行介绍。

1. 结构体类型

（1）结构体基本概念

C 语言允许用户将一些不同类型（当然也可以相同）的元素组合在一起定义成一个新的类型，这种新类型就是结构体。其中的元素称为结构体的成员或者域，且这些成员可以为不同的类型，成员一般用名字访问。结构体可以被声明为变量、指针或数组等，用以实现较复杂的数据结构。

声明一个结构体类型的一般形式为：

```
struct 结构体类型名{成员表列};
```

例如，可以通过下面的声明来建立结构体类型：

```
//声明一个结构体类型 Date
struct Date
{
    int year;       //年
    int month;      //月
    int day;        //日
};
```

结构体类型名用作结构体类型的标志，上面的声明中 Date 就是结构体类型名，大括号内是该结构体中的全部成员，由它们组成一个特定的结构体。上例中的 year、month、day 等都是结构体中的成员，结构体类型大小是其成员大小之和。在声明一个结构体类型时必须对各成员都进行类型声明，每一个成员也称为结构体中的一个域。**结构体的成员类型可以是另一个结构体类型，也就是说可以嵌套定义**，例如：

```
//声明一个结构体类型 Student
struct Student
{
    int num;                //包括一个整型变量 num
    char name[20];          //包括一个字符数组 name,可以容纳 20 个字符
    char sex;               //包括一个字符变量 sex
    int age;                //包括一个整型变量 age
    float score;            //包括一个单精度型变量
    struct Date birthday;   //包括一个 Date 结构体类型变量 birthday
    char addr[30];          //包括一个字符数组 addr,可以容纳 30 个字符
};
```

这样就声明了一个新的结构体类型 Student，它向编译系统声明：这是一种结构体类型，包括 num、name、sex、age、score、birthday 和 addr 等不同类型的数据项。应当说明，Student 是一个类型名，它和系统提供的标准类型（如 int、char、float、double）一样，都可以用来定义变量，只不过结构体类型需要事先由用户自己声明而已。实际使用中，根据需要还可以通过 typedef 关键字将已定义的结构体类型命名为其他各种别名。

（2）结构体变量的引用

结构体变量成员引用格式：

结构体变量名. 成员名;

例如:

```
struct Student stu1;        //定义一个 Student 类型的结构体变量 stu1
stu1. num = 10001;          //给 stu1 的成员 num 赋值 10001
stu1. age = 20;             //给 stu1 的成员 age 赋值 20
```

"." 是成员运算符,它在所有运算符中优先级最高,因此可以把 stu1. num 和 stu1. age 当作一个整体来看待,相当于一个变量。如果成员本身又属于一个结构体类型,则要用若干个 "." 运算符,一级一级找到最低一级的成员,只能对最低级的成员进行赋值或存取以及运算,如:

```
struct Student stu1;
stu1. birthday. year = 2000;
stu1. birthday. month = 12;
stu1. birthday. day = 30;
```

结构体变量成员和结构体变量本身都具有地址,且都可以被引用,如:

```
struct Student stu1;        //定义一个 Student 类型的结构体变量 stu1
scanf("%d", &stu1. num);    //输入 stu1. num 的值
printf("%o",&stu1);         //输出结构体变量 stu1 的首地址
```

注:结构变量的地址主要用作函数参数,传递结构体变量的地址。

(3) 结构体指针

结构体指针是指存储一个结构体变量起始地址的指针变量。一旦一个结构体指针变量指向了某个结构体变量,那么就可以通过结构体指针对该结构体变量进行操作。如上例中结构体变量 stu1,也可以通过指针变量来进行操作:

```
struct Student stu1;        //定义结构体变量 stu1
struct Student * p;         //定义结构体指针变量 p
p = &stu1;                  //将 stu1 的起始地址赋给 pp->num = 10001;
( * p). age = 20;
```

代码中定义了一个 struct Student 类型的指针变量 p,并将变量 stu1 的首地址赋值给指针变量 p,然后通过指针操作符 "->" 引用其成员进行赋值。(* p) 表示 p 指向的结构体变量,因此,(* p). age 也就等价于 stu1. age。在本书中,可以看到结构体指针是构建链式存储结构的基础。

(4) 应用举例

在操作系统中,使用了大量的结构体来存储和描述相关信息。例如,线程控制块(TCB)是描述线程的基本信息的数据结构,是 RT-Thread 进行线程调度的基础,其结构体类型声明如下:

```
struct rt_thread
{
    //对象相关
    char name[RT_NAME_MAX];     //对象的名字
    rt_uint8_t    type;         //对象类型
    rt_uint8_t    flags;        //对象的状态标志位
    rt_list_t     list;         //对象的链表节点
    //线程相关
    rt_list_t     tlist;        //线程链表节点
    void          * sp;         //堆栈指针
    void          * entry;      //入口函数
    void          * parameter;  //函数参数
```

```
    void         * stack_addr;              //堆栈首地址
    rt_uint32_t  stack_size;                //堆栈大小
    rt_err_t     error;                     //错误代码
    rt_uint8_t   stat;                      //状态
    rt_uint8_t   current_priority;          //当前优先级
    rt_uint8_t   init_priority;             //初始优先级
    rt_uint32_t  number_mask;               //优先级组下标索引
#if defined(RT_USING_EVENT)                 // RT_USING_EVENT 在 rtconfig.h 中定义
    rt_uint32_t  event_set;                 //事件标志位
    rt_uint8_t   event_info;                //事件信息
#endif
    rt_ubase_t   init_tick;                 //初始时间(嘀嗒),rt_ubase_t 是无符号长整型
    rt_ubase_t   remaining_tick;            //剩余时间(嘀嗒)
    struct rt_timer  thread_timer;          //内部调用延时函数时使用
    void ( * cleanup)(struct rt_thread tid);//退出时清理函数
    rt_uint32_t  user_data;                 //私有用户数据};
typedef struct rt_thread  * rt_thread_t;
```

可以看到，线程控制块结构体 rt_thread 成员较多，包括 5 类成员：整数类型成员、字符类型成员、rt_timer 结构体类型成员、rt_thread 结构体指针类型成员、void 指针类型成员，并且通过 typedef 关键字定义了该类型的一个别名 rt_thread_t。

2. 枚举类型

（1）枚举类型基本概念

枚举类型是 C 语言中另一种构造数据类型，它用于声明一组命名的常数，当一个变量有几种可能的取值时，可以将它定义为枚举类型。所谓"枚举"是指将变量的可能值一一列举出来，这些值也称为"枚举元素"或"枚举常量"。变量的值只限于列举出来的值的范围内，有效地防止用户提供无效值，该变量可使代码更加清晰，因为它可以描述特定的值。

枚举的声明基本格式如下：

```
enum 枚举类型名{枚举值表};
enum color{red,green,blue,yellow,white};     //定义枚举类型 color
enum color select;                           //定义枚举类型变量 select
```

在 C 编译中，枚举元素是作为常量来处理的，它们不是变量，因此不能对它们进行直接赋值，但可以通过强制类型转换来赋值。枚举元素的值按定义的顺序从 0 开始，如 red 为 0，green 为 1，blue 为 2，yellow 为 3，white 为 4。对枚举元素可以用来做判断比较，比较规则是按其在定义时的顺序号比较。

（2）应用举例

在本书中，描述操作系统内的对象时，将对象类型定义为枚举类型，例如：

```
//定义系统内的对象类型
enum rt_object_class_type
{
    RT_Object_Class_Null    = 0,          //对象为空
    RT_Object_Class_Thread,               //对象是线程
    RT_Object_Class_Semaphore,            //对象是信号量
    RT_Object_Class_Mutex,                //对象是互斥量
    RT_Object_Class_Event,                //对象是事件
    RT_Object_Class_MailBox,              //对象是邮箱
    RT_Object_Class_MessageQueue,         //对象是消息队列
```

```
    RT_Object_Class_MemHeap,            //对象是内存堆
    RT_Object_Class_MemPool,            //对象是内存池
    RT_Object_Class_Device,             //对象是设备
    RT_Object_Class_Timer,              //对象是定时器
    RT_Object_Class_Module,             //对象是模块
    RT_Object_Class_Unknown,            //对象未知
    RT_Object_Class_Static = 0x80       //对象是静态对象
};
```

不同的值表示不同的对象类型，枚举类型的成员名清晰地描述了系统内的各种对象。在后面的章节中，还可以看到其他操作系统一些常用的枚举类型，如对象标识符等。

2.2.2　编译相关问题

C 语言提供编译预处理的功能，允许在程序中使用几种特殊的命令（它们不是一般的 C 语句）。在 C 编译系统对程序进行常规的编译（包括语法分析、代码生成、优化等）之前，先对程序中的这些特殊的命令进行"预处理"，然后将预处理的结果和源程序一起再进行常规的编译处理，以得到目标代码。C 语言提供的预处理功能主要有宏定义、条件编译和文件包含。

1. 宏定义

```
#define 宏名 表达式
```

表达式可以是数字、字符，也可以是若干条语句。在编译时，所有引用该宏的地方，都将自动被替换成宏所代表的表达式。例如：

```
#define PI 3.1415926      //以后程序中用到的数字 3.1415926 就写 PI
#define S(r) PI*r*r        //以后程序中用到 PI*r*r 就写 S(r)
```

2. 撤销宏定义

```
#undef 宏名
```

3. 条件编译

```
#if 表达式
#else 表达式
#endif
```

如果表达式成立，则编译#if 下的程序，否则编译#else 下的程序，#endif 为条件编译的结束标志。

```
#ifdef 宏名       //如果宏名称被定义过,则编译以下程序
    程序段 1
#else
    程序段 2
#endif
```

或者

```
#ifndef 宏名      //如果宏名称未被定义过,则编译以下程序
    程序段 1
#else
    程序段 2
#endif
```

条件编译通常用来调试、保留程序（但不编译），或者在需要对两种状况做不同处理时使用。

4. "文件包含"处理

所谓"文件包含"是指一个源文件将另一个源文件的全部内容包含进来，其一般形式为：

```
#include <文件名>        //到存放 C 库函数头文件目录中寻找要包含的文件,称为标准方式
#include"文件名"         //先在当前目录中寻找要包含的文件,若找不到,再按标准方式查找
```

2.3　RTOS 内核使用的数据结构

RTOS 内核代码中使用了栈、堆、队列、链表等数据结构,本节简要介绍这些基础知识。

2.3.1　栈与堆

1. 栈和堆的基本概念

在数据结构中,栈(stack)是一种操作受限的线性表,只允许在表的一端进行插入和删除操作。允许插入和删除操作的一端被称为栈顶(top),不允许插入和删除的另一端称为栈底(bottom)。向一个栈插入新元素又称作进栈、入栈或压栈,它是把新元素放到栈顶元素的上面,使之成为新的栈顶元素;从一个栈删除元素又称作出栈或退栈,它是把栈顶元素删除掉,使其相邻的元素成为新的栈顶元素。栈的操作是按后进先出(Last In First Out,LIFO)的原则进行的,如图 2-2 所示,栈中按 a_1,a_2,…,a_n 的顺序入栈,最后加入栈中的 a_n 元素为栈顶,而出栈的顺序反过来,先 a_n 出栈,然后 a_{n-1} 才能出栈,最后 a_1 出栈。

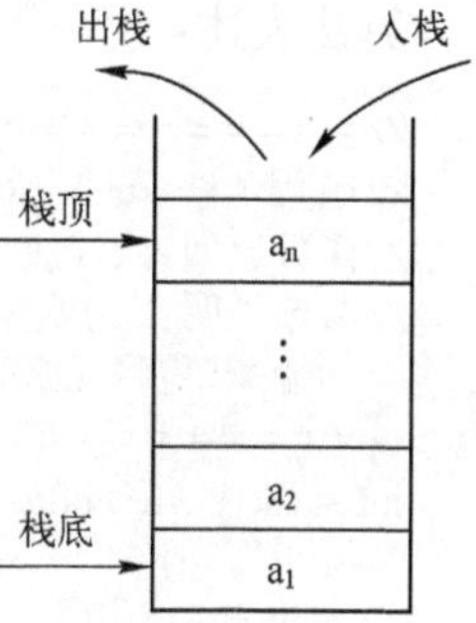

图 2-2　栈

在操作系统中,栈是 RAM 中的存储单元,常用于保存和恢复中断现场,也用于保存一个函数调用所需要的被称为栈帧(Stack Frame)的维护信息。栈帧一般包括:函数的返回值和参数、临时变量(包括函数的非静态局部变量以及编译器自动生成的其他临时变量)、保存的上下文(包括函数调用前后需要保持不变的寄存器)。在 ARM Cortex-M 中栈地址是向下(低地址)扩展的,是一块连续的内存区域,因此栈指针初始值一般为 RAM 的上边界,进栈地址减小,出栈地址增加,栈的操作按 LIFO 原则进行。栈空间资源由编译器自动分配和释放,存取速度比堆快,其操作方式类似于数据结构中的栈。

在数据结构中,堆(heap)是一个特殊的完全二叉树,有最小堆和最大堆之分,常用堆来实现排序。在操作系统中,堆是内存中的存储单元,堆空间分配方式类似于链表,堆地址是向上(高地址)扩展的,是不连续的内存区域。在 C 语言中,堆存储空间是由 new 运算符或 malloc 函数动态分配的内存区域,一般速度比较慢,而且容易产生内存碎片,但是堆的空间较大,使用起来灵活方便。一般由用户分配释放,若用户不释放,程序结束时可能由操作系统回收(操作系统内核需要有这种处理功能)。

通常在概念上将堆和栈合在一起称作堆栈,堆栈操作也可以狭义地理解为栈操作。由于堆的操作比较复杂,本书只介绍栈的基本操作。

可以使用下列语句来定义一个顺序栈:

```
typedef int ElemType          //重新定义类型名 ElemType 来表示 int 类型
Typedef struct
{
    ElemType    * base ;      //栈底指针
    ElemType    * top ;       //栈顶指针
    int    stack_size;        //栈的容量
} SqStack ;
```

其中，stack_size 表示栈的容量。顺序栈的初始化操作会给栈分配 stack_size 指定的空间大小的连续存储区域，并将该区域的地址赋给 base 和 top。base 为栈底指针，始终指向栈底位置。top 为栈顶指针，初值指向栈底，即 top=base 可作为栈空的标记。

2. 栈的基本操作

栈的基本操作包括栈的初始化、判空、入栈、出栈、清空栈等，本书中的栈主要是指内存的一段连续的区域即顺序栈，涉及栈的操作主要是入栈（PUSH）和出栈（POP）。下面介绍这两个操作。

（1）入栈（PUSH）

入栈操作指的是向栈插入一个元素，栈只允许在栈顶插入元素，每当插入新元素时，栈顶指针上移一个存储单元，入栈过程如图 2-3 所示。

算法表述：

```
//===========================================================
//函数名称:stack_push
//函数返回:入栈成功返回1,否则返回0
//参数说明:s 为顺序栈,e 为入栈的元素
//功能概要:将元素 e 插入栈顶,即入栈
//===========================================================
int stack_push(SqStack   &S, ElemType &e)
{
    int flag;                      //入栈是否成功标志
    if (S. top-S. base<S. stack_size)    //若栈未满
    {
        * ++S. top=e;              //元素 e 入栈,并修改栈顶指针
        flag=1;                    //入栈成功,标志置 1
    }
    else flag=0;                   //入栈失败,标志置 0
    return flag;
}
```

（2）出栈（POP）

出栈操作指的是从栈中删除一个元素，栈只允许在栈顶删除元素，每当出栈一个元素时，栈顶指针下移一个存储单元，出栈过程如图 2-4 所示。

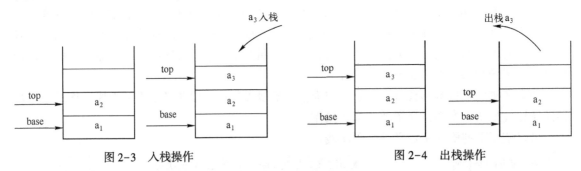

图 2-3　入栈操作　　　　　　　图 2-4　出栈操作

算法表述：

```
//===========================================================
//函数名称:stack_pop
//函数返回:出栈成功返回1,出栈元素为 e;否则返回 0
//参数说明:s 为顺序栈,e 为出栈的元素
```

```
//功能概要:将栈顶元素出栈
//=============================================================
int stack_pop(SqStack  &S, ElemType &e)
{
    int flag;                 //出栈是否成功标志
    if (S.top>S.base)         //栈未空
    {
        e = * S.top--;        //栈顶元素出栈,并修改栈顶指针
        flag=1;
    }
    else flag=0;
    return flag;
}
```

3. 栈操作指令举例

ARM Cortex-M 处理器在物理上存在两个栈指针分别指向两个栈:主堆栈指针(MSP),是系统复位后默认的栈指针,用于所有的异常处理;进程堆栈指针(PSP),是线程模式的栈指针,用于常规的应用程序代码(不处于中断服务程序中时),该堆栈一般供用户的应用程序代码使用。在汇编语言中,入栈和出栈操作都被封装到 PUSH 和 POP 指令中,可以直接使用如下:

```
PUSH    {R0,LR}    //将寄存器 R0 和 LR 中的内容入栈保存
POP     {R2,R3}    //将栈中上面两个元素出栈到寄存器 R2 和 R3 中
```

虽然指令能帮助完成入栈和出栈操作,但是只有明白了入栈和出栈过程中元素的操作顺序以及栈顶指针变化情况,才能真正理解程序的含义。

2.3.2　队列

1. 队列的基本概念

和栈相反,队列(queue)是一种先进先出(First In First Out, FIFO)的线性表,它只允许在表的一端插入,在另一端删除。允许插入的一端称为队尾(rear),允许删除的一端称为队头(front),如图 2-5 所示。队列中没有元素时,称为空队列。队列的数据元素又称为队列元素,在队列中插入一个队列元素称为入队,从队列中删除一个队列元素称为出队,只有最早进入队列的元素才能最先从队列中删除。队列按照存储空间的分配不同可以分为顺序队列与链队列两种。在操作系统中经常使用队列来进行对象的管理和调度。

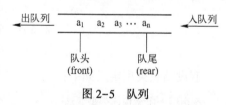

图 2-5　队列

2. 队列的基本操作

队列的基本操作包括队列的初始化、入队操作、出队操作、判空等。本书主要涉及链队列,下面结合链表对队列的基本操作进行介绍。

2.3.3　链表

1. 链表的基本概念

链表是一种物理存储单元上非连续、非顺序的存储结构,数据元素的逻辑顺序是通过链表中的指针链接次序实现的。链表由一系列结点组成,结点可以在运行时动态生成,每个结点包括两个部分:一个是存储数据元素的数据域,另一个是存储后继结点(也可有存储前驱结点)地址的指针域。在程序实现时,必须有包含指针的变量来存放相邻结点的地址信息,通过前面的学习

知道，可以使用结构体变量来定义结点，结点之间通过结点的指针域串联成一个链表。由于链表具有不必按顺序存储、可以动态生成结点分配存储单元、对结点的插入和删除操作时不需移动结点而只需修改结点的指针域等优点。因此，在 RTOS 的很多场合都采用链表作为管理媒介。

按照结点是否包含前驱指针，链表可分为单链表（Singly Linked List）和双向链表（Doubly Linked List）两种，如图 2-6 所示。一个链表通常都有一个头指针来指向，头指针指向链表的第一个结点，其他结点的地址则在前驱结点的指针域中，最后一个结点没有后继，该结点的指针域为 NULL（在图中用符号 ∧ 表示）。因此，对链表中任一结点的访问必须首先根据头指针找到第一个结点，再按有关结点的指针域中存放的指针顺序往下找，直到找到所需结点。

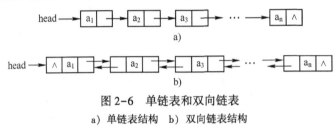

图 2-6　单链表和双向链表
a）单链表结构　b）双向链表结构

链表的操作包括链表的判空与遍历、结点的插入与删除以及取结点元素等。链表在初始化时，将第一个结点的地址赋给链表的头指针，头指针是操作链表的基础。下面给出部分操作的实现方法。

2. 链表结点的插入操作

链表的插入操作首先需要确定结点的插入位置，然后改变链表中相关结点的指针指向，改变指针指向的时候必须注意顺序，因为结点的指针域存有相邻结点的地址信息，如果指针操作顺序不当丢失结点地址信息就会导致插入失败。图 2-7 给出了在单链表的第 i 个结点之后插入结点时的指针变化情况。

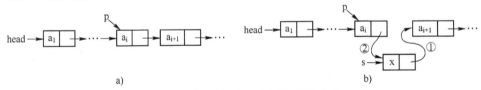

图 2-7　单链表插入结点时的指针变化
a）插入前　b）插入后

假设结点类型定义如下：

```
//声明一个结构体类型 Node
typedef struct Node
{
    int data ;              //数据域
    struct Node  * prev;    //前驱指针
struct Node   * next ;      //后继指针
}Link ;
```

单链表插入算法：

```
//==================================================================
//函数名称:single_list_insert
//函数返回:插入成功返回 1,否则返回 0
//参数说明:head 为单链表头指针,s 为插入结点,i 为插入位置
```

```
//功能概要:在单链表中将 s 结点插入到第 i 个结点之后
//============================================================
intsingle_list_insert( Link * head, struct Node * s,int i)
{
    Link  * p;
    int j,flag;                    //flag 为插入是否成功标志
    p=head;
    j=0;
    //(1)
    while（p&&j<i）
    {
        p=p-> next ;               //定位第 i 个结点
        j++;
    }
    //(2)
    if(! p||j>i)
    {
        flag=0;                    //插入失败,置标志为 0
    }
    else
    {
        s->next=p->next;           //将插入前 p 指向的后继结点作为 s 的后继结点(改变指针第一步)
        p-next=s;                  //改变 p 的后继结点为插入结点 s(改变指针第二步)
        flag=1;                    //插入成功,标志为 1
    }
    return flag;
}
```

双向链表的插入操作，由于表结点多出了前驱结点，因此在改变指针指向时多出了两个步骤，本质上与单链表的插入是一致的。图 2-8 给出了在双向链表的第 i 个结点之后插入结点时的指针变化情况。

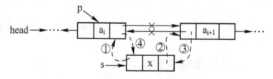

图 2-8 双向链表插入结点时的指针变化

双向链表插入结点算法：

```
//============================================================
//函数名称:double_list_insert
//函数返回:插入成功返回 1,否则返回 0
//参数说明:head 为双向链表头指针,s 为插入结点,i 为插入位置
//功能概要:在双向链表中将 s 结点插入到第 i 结点之后
//============================================================
int double_list_insert( Link * head, struct Node * s,int i)
{
    Link  * p;
    int j,flag;
    p=head;
    j=0;
    while（p&&j<i）
    {
        p=p-> next ;               //定位第 i 个结点
        j++;
    }
```

```
        if( !p||j>i)
            flag=0;                      //插入失败,置标志为0
        else
        {
            s-> prev=p;                  //改变指针第一步
            s-> next=p-> next;           //改变指针第二步
            p-> next->prev=s;            //改变指针第三步
            p-> next=s;                  //改变指针第四步
            flag=1;
        }
        return flag;
}
```

3. 链表结点的删除

理解了链表的插入操作,那么链表的删除操作就好理解了。删除表结点首先也需要知道结点位置,然后改变相邻结点的指针指向,就可从链表中删除表结点。同样,在删除结点时需要注意指针的操作顺序。图 2-9 给出了单链表中删除第 i 个结点的指针变化情况,图 2-10 给出了双向链表中删除第 i 个结点时的指针变化情况。

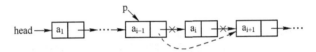

图 2-9　单链表删除结点时的指针变化

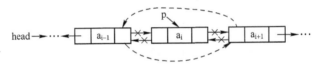

图 2-10　双向链表删除结点时的指针变化

（1）单链表删除算法

```
//========================================================================
//函数名称:single_list_delete
//函数返回:删除成功返回 1,否则返回 0
//参数说明:head 为单链表头指针,i 表示删除第 i 个结点
//功能概要:在单链表中删除第 i 结点
//========================================================================
int single_list_delete(Link  * head, int i )
{
    Link  * p;
    int j,flag;                          //flag 为删除是否成功标志
    p=head;
    j=0;
    while ( p&&j<i-1)
    {
        p=p->next ;                      //定位到第 i 个结点的前一结点
        j++;
    }
    if( ! p||j>i) flag=0;                //删除失败
    else
    {
```

```
        q = p-> tnext;                    //记住第 i 个结点地址
        p->next=p->next-> next;           //将第 i-1 个结点的后继指向第 i 个结点后继
        free(q);                          //释放第 i 个结点空间
        flag=1;                           //删除成功
    }
    return flag;
}
```

（2）双向链表删除算法

```
//=====================================================
//函数名称:double_list_delete
//函数返回:删除成功返回 1,否则返回 0
//参数说明:head 为双向链表头指针,i 表示删除第 i 个结点
//功能概要:在双向链表中删除第 i 个结点
//=====================================================
int double_list_delete( Link  * head,   int i )
{
    Link  * p;
    int j,flag;                           //flag 为删除是否成功标志
    p=head;
    j=0;
    while ( p&&j<i-1)
    {
        p=p->next ;                       //定位到第 i 个结点的前一结点
        j++;
    }
    if(! p||j>i) flag=0;                   //删除失败
    else
    {
        p-> prev->next = p->next;          //第 i 个结点前驱的后继指向第 i 个结点的后继
        p->next-> prev =p-> prev;          //第 i 个结点的后继的前驱指向第 i 个结点的前驱
        free(p);                           //释放第 i 个结点空间
        flag=1;                           //删除成功
    }
    return flag;
}
```

4. 链表的创建

链表的创建实际上是表结点的不断插入过程。从空链表开始（头指针为空），将第一个结点的地址赋给头指针，接着一个个插入后续表结点形成链表。链表的创建有两种方式，一种是头插法，另一种是尾插法。

头插法建立单链表从空链表开始，每次申请一个新结点，将新结点插入当前链表的第一个结点之前，这样当所有结点插入完毕，链表的创建过程也就完成了。头插法建立的链表结点顺序刚好与结点的插入顺序相反，最后一个插入的结点在链表中是第一个结点，第一个插入的结点变成链表的最后一个结点，如图 2-11 所示。

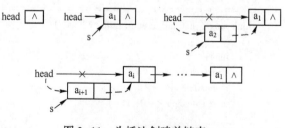

图 2-11　头插法创建单链表

（1）头插法算法

```
//==========================================================
//函数名称:single_list_head_create
//函数返回:单链表头指针
//参数说明:head 为单链表头指针
//功能概要:采用头插法建立单链表
//==========================================================
Link single_list_head_create( Link  * head )
{
    inti;
    struct Node * s;                          //初始 head 无后继结点,置空
    head->next = NULL;
    for (i = 0; i < 10; i++)
    {
        s = ( Link * ) malloc(sizeof( struct Node ));    //动态为 s 结点申请存储空间
        s->data = i;                          //给新结点数据域赋值
        s->next = head->next;                 //s 指向 head 结点的后继
        head->next = s;                       //使 s 成为头结点
    }
    return head;
}
```

尾插法与头插法刚好相反，每次插入新结点的位置为当前链表的尾部，这样构建链表的好处是单链表结点的顺序与结点的插入顺序是一致的，如图 2-12 所示。

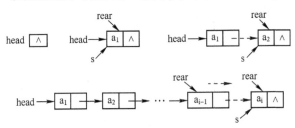

图 2-12　尾插法创建单链表

（2）尾插法算法

```
//==========================================================
//函数名称:single_list_tail_create
//函数返回:单链表头指针
//参数说明:head 为单链表头指针
//功能概要:采用尾插法建立单链表
//==========================================================
Link single_list_tail_create( Link  * head )
{
    int i;
    struct Node * s, * r;
    r=head;                                   // r 指向头结点,此时的头结点即尾结点
    for (i = 0; i < 10; i++)
    {
        s = ( Link * ) malloc( sizeof( struct Node ));    //动态为 s 结点申请存储空间
        s->data = i;                          //给新结点数据域赋值
        r->next = s;                          //在尾部插入新结点
```

```
        r = s;                          //尾指针后移
    }
    r->next = NULL;                     //全部元素已插完,尾结点后继域置空
    return head;
}
```

5. 链队列操作

队列的链表实现形式称作链队列。按照队列的操作原则,出队操作即删除队列元素要从队列的头部进行,入队操作即插入元素必须从队列尾部进行。理解了链表的插入和删除操作,链队列的入队和出队就比较容易理解了,图 2-13 给出入队和出队操作示意图。

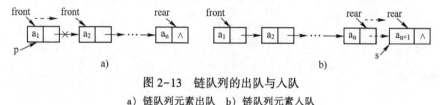

图 2-13 链队列的出队与入队

a) 链队列元素出队   b) 链队列元素入队

假设链队列类型定义如下:

```
typedef    struct
{
    struct Node    * front;        //队列头指针
    struct Node    * rear;         //队列尾指针
} LinkQueue;
```

(1) 链队列出队算法

```
//==========================================================
//函数名称:queue_delete
//函数返回:出队成功返回1,否则返回0
//参数说明:q 为链队列的头指针
//功能概要:将链队列的队头出队,即删除
//==========================================================
int queue_delete(LinkQueue &q)
{
    LinkQueue * p;
    int flag;
    if (q->front == q->rear)
    flag=0;                         //队列为空,出队失败
    else
    {
        p = q. front;               //获取当前队头元素
        q. front = q. front->next;  //队头指针后移
        free(p);                    //释放结点
        flag=1;                     //出队成功
    }
    return flag;
}
```

(2) 链队列入队算法

```
//==========================================================
//函数名称:queue_insert
//函数返回:入队成功返回1,失败返回0
```

```
//参数说明:q 为链队列的头指针,e 为入队元素
//功能概要:将元素 e 插入到链队列的队尾,即入队
//========================================================
int queue_insert(LinkQueue &q, ElemType &e)
{
    struct Node  * s;
    if((s=( Link * )malloc(sizeof(struct Node)))==NULL)
    flag=0;                         //申请新结点失败
    else
    {
        s->data = e;                //赋值新结点数据
        q. rear-> next = s;         //插入到队列尾部
        q. rear =s;                 //尾指针后移
        flag=1;                     //入队成功
    }
    return flag;
}
```

(3) 获取链队列头元素

```
//========================================================
//函数名称:queue_get
//函数返回:获取队头元素成功返回1,否则返回 0
//参数说明:q 为链队列的头指针,e 返回队头元素的值
//功能概要:获取链队列的队头元素
//========================================================
int  * queue_get(LinkQueue  &q, ElemType &e)
{
    int flag;
    if ( q. front==NULL)
    flag=0;                         //队列为空,获取队头元素失败
    else
    {
        e=q->data;                  //获取队头元素的值
        flag=1;                     //获取队列成功
    }
    return flag;
}
```

2.4　汇编语言概述

　　能够在 MCU 内直接执行的指令序列是机器语言,用助记符号来表示机器指令便于记忆,这就形成了汇编语言。因此,用汇编语言写成的程序不能直接放入 MCU 的程序存储器中去执行,必须先转为机器语言。把用汇编语言写成的源程序 "翻译" 成机器语言的工具叫汇编程序或编译器 (Assembler),以下统一称作编译器。

　　汇编编程时推荐使用 GNU v4.9.3 汇编器,汇编语言格式满足 GNU 汇编语法,下面简称 ARM-GNU 汇编。为了有助于理解有关汇编指令,下面介绍一些汇编语法的基本信息。

2.4.1　汇编语言格式

　　汇编语言源程序可以用通用的文本编辑软件编辑,以 ASCII 码形式存盘。具体的编译器对

汇编语言源程序的格式有一定的要求，同时，编译器除了识别 MCU 的指令系统外，为了能够正确地产生目标代码以及方便汇编语言的编写，编译器还提供了一些在汇编时使用的命令、操作符号，在编写汇编程序时，也必须正确使用它们。由于编译器提供的指令仅是为了更好地做好"翻译"工作，并不产生具体的机器指令，因此这些指令被称为伪指令（Pseudo Instruction）。比如，伪指令告诉编译器：从哪里开始编译，到何处结束，汇编后的程序如何放置等相关信息。当然，这些相关信息必须包含在汇编源程序中，否则编译器就难以编译好源程序，难以生成正确的目标代码。

汇编语言源程序以行为单位进行设计，每一行最多可以包含以下四个部分：

标号： 操作码 操作数 注释

1. 标号（Labels）

对于标号有下列要求及说明：

1）如果一个语句有标号，则标号必须书写在汇编语句的开头部分。

2）可以组成标号的字符有字母 A～Z、字母 a～z、数字 0～9、下画线"_"、美元符号"$"，但开头的第一个符号不能为数字和 $ 。

3）编译器对标号中字母的大小写敏感，但指令不区分大小写。

4）标号长度基本上不受限制，但实际使用时通常不要超过 20 个字符。若希望更多的编译器能够识别，建议标号（或变量名）的长度小于 8 个字符。

5）标号后必须带冒号"："。

6）一个标号在一个文件（程序）中只能定义一次，重复定义则不能通过编译。

7）一行语句只能有一个标号，编译器将把当前程序计数器的值赋给该标号。

2. 操作码（Opcodes）

操作码包括指令码和伪指令，其中伪指令是指开发环境 ARM Cortex-M4F 汇编编译器可以识别的伪指令。对于有标号的行，必须用至少一个空格或制表符（TAB）将标号与操作码隔开。对于没有标号的行，不能从第一列开始写指令码，应以空格或制表符（TAB）开头。编译器不区分操作码中字母的大小写。

3. 操作数（Operands）

操作数可以是地址、标号或指令码定义的常数，也可以是由伪运算符构成的表达式。若一条指令或伪指令有操作数，则操作数与操作码之间必须用空格隔开书写。操作数多于一个的，操作数之间用逗号","分隔。操作数也可以是 ARM Cortex-M4F 内部寄存器，或者另一条指令的特定参数。操作数中一般都有一个存放结果的寄存器，这个寄存器在操作数的最前面。

（1）常数标识

编译器识别的常数有十进制（默认不需要前缀标识）、十六进制（0x 前缀标识）、二进制（用 0b 前缀标识）。

（2）"#"表示立即数

一个常数前添加"#"表示一个立即数，不加"#"时，表示一个地址。

特别说明：初学时常常会将立即数前的"#"遗漏，如果该操作数只能是立即数，编译器会提示错误，如：

mov   r3,1   //给寄存器 r3 赋值为 1（这个语句不对）

编译时会提示"immediate expression requires a # prefix —— 'mov r3,1'"，应该改为：

```
mov    r3,#1      //给寄存器 r3 赋值为 1(这个语句对)
```

（3）圆点"."

若圆点"."单独出现在语句的操作码之后的操作数位置上，则代表当前程序计数器的值被放置在圆点的位置。例如 b . 指令代表转向本身，相当于永久循环，在调试时希望程序停留在某个地方可以添加这种语句，调试之后应删除。

（4）伪运算符

表 2-2 列出了一系列的伪运算符。

表 2-2　GNU 汇编器识别的伪运算符

运算符	功　能	类　型	实　　例	
+	加法	二元	mov　r3,#30+40	等价于 mov　r3,#70
−	减法	二元	mov　r3,#40−30	等价于 mov　r3,#10
*	乘法	二元	mov　r3,#5 * 4	等价于 mov　r3,#20
/	除法	二元	mov　r3,#20/4	等价于 mov　r3,#5
%	取模	二元	mov　r3,#20%7	等价于 mov　r3,#6
‖	逻辑或	二元	mov　r3,#1‖0	等价于 mov　r3,#1
&&	逻辑与	二元	mov　3,#1&&0	等价于 mov　r3,#0
<<	左移	二元	mov　r3,#4<<2	等价于 mov　r3,#16
>>	右移	二元	mov　r3,#4>>2	等价于 mov　r3,#1
^	按位异或	二元	mov　r3,#4^6	等价于 mov　r3,#2
&	按位与	二元	mov　r3,#4^2	等价于 mov　r3,#0
∣	按位或	二元	mov　r3,#4∣2	等价于 mov　r3,#6
==	等于	二元	mov　r3,#1==0	等价于 mov　r3,#0
!=	不等于	二元	mov　r3,#1!=0	等价于 mov　r3,#1
<=	小于等于	二元	mov　r3,#1<=0	等价于 mov　r3,#0
>=	大于等于	二元	mov　r3,#1>=0	等价于 mov　r3,#1
+	正号	一元	mov　r3,#+1	等价于 mov　r3,#1
−	负号	一元	ldr　r3, =−325	等价于 ldr r3, = 0xfffffebb
~	取反运算	一元	ldr　r3, =~325	等价于 ldr r3, = 0xfffffeba
>	大于	一元	mov　r3,#1>0	
<	小于	一元	mov　r3,#1<=0	

4. 注释（Comments）

注释即说明文字，与 C 语言类似，多行注释以"/ *"开始，以"*/"结束。这种注释可以包含多行，也可以独占一行。在 ARM Cortex-M 处理器汇编语言中，单行注释以"#"引导或者用"//"引导。用"#"引导时，"#"必须为单行的第一个字符。

2.4.2　常用伪指令简介

不同集成开发环境下的伪指令稍有不同，伪指令书写格式与所使用的开发环境有关，参照具体的工程样例，可以"照葫芦画瓢"。

伪指令主要有用于常量以及宏的定义、条件判断、文件包含等伪指令。在这里给出的 GNU 编译器环境中，所有的汇编命令都是以"."开头。

1. 系统预定义的段

C 语言程序在经过 gcc 编译器最终生成 .elf 格式的可执行文件。.elf 可执行程序是以段为单位来组织文件的。通常划分为如下几个段：.text、.data 和 .bss，其中，.text 是只读的代码区，.data 是可读可写的数据区，而.bss 则是可读可写且没有初始化的数据区。.text 段开始地址为 0x0，接着分别是.data 段和.bss 段。

```
.text        //表明以下代码在.text 段
.data        //表明以下代码在.data 段
.bss         //表明以下代码在.bss 段
```

2. 常量的定义

汇编代码常用的功能之一为常量的定义。使用常量定义，能够提高程序代码的可读性，并且使代码维护更加简单。常量的定义可以使用.equ 汇编指令，下面是 GNU 汇编器的一个常量定义的例子：

```
.equ    _NVIC_ICER,    0xE000E180
……
LDR     R0, = _NVIC_ICER     //将 0xE000E180 放到 R0 中
```

常量的定义还可以使用.set 汇编指令，其语法结构与.equ 相同，例如：

```
.set ROM_size, 128  *  1024        //ROM 大小为 131072 B（128 KB）
.set    start_ROM, 0xE0000000
.set    end_ROM, start_ROM + ROMsize    //ROM 结束地址为 0xE0020000
```

3. 程序中插入常量

对于大多数汇编工具来说，一个典型特性为可以在程序中插入数据。GNU 汇编器语法可以写作：

```
LDR R3, =NUMNER              //得到 NUMNER 的存储地址
LDR R4, [R3]                 //将 0x123456789 读到 R4
    ……
    LDR R0, = HELLO_TEXT     //得到 HELLO_TEXT 的起始地址
    BL   PrintText           //调用 PrintText 函数显示字符串
    ……
    ALIGN4
NUMNER:
    .word0x123456789
HELLO_TEXT:
    .asciz "hello\n"         //以'\0'结束的字符
```

为了在程序中插入不同类型的常量，GNU 汇编器中包含许多不同的伪指令，表 2-3 中列出了常用的例子。

表 2-3   用于程序中插入不同类型常量的常用伪指令

插入数据的类型	GNU 汇编器
字	.word（例如.word 0x12345678）
半字	.hword（例如.word 0x1234）
字节	.byte（例如.byte 0x12）
字符串	ascii/.asciz（例如.ascii "hello \ n"，.asciz 与.ascii，只是生成的字符串以'\0'结尾）

4. 条件伪指令

.if 条件伪指令后面紧跟着一个恒定的表达式（即该表达式的值为真），并且最后要以.endif 结尾。中间如果有其他条件，可以用.else 填写汇编语句。

.ifdef 标号，表示如果标号被定义，执行下面的代码。

5. 文件包含伪指令

```
. include "filename"
```

. include 是一个附加文件的链接指示命令，利用它可以把另一个源文件插入当前的源文件一起汇编，成为一个完整的源程序。filename 是一个文件名，可以包含文件的绝对路径或相对路径，但建议对于一个工程的相关文件放到同一个文件夹中，所以更多的时候使用相对路径。

6. 其他常用伪指令

除了上述的伪指令外，GNU 汇编还有其他常用伪指令。

1）. section 伪指令：用户可以通过 . section 伪指令来自定义一个段。例如：

```
. section   . isr_vector,   " a"   //定义一个 . isr_vector 段,"a"表示允许段
```

2）. global 伪指令：. global 伪指令可以用来定义一个全局符号。例如：

```
. global   symbol   //定义一个全局符号 symbol
```

3）. extern 伪指令：. extern 伪指令的语法为 . extern   symbol，声明 symbol 为外部函数，调用的时候可以遍访所有文件找到该函数并且使用它。例如：

```
. extern   main   //声明 main 为外部函数
BLmain            //进入 main 函数
```

4）. align 伪指令：. align 伪指令可以通过添加填充字节，使当前位置满足一定的对齐方式。语法结构为 . align [exp[, fill]]，其中，exp 为 0~16 之间的数字，表示下一条指令对齐至 2^{exp} 位置，若未指定，则将当前位置对齐到下一个字的位置，fill 给出为对齐而填充的字节值，可省略，默认为 0x00。例如：

```
. align   3 //把当前位置计数器值增加到 2³的倍数上,若已是 2³的倍数,不做改变
```

5）. end 伪指令：. end 伪指令声明汇编文件的结束。

还有有限循环伪指令、宏定义和宏调用伪指令等，可参考 GNU 汇编语法文档。

2.5 本章小结

若要能够理解实时操作系统的内部运行细节与机制，必须具备一些基础知识，本章介绍了这些基础知识，包括 CPU 内部寄存器、C 语言中构造类型、编译相关问题、栈与堆、队列、链表，以及汇编语言概述等。

关于使用 RTOS 与理解 RTOS 问题，这里给出一个举例说明。比如在 5.3 节将给出消息队列的使用方法，而 11.2 节则是给出消息队列的运行机制。问题是这样的，若有两个人（A、B），A 拿着篮子采摘苹果，篮子最多可以放下 20 个苹果，苹果就是消息，A 手中的篮子就是消息队列。5.3 节讲的是，B 的眼睛盯着 A 手中的篮子，只要篮子中有苹果，他就"立即"取出清洗干净放在别处。而 11.2 节讲的是 A 如何把苹果放进篮子，B 又如何知道篮子中有苹果，且有几个苹果，A 把苹果放进篮子到 B 知道并取出经历哪些过程，要花多少时间，把"立即"转化为具体时间。显然 11.2 节比 5.3 节难度增加不少，但是若能理解 11.2 节，则 5.3 节的应用编程在心里就更加透明，而理解 11.2 节的内容需要本章的基础知识。

第 3 章　RT-Thread 第一个样例工程

学习 RTOS，首先要以一个芯片为基础，按照"分门别类，各有归处"的原则，从建立无操作系统框架开始，建立起 RTOS 的工程框架，让几个最简单的线程"跑"起来。以此简明理解线程被调度运行的基本过程，随后就可以进行 RTOS 下程序设计的学习了。本章给出 RT-Thread 的工程框架及第一个样例工程。

3.1　RT-Thread 简介

RT-Thread（Real Time-Thread）是上海睿赛德电子科技有限公司于 2006 年开始推出的开源及社区化发展的一款实时操作系统，具有高可靠性、超低功耗、高可伸缩性和中间组件丰富易用等优点，面向嵌入式人工智能与物联网领域，已经成为装机量大、开发者数量多、软硬件生态好的物联网操作系统之一，被广泛应用于智能家居及安防、工业车载、穿戴、智慧城市等众多行业领域。本书以 RT-Thread 为蓝本，以通用嵌入式计算机（General Embedded Computer，GEC）为硬件载体，阐述实时操作系统的线程、调度、延时函数、事件、消息队列、信号量、互斥量等基本知识要素，给出实时操作系统下程序设计方法。

1. 如何下载 RT-Thread

从上海睿赛德电子科技有限公司在 2006 年开始推出 RT-Thread 的第一个版本 0.1.0 后，其版本不断升级和更新，功能不断加强，本书研究的是 2017 年 8 月推出的版本号为 3.1.3 的 RT-Thread Nano 精简内核版，本书使用的版本号是 4.0.1，可到该公司官网下载。

2. RT-Thread 基本特点

RT-Thread 涵盖了 ARM Cortex-M 系列微控制器产品开发所需的所有功能，包括安全性和连接性，非常适用于嵌入式人工智能与物联网领域的应用程序。RT-Thread 的主要特点以及选择 RT-Thread 的主要理由可以归纳为以下几点。

1）开源免费且有技术支持。Apache 2.0 许可证发布，可以放心地在商业和个人项目中使用 RT-Thread，RT-Thread 可以在官网免费下载，由睿赛德及其合作伙伴提供技术支持。

2）浅显易懂，方便移植。RT-Thread 主要采用 C 语言编写，代码浅显易懂，它把面向对象的设计方法应用到实时系统设计中，使得代码风格优雅，架构清晰，系统模块化。虽然 32 位 MCU 是 RT-Thread 的主要运行平台，但实际上很多带有 MMU、基于 ARM9、ARM11 甚至 Cortex-A 系列级别 CPU 的应用处理器在特定应用场合也适合使用 RT-Thread。

3）丰富的中间层组件。RT-Thread 不仅是一个实时内核，还具备丰富的中间层组件，包括 FinSH 命令行界面、网络框架、设备框架、Wi-Fi Manager 等服务层组件以及 SQLite、Paho MQTT、Openmv、RTGUI、EasyFlash 等面向不同领域的通用软件组件。

4）可裁剪性强。针对资源受限的微控制器（MCU）系统，可通过方便易用的工具，将 RT-Thread 裁剪出仅需要 3 KB Flash、1.2 KB RAM 内存资源的 Nano 精简内核版本；而对于资源丰富的物联网设备，RT-Thread 又能使用在线的软件包管理工具，配合系统配置工具实现直观快速的模块化裁剪，无缝地导入丰富的软件功能包，实现类似 Android 的图形界面及触摸滑动效果、智能语音交互效果等复杂功能。

5）低成本、低功耗。相较于 Linux 操作系统，RT-Thread 体积小，成本低，功耗低、启动快速，除此以外 RT-Thread 还具有实时性高、占用资源小等特点，非常适用于各种资源受限（如成本、功耗限制等）的场合。

6）丰富的驱动程序和链接库。RT-Thread 包含多种标准 MCU 外设的驱动程序，包括数字和模拟 I/O、总线 I/O、I^2C、SPI、串行通信端口、中断、PWM 等。

3.2　软硬件开发平台

本书的**硬件开发平台**为苏州大学 EAI&IoT 实验室（简称 SD-EAI&IoT）研发的以意法半导体（ST）的 STM32L431 芯片为核心的通用嵌入式计算机（GEC），型号为 AHL-STM32L431。**嵌入式软件开发平台**为 SD-EAI&IoT 研制的适用于多种类型微控制器的**金葫芦集成开发环境 AHL-GEC-IDE**，对于本书例程，兼容 ST 的集成开发环境 STM32CubeIDE。本节首先介绍本书配套电子资源，随后介绍软硬件平台。

3.2.1　网上电子资源

RT-Thread 金葫芦电子资源[⊖]，内含所有源程序、文档资料及常用软件工具等，内含有 6 个子文件夹：01-Information、02-Document、03-Hardware、04-Software、05-Tool、06-Other。表 3-1 给出了各子文件夹的内容索引。

表 3-1　网上电子资源内子文件夹内容索引表

文 件 夹	主 要 内 容
01-Information	资料文件夹（存放 RT-Thread 编程指南、芯片原始资料等）
02-Document	文档文件夹（存放实践平台快速指南、习题、辅助阅读材料等）
03-Hardware	硬件文件夹（存放硬件资源电子文档）
04-Software	软件文件夹（存放各章样例源程序，按照章进行编号）
05-Tool	工具文件夹（存放实践中可能使用的软件工具）
06-Other	其他（硬件测试程序等）

3.2.2　硬件平台：AHL-STM32L431

嵌入式软件开发有别于 PC 软件开发的一个显著的特点在于，它需要一个交叉编译和调试环境，即工程的编辑和编译所使用的软件通常在 PC 上运行，而编译生成的嵌入式软件的机器码文件则需要通过写入工具下载到目标机上执行。由于主机和目标机的体系结构存在差异，从而增加了嵌入式软件开发的难度。因此，选择好的开发套件将有助于学习与开发。

学习 RTOS 应该在一个实际的硬件系统中进行，在具备基本硬件条件下，不建议读者使用仿真平台进行学习，所谓"仿真"不真，无法达到实际学习目标。实际上，随着技术的不断发展和芯片制造成本的下降，可以买到价格十分低廉、功能却十分强大的 RTOS 硬件学习平台。

⊖　RT-Thread 金葫芦电子资源下载途径：百度搜索"苏州大学嵌入式学习社区"官网，在"著作"→"RTOS"→"RT-Thread"。

本书介绍的可用于 RTOS 学习的开发套件的型号为 AHL-STM32L431，主要特点如下。

1）核心芯片为 64 引脚 LQFP 封装的 STM32L431RC 芯片。内含 256 KB Flash（共有 128 个扇区）、64 KB RAM，包含 SysTick、GPIO、串口、A/D、D/A、I²C、SPI 等模块。

2）开发套件由硬件最小系统、红绿蓝三色灯、触摸按键、温度传感器、两路 TTL-USB 等构成。引出所有 MCU 引脚。其中的"三色灯"部件，内含蓝、绿、红三个发光二极管，俗称"小灯"，这三个小灯的正极过 1 kΩ 电阻接电源正极，三个小灯的负极分别接 MCU 的三个引脚，具体接在 MCU 的哪几个引脚，参见样例工程"..\CH3.3-Nos"中的"..\05_UserBoard\User.h"文件，用户使用的所有硬件引脚应该在此进行宏定义，这样符合嵌入式软件设计规范。

3）开发套件硬件的扩展底板上还有个 Type-C 接口。实际上它是两路 TTL 串口，默认它与 PC 进行串行通信，将"USB-Type-C 数据线"的"USB 端口"接 PC 的 USB 口，数据线的 Type-C 端接硬件底板上的 Type-C 口，就可以使用 printf 输出进行跟踪调试，printf 输出的字符信息将送到 PC 的串口工具显示栏，方便嵌入式程序的调试。

4）可扩展应用。AHL-STM32L431-RT 开发套件不仅可以用于 RT-Thread 实时操作系统的学习，也可适用通过板上的开放式外围引脚，外接其他接口模块进行创新性实验。

当然，读者可以使用自己的硬件平台，参考本书的工程框架，完成自身硬件平台下的工程组织。

AHL- STM32L431 开发套件分迷你型（见图 3-1）、扩展型两种型号，更详细的介绍见本书配套电子资源。迷你型可以完成本书第 1 ~ 12 章的所有实验，扩展型可以完成本书所有实验，并可用于实践创新。

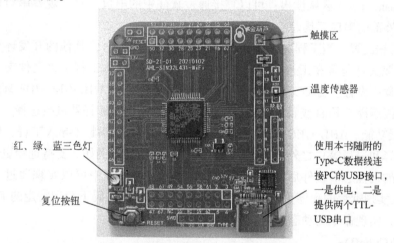

图 3-1　AHL-STM32L431 嵌入式开发套件

具体引脚含义及相关内容参见电子资源。

3.2.3　软件平台：金葫芦集成开发环境

目前大多数嵌入式集成开发环境（Integrated Development Environment，IDE）基于 Eclipse 架构⊖开发。本书使用的 IDE 主要有两种：SD-EAI&IoT 推出的 AHL-GEC-IDE 与 ST 推出的 STM32CubeIDE。本书给出的基于 STM32L431 程序实例兼容 AHL-GEC-IDE 与 STM32CubeIDE。

⊖　Eclipse 架构最初由 IBM 提出，2001 年贡献给开源社区，是一种可扩展的开发平台框架。

建议使用 AHL‑GEC‑IDE，必要时，利用 AHL‑GEC‑IDE 的"外接软件"菜单，将 STM32CubeIDE 作为外接软件使用。

1. AHL‑GEC‑IDE

该集成开发环境是 SD‑EAI&IoT 于 2018 年开始逐步推出的免费嵌入式集成开发环境，优点是操作简单、功能实用、兼容几个芯片公司的常用开发环境及厂家工程模板。集成了 GNU 编译器、汇编器等，面向 ARM Cortex-M 微处理器开发，具有编辑、编译、程序下载、printf 打桩调试等功能，为设计人员提供了一个简捷易用的嵌入式开发工具。

AHL‑GEC‑IDE 与其他常用开发环境相比，有如下特点。

1）常用开发环境兼容性。对 STM32 芯片，兼容 STM32CubeIDE 及 Keil 开发环境；对 TI 芯片，兼容 CCS（Code Composer Studio）开发环境；对 NXP 芯片，兼容 KDS（Kinetis Design Studio）开发环境。

2）支持串口下载调试。基于 BIOS 与 User 框架，支持通过串口的下载调试，无须其他烧录工具，下载后 User 程序立即执行，可应用类似于 PC 编程的 printf 输出调试语句，跟踪程序运行过程，提示信息立即显示在 PC 屏幕的文本框中，使得嵌入式编程与 PC 编程过程几乎一致。

3）外接软件功能。可自行外接其他软件，随后在菜单栏中打开用户需要的软件运行，方便功能集成与开发应用。

4）丰富的常用工具。程序调试过程可以通过串口实现对存储器的某个区域进行读取和修改，支持对 Flash、RAM 区域读出；可以直接通过软件中的串口工具，观察串口输出情况，不需要借助其他外部的串口工具。

5）简化工程配置。当工程文件中有新增的文件或文件夹时，其他的开发环境需要通过工程配置操作将该文件包含在工程中，而 AHL‑GEC‑IDE 中默认工程下级文件夹为工程编译所需，不需在工程中设置。自动支持 C 语言、汇编语言等：在该 AHL‑GEC‑IDE 环境下，通过自行识别，可直接编译 C 语言或者汇编语言下的工程，不需要对编译器进行选择。

6）可扩展功能。AHL-GEC-IDE 除具备一般开发的基本功能（导入工程、编辑、查找和替换、程序编译和烧写等）之外，还提供了很多扩展的功能，例如，支持远程更新：当目标芯片配置好相应的远程通信硬件后，在 AHL‑GEC‑IDE 开发环境中可以实现通过 NB‑IoT、2G、4G 等无线方式实现远程的程序更新；支持动态命令：可将机器码下载到特定的 Flash 区域直接运行该机器码，实现命令的动态扩充。

2. STM32CubeIDE

该集成开发环境是适用于 ST 公司 MCU 的免费集成开发环境，集成了 GNU 编译器集合（GCC）、GNU 调试器（GDB）等在内的免费开源软件，为设计人员提供了一个简单易用的开发工具，具有编辑、编译和调试等功能。本书提供的例程兼容 AHL‑GEC‑IDE 与 STM32CubeIDE。

3.3　第一个样例工程

为了更好地理解 RTOS 下的编程，基于同样的程序功能，分别通过 NOS 工程和 RT-Thread 工程来进行编程实现。

3.3.1　样例程序功能

样例程序的硬件是红、绿、蓝三色一体的发光二极管（小灯），由三个 GPIO 引脚控制其亮暗。

软件控制红灯每 5 s、绿灯每 10 s、蓝灯每 20 s 变化一次，对外表现为三色灯的合成色，经过分析，其实际效果如图 3-2 所示，即开始时为暗，依次变化为红、绿、黄（红+绿）、蓝、紫（红+蓝）、青（蓝+绿）、白（红+蓝+绿），周而复始。

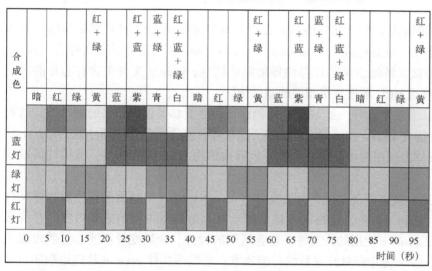

图 3-2　样例程序功能

扫描二维码可看
彩图效果

3.3.2　工程框架设计原则

良好的工程框架是编程工作的重要一环，建立一个组织合理、易于理解的嵌入式软件工程框架需要较深入的思考与斟酌。

所谓工程框架是指工程内文件夹的命名、文件的存放位置、文件内容的放置规则。软件工程与一件建筑作品、一件画作等是一致的，软件工程框架是整个工程的脊梁，其主要线程不是完成一个单独的模块功能，而是指出工程应该包含哪些文件夹、这些文件夹里面应该放置什么文件、各个文件的内容又是如何定位等。

因此，工程框架设计的基本原则应该是：**分门别类，各有归处**，建立工程文件夹，并考虑随后内容安排及内容定位，建立其下级子文件夹。

人们常常可以看到一些工程框架混乱、下级文件夹命名不规范、文件内容定位不清晰、文件包含冗余的样例工程，把学习者与开发者弄得一头雾水，这样的工程框架是不符合软件工程要求的。甚至，在一些机构给出的底层驱动中，包含了不少操作系统内容，违背了底层驱动设计独立于上层软件的基本要求，一旦更换操作系统，该驱动难以使用，给应用开发人员带来了不少烦恼。

3.3.3　NOS 工程框架

1. NOS 工程框架的树形结构

图 3-3 给出了无操作系统的工程框架的树形结构。对 MCU 文件夹、用户板文件夹、无操作系统应用程序文件夹补充说明如下。

01_Doc	文档文件夹：文档作为工程密切相关部分，是软件工程的基本要求
02_CPU	CPU 文件夹：存放 CPU 相关文件，由 ARM 提供给 MCU 厂家
03_MCU	MCU 文件夹：含有 linker_file、startup、MCU_drivers 下级文件夹
04_GEC	GEC 文件夹：引入通用嵌入式计算机（GEC）概念，预留该文件夹
05_UserBoard	用户板文件夹：含有硬件接线信息的 User.h 文件及应用驱动
06_SoftComponent	软件构件文件夹：含有与硬件无关的软件构件
07_AppPrg	应用程序文件夹：应用程序主要在此处编程

图 3-3　NOS 工程框架树形结构

1) MCU 文件夹。把链接文件、MCU 的启动文件、MCU 底层驱动（MCU 基础构件）放入这个文件夹中，分别建立"linker_file""startup""MCU_drivers"三个下级文件夹。其中，linker_file 文件夹内的链接文件给出了芯片存储器的基本信息；startup 文件夹含有芯片的启动文件；MCU_drivers 存放与 MCU 硬件直接相关的基础构件。

2) 用户板文件夹。开发者选好一款 MCU，要做成产品之前总要设计自己的硬件板，这就是用户板。这个板上可能有 LCD、传感器、开关等，这些硬件必须由软件干预才能工作，干预这些硬件的软件构件被称为应用构件。应用构件一般需要调用 MCU 基础构件，应用构件被放置在该文件夹中。

3) 应用程序文件夹。该文件夹中包含总头文件（includes.h）、中断服务程序源程序文件（isr.c）、主程序文件（main.c）等，这些文件是工程开发人员进行编程的主要对象。总头文件 includes.h 是 isr.c 及 main.c 使用的头文件，包含用到的构件、全局变量声明、常数宏定义等；中断服务程序文件 isr.c 是中断处理函数编程的地方；主程序文件 main.c 是应用程序启动后的总入口，main 函数即在该文件中实现，在 main 函数中包含了一个永久循环，对具体事务过程的操作几乎都是添加在该主循环中。应用程序的执行，有两条独立的路线，一条是主循环运行线，在 main.c 文件中编程；另一条是中断线，在 isr.c 文件中编程。若有操作系统，则可在 main.c 中启动操作系统调度器。

此外，编译输出还会产生"Debug"文件夹。含有编译链接生成的 .elf、.hex、.list、.map 等文件。

- elf（Executable and Linking Format），即可执行链接格式，最初由 UNIX 系统实验室（UNIX System Laboratories，USL）作为应用程序二进制接口（Application Binary Interface，ABI）的一部分而制定和发布，其最大特点在于它有比较广泛的适用性，通用的二进制接口定义使之可以平滑地移植到多种不同的操作环境上，UltraEdit 软件工具可查看 .elf 文件内容。
- hex（Intel HEX）文件是由一行行符合 Intel HEX 文件格式的文本所构成的 ASCII 文本文件，在 Intel HEX 文件中，每一行包含一个 HEX 记录，这些记录由对应机器语言码（含常量数据）的十六进制编码数字组成。
- list 文件提供了函数编译后机器码与源代码的对应关系，用于程序分析。
- map 文件提供了查看程序、堆栈设置、全局变量、常量等存放的地址信息。.map 文件中给出的地址在一定程度上是动态分配的（由编译器决定），工程有任何修改，这些地址都可能发生变动。

2. NOS 样例工程的 main 函数及 isr 函数

基于 NOS 的样例工程（见"..\CH3.3-NOS"）可用 AHL-GEC-IDE 打开。该程序有两条执行路线，一条是主循环线，为了衔接操作系统概念，可称为线程线，另一条为中断线，分别对应 main.c 中的 for 循环，以及 isr.c 中的中断处理程序这两个部分。

线程线：程序通过判断全局变量 gSec 来控制三色小灯的开关状态，实现红灯每 5 s 闪烁一次，绿灯每 10 s 闪烁一次，蓝灯每 20 s 闪烁一次，同时通过串口输出开关信息。

中断线：定时器 TIM2 定时周期为 1 s，时间每经过 1 s，TIM2 会触发定时器的中断服务程序，在中断服务程序中对变量 gSec 进行累加。

程序运行时首先执行线程线，在执行线程线的过程中若触发定时器中断（即计时时间达到 1 s），程序便会从线程线跳转到中断线执行定时器的中断服务函数（对 gSec 累加）。等中断服务程序执行完成后，程序回到线程线从刚才跳转的地方继续执行下去。

（1）线程线：main 函数

可以从 main 函数起点开始理解执行过程[⊖]，在 for(;;) 的永久循环体内，程序通过判断 gSec 来控制三色小灯的开关状态。

```
//========================================================
//文件名称:main.c(应用工程主函数)
//框架提供:SD-ARM(sumcu.suda.edu.cn)
//版本更新:2017.08, 2020.10
//功能描述:见本工程的<01_Doc>文件夹下 Readme.txt 文件
//========================================================

#define GLOBLE_VAR
#include "includes.h"          //包含总头文件


//--------------------------------------------------------
//声明使用到的内部函数
//main.c 使用的内部函数声明处


//--------------------------------------------------------
//主函数,一般情况下可以认为程序从此开始运行
int main(void)
{
    //(1)=====启动部分(开头)=============================
    //(1.1)声明 main 函数使用的局部变量

    //(1.2)【不变】关总中断
    DISABLE_INTERRUPTS;

    //(1.3) main 函数局部变量赋初值

    //(1.4)全局变量赋初值
    gSec = 0;
    gUpdateSec = 0;

    //(1.5)用户外设模块初始化
    uart_init(UART_Debug, 115200);

    printf("\n 调用 gpio_init 函数,分别初始化红灯、蓝灯和绿灯。\n");
```

```
gpio_init(LIGHT_BLUE, GPIO_OUTPUT, LIGHT_OFF);
gpio_init(LIGHT_GREEN, GPIO_OUTPUT, LIGHT_OFF);
gpio_init(LIGHT_RED, GPIO_OUTPUT, LIGHT_OFF);

printf("调用 timer_init 函数,初始化定时器,定时周期为 1000ms。\n");
timer_init(TIMER_USER, 1000);

//(1.6)使能模块中断
timer_clear_int(TIMER_USER);    //在打开中断前清除中断标志位,防止立即进入中断
timer_enable_int(TIMER_USER);

//(1.7)【不变】开总中断
ENABLE_INTERRUPTS;

//(1)= = = = =启动部分(结尾)= = = = = = = = = = = = = = = = = = = = = = = = = = = = = =

//(2)= = = = =主循环部分(开头)= = = = = = = = = = = = = = = = = = = = = = = = = = = = = =
printf("进入主循环部分:\n");
printf("红灯每隔 5 s 闪烁一次,\n");
printf("绿灯每隔 10 s 闪烁一次,\n");
printf("蓝灯每隔 20 s 闪烁一次。\n");

for(;;)
{
    //(2.1)判断上一次翻转 LED 的时间和当前时间是否相同
    //相同则跳过下面程序的执行
    //如果没有此处的判断,会不断翻转 LED
    if(gSec == gUpdateSec)
        continue;

    //(2.2)判断是否需要翻转小灯
    uint8_t reverse_red = gSec % 5 == 0;
    uint8_t reverse_green = gSec % 10 == 0;
    uint8_t reverse_blue = gSec % 20 == 0;

    if(reverse_red)
    {
        //(2.3)翻转红灯引脚状态
        gpio_reverse(LIGHT_RED);
        //(2.4)通过串口输出红灯状态
        printf("红灯改变亮暗! \r\n");
        gUpdateSec = gSec;
    }

    if(reverse_green)
    {
        //(2.5)翻转绿灯引脚状态
        gpio_reverse(LIGHT_GREEN);
        //(2.6)通过串口输出绿灯状态
        printf("绿灯改变亮暗! \r\n");
        gUpdateSec = gSec;
    }
```

```
            if( reverse_blue)
            {
                //(2.7)翻转蓝灯引脚状态
                gpio_reverse(LIGHT_BLUE);
                //(2.8)通过串口输出蓝灯状态
                printf("蓝灯改变亮暗! \r\n");
                gUpdateSec = gSec;
            }
        }
        //(2)=====主循环部分(结尾)================================
}
```

（2）中断线：isr.c 中断处理程序

当定时器到达定时时间 1 s 时，会执行定时器中断服务程序。在定时器中断服务程序中，首先判断是否是由 TIM2 触发的中断，如果是，对变量 gSec 累加，最后清除中断标志位。

```
//====================================================================
//文件名称:isr.c(中断处理程序源文件)
//框架提供:SD-ARM(sumcu.suda.edu.cn)
//版本更新:20170801-20201005
//功能描述:提供中断处理程序编程框架
//====================================================================
#include "includes.h"


//====================================================================
//函数名称:TIMER_USER_Handler(USER 定时器中断处理程序)
//参数说明:无
//函数返回:无
//功能概要:(1)每 1000 ms 中断触发本程序一次
//====================================================================
void TIMER_USER_Handler(void)
{
    DISABLE_INTERRUPTS;                //关总中断

    if( timer_get_int(TIMER_USER))     //判断 TIMER_USER 是否产生中断
    {
        gSec ++;
        timer_clear_int(TIMER_USER);   //清除中断标志位
    }

    ENABLE_INTERRUPTS;                 //开总中断
}
```

3. NOS 样例工程运行测试

将样例工程编译，通过 Type-C 线将 AHL-STM32L431 与 PC 的 USB 口进行连接，进入 AHL-GEC-IDE 中的"下载"→"串口更新"，单击"连接 GEC"成功后，导入编译产生的机器码.hex 文件，单击"一键自动更新"将程序下载到目标板上，程序将自动运行⊖。如图 3-4 所示，随后，观察 AHL-STM32L431 开发板上的红灯、蓝灯和绿灯的闪烁情况，若与图 3-2 所示的情况一致，则正确。

⊖　此过程可能会遇到诸如设备连接不上等问题，解决办法参见电子资源".. \02-Document"下用户手册。

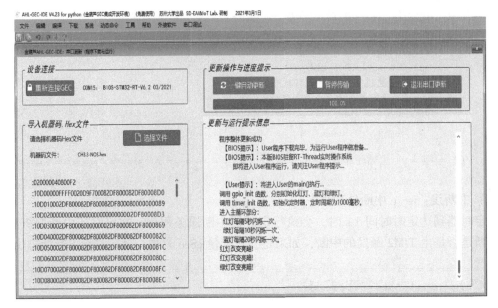

图 3-4　NOS 样例工程下载后图示

3.3.4　RT-Thread 工程框架

1. RT-Thread 工程框架的树形结构

RT-Thread 工程框架与 NOS 工程框架完全一致。不同的是：

1）在工程的 05_UserBoard 文件夹中增加了 Os_Self_API. h、Os_United_API. h 两个头文件。其中，Os_Self_API. h 头文件给出了 RT-Thread 对外接口函数 API，如事件（rt_event）、消息队列（rt_messagequeue）、信号量（rt_semaphore）、互斥量（rt_mutex）等有关函数等，实际函数代码驻留于 BIOS 中；Os_United_API. h 头文件给出了 RTOS 的统一对外接口 API，目的是实现不同的 RTOS 应用程序可移植，可以涵盖 RTOS 基本要素函数。

2）工程的 ".. \07_AppPrg\includes. h" 文件中，给出了线程函数声明：

```
//线程函数声明
void app_init( void);
void thread_redlight( );
void thread_greenlight( );
void thread_bluelight( );
```

3）工程的 ".. \07_AppPrg\main. c" 文件中，给出了操作系统的启动：

```
#define GLOBLE_VAR
#include " includes. h"


//--------------------------------------------------------------------
//声明使用到的内部函数
//main. c 使用的内部函数声明处
//--------------------------------------------------------------------
//主函数,一般情况下可以认为程序从此开始运行
int main( void)
{

    OS_start( app_init);　//启动 RTOS 并执行主线程

}
```

4）工程的 07_AppPrg 文件夹中的 threadauto_appinit. c 是主线程文件，含有 app_init 函数，该函数在 RTOS 启动过程中被变成了线程，作为上述主函数中调用的 OS_start( ) 函数的入口参数，此时，app_init 线程也被称为自启动线程，也就是说，操作系统启动后立即运行这个线程。它的作用是将该文件夹中的其他三个文件中的函数变成线程，从而被调度运行。

5）工程的 07_AppPrg 文件夹中三个功能性函数文件 thread_bluelight. c、thread_greenlight. c、thread_redlight. c，其内的函数，由于被变成了线程，因此可分别称为蓝灯线程、绿灯线程、红灯线程，它们在内核调度下运行。至此，可以认为有三个独立的"主函数"在操作系统的调度下独立地运行，一个大工程变成了三个独立运行的小工程。

2. RT-Thread 的启动

基于 RT-Thread 的样例工程（见 "..\CH3. 4-RT-Thread"），可用 AHL-GEC-IDE 导入。在该样例工程中，共创建了 5 个线程，如表 3-2 所示。

表 3-2　样例工程线程一览表

归属	线程名	执行函数	优先级	线程功能	中文含义
内核	main_thread	app_init	10	创建其他线程	主线程
	idle	idle	31	空闲线程	空闲线程
用户	thd_redlight	thread_redlight	10	红灯以 5 s 为周期闪烁	红灯线程
	thd_greenlight	thread_greenlight	10	绿灯以 10 s 为周期闪烁	绿灯线程
	thd_bluelight	hread_bluelight	10	蓝灯以 20 s 为周期闪烁	蓝灯线程

执行 OS_start(app_init) 进行 RT-Thread 的启动，在启动过程中依次创建了**主线程**（app_init）和**空闲线程**（idle）。app_init 源码是在本工程中直接给出的，idle 被驻留在 BIOS 中（第 8 章将进行解释）。

3. 主线程的执行过程

（1）主线程功能概要

主线程被内核调度首先运行，过程如下：

1）在主线程中依次创建蓝灯线程、绿灯线程和红灯线程，红灯线程实现红灯每 5 s 闪烁一次，绿灯线程实现绿灯每 10 s 闪烁一次，蓝灯线程实现蓝灯每 20 s 闪烁一次，创建完这些用户线程之后主线程被终止。

2）此时，在就绪列表中剩下红灯线程、绿灯线程、蓝灯线程和空闲线程这 4 个线程。

3）由于**就绪列表**优先级最高的第一个线程是 thread_redlight，它优先得到激活运行。thread_redlight 线程每隔 5000 ms 控制一次红灯的亮暗状态，当 thread_redlight 线程调用系统服务 delay_ms 执行延时，调度系统暂时剥夺该线程对 CPU 的使用权，将该线程从就绪列表中移出，并将该线程的定时器放入延时列表中。

4）接着，系统开始依次调度执行 thread_bluelight 线程和 thread_greenlight 线程，根据延时时长将线程从就绪列表中移出，并将线程的定时器放到**延时列表**中。

5）最后，当这三个线程的定时器都被放到延时列表时，就绪列表中只剩下空闲线程，此时空闲线程会得到运行。

基于每 1 ms（时间嘀嗒）的 SysTick 中断，在 SysTick 中断处理程序中，查看延时列表中的线程的定时器是否到期，若有线程的定时器到期，则将线程的定时器从延时列表中移出，并将线程放到就绪列表中。同时，由于到期线程的优先级大于空闲线程的优先级，会抢占空闲线程，通过上下文切换激活，再次得到运行。

由于这蓝、绿、红三个小灯物理上对外表现是一盏灯，所以样例工程功能的对外表现应该达到图 3-2 的效果（与 NOS 样例工程运行效果相同）。

（2）主线程源码剖析

主线程的运行函数 app_init 主要完成全局变量初始化、外设初始化、创建其他用户线程、启动用户线程等工作，它在 07_AppPrg\threadauto_appinit.c 中定义。

1）创建用户线程。在 threadauto_appinit.c 文件中，首先创建了三个用户线程，即红灯线程 thd_redlight、蓝灯线程 thd_bluelight 和绿灯线程 thd_greenlight，它们的优先级都设置为 10[注]，堆栈空间设置为 512 字节，时间片设置为 10 个时间嘀嗒。

```
thread_t thd_redlight;
thread_t thd_greenlight;
thread_t thd_bluelight;
thd_redlight = rt_thread_create("redlight", (void *)thread_redlight, 0, 512, 10, 10);
thd_greenlight = rt_thread_create("greenlight", (void *)thread_greenlight, 0, 512, 10, 10);
thd_bluelight = rt_thread_create("bluelight", (void *)thread_bluelight, 0, 512, 10, 10);
```

2）启动用户线程。在 "07_AppPrg" 文件夹下创建了 thread_redlight.c、thread_bluelight.c 和 thread_greenlight.c 三个文件，在这三个文件中分别定义了三个用户线程执行函数 thread_redlight、thread_bluelight 和 thread_greenlight。这三个用户线程执行函数在定义上与普通函数无差别，但是在使用上不是作为子函数进行调用，而是由 RT-Thread 进行调度，并且这三个用户线程执行函数基本上是一个无限循环，在执行过程由 RT-Thread 分配 CPU 使用权。

```
thread_startup(thd_redlight);        //启动红灯线程
thread_startup(thd_greenlight);      //启动绿灯线程
thread_startup(thd_bluelight);       //启动蓝灯线程
```

（3）主函数 app_init 代码注释

```
void app_init(void)
{
    //(1)=====启动部分(开头)================================
    //(1.1)声明 main 函数使用的局部变量
    thread_t thd_redlight;
    thread_t thd_greenlight;
    thread_t thd_bluelight;
    //(1.2)[不变]BIOS 中 API 接口表首地址、用户中断处理程序名初始化
    //(1.3)[不变]关总中断
    DISABLE_INTERRUPTS;
    //(1.4)给主函数使用的局部变量赋初值
    //(1.5)给全局变量赋初值
    //(1.6)用户外设模块初始化
    printf("调用 gpio_init 函数,分别初始化红灯、绿灯、蓝灯\r\n");
    gpio_init(LIGHT_RED,GPIO_OUTPUT,LIGHT_OFF);
    gpio_init(LIGHT_GREEN,GPIO_OUTPUT,LIGHT_OFF);
    gpio_init(LIGHT_BLUE,GPIO_OUTPUT,LIGHT_OFF);
    //(1.7)使能模块中断
    //(1.8)[不变]开总中断
```

[注] RT-Thread 中优先级数越小，所表示的优先级越高。

```
ENABLE_INTERRUPTS;
printf("【提示】本程序为带 RT-Thread 的 STM32 用户程序\r\n");
printf("【基本功能】①在 RT-Thread 启动后创建了红灯、绿灯和蓝灯三个用户线程\r\n");
printf("②实现红灯每 5s 闪烁一次,绿灯每 10s 闪烁一次,蓝灯每 20s
        闪烁一次\r\n");
printf("【操作方法】连接 Debug 串口,选择波特率为 115200,打开串口,
    查看输出结果...\r\r\n\n");
printf("0-1. MCU 启动\n");
//(7)【根据实际需要增删】线程创建,不能放在步骤(1)~(6)之间
thd_redlight=thread_create("redlight",(void * )thread_redlight, 0, 512, 10, 10);
thd_greenlight=thread_create("greenlight",(void * )thread_greenlight, 0, 512, 10, 10);
thd_bluelight=thread_create("bluelight",(void * )thread_bluelight, 0, 512, 10, 10);
//(8)【根据实际需要增删】线程启动
thread_startup(thd_redlight);        //启动红灯线程
thread_startup(thd_greenlight);      //启动绿灯线程
thread_startup(thd_bluelight);       //启动蓝灯线程
```

4. 红灯、绿灯、蓝灯线程

根据 RT-Thread 样例程序的功能,设计了红灯 thd_redlight、蓝灯 thd_bluelight 和绿灯 thd_greenlight 三个小灯闪烁线程,对应工程 07_AppPrg 文件夹下的 thread_redlight. c、thread_bluelight. c 和 thread_greenlight. c 这三个文件。

小灯闪烁线程首先将小灯初始设置为暗,然后在 while(1)的永久循环体内,通过 delay_ms()函数实现延时,每隔指定的时间间隔切换灯的亮暗一次。delay_ms()延时操作并非停止其他操作的空跑等待,而是通过延时列表与线程定时器管理延时线程,从而实现对线程的延时,延时函数将在 "4.3 节"中详细介绍。在延时期间,线程被放入延时列表中,RTOS 可以调度执行其他的线程。下面,给出红灯线程函数 thread_redlight 的具体实现代码,蓝灯线程函数 thread_bluelight 和绿灯线程函数 thread_greenlight 与红灯线程函数 thread_redlight 类似,读者自行分析。

```
//===============================================================
//函数名称:run_redlight
//函数返回:无
//参数说明:无
//功能概要:每 5 s 红灯反转
//内部调用:无
//===============================================================
void thread_redlight()
{
    printf("---第一次进入运行红灯线程! \r\n");
    gpio_init(LIGHT_RED,GPIO_OUTPUT,LIGHT_OFF);
    while (1)
    {
        printf("---红灯线程进入延时等待状态(5s)\r\n");
        delay_ms(5000);              //延时 5 s
        printf("---红灯线程延时等待结束:红灯改变亮暗! \r\n");
        gpio_reverse(LIGHT_RED);
    }
}
```

5. RT-Thread 样例工程运行测试

测试过程可参照 NOS 工程样例,可以观察到三色灯随时间的变化与图 3-2 一致,下载后的运行提示如图 3-5 所示。由此体会 NOS 下编程与 RTOS 下编程的异同点,至此,RTOS 可以

较好地服务于用户程序设计。

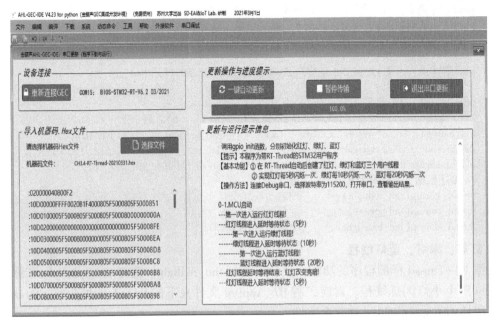

图 3-5　RT-Thread 样例工程测试结果

3.4　本章小结

学习 RTOS 的第一要素就是实践，在实践中体会其基本机制。要进行实践，必须有软硬件基础平台，本章给出的硬件平台 AHL-STM32L431 及软件平台 AHL-GEC-IDE，可以满足 RTOS 学习与实践的基本要求，也可以方便地应用于实际产品开发。

良好的工程组织是软件工程的基本要求，也是可移植、可复用、可维护的保证。要按照"分门别类，各有归处"的基本原则组织工程框架，且各个一级子文件夹不再变动，使得新增内容各有归处，同时保证 NOS 下与 RTOS 下工程中一级子文件夹名称相同，为实际应用开发提供了规范的标准模板。

本章的实例只用到 RTOS 下的延时函数，但有三个线程在运行，可以体会到这里的延时函数与运行机器码空延时不同，它让出了 CPU 使用权，在延时期间，CPU 可以执行其他线程，第 4 章将对这种延时方式做进一步分析。

第4章 RTOS 下应用程序的基本要素

对应用程序设计来说，RTOS 是一种工具，是为应用程序服务的，它不应该成为应用程序的负担。但是，要使它能更好地为应用程序开发服务，就必须基本掌握这个工具的使用方法，只有这样它才能为我们服务，否则就有可能成为负担。掌握 RTOS 的使用方法，首先必须理解中断系统、时间嘀嗒、延时函数、调度策略、线程优先级和常用列表等 RTOS 下应用程序的基本要素。

4.1 中断基本概念及处理过程

前面多次提到过，RTOS 下应用程序的运行有两条路线：一条是线程线，可能有许多个线程，由内核调度运行；另一条是中断线，线程被某种中断打断后，转去运行中断服务程序（ISR），随后返回原处继续运行，通常情况大多如此。因此梳理归纳中断基本概念及处理过程，有助于对 RTOS 下程序运行过程的理解。

4.1.1 中断基本概念

1. 中断与异常的基本含义

异常（exception）是 CPU 强行从正在执行的程序切换到由某些内部或外部条件所要求的处理线程上去，这些线程的紧急程度优先于 CPU 正在执行的线程。引起异常的外部条件通常来自外围设备、硬件断点请求、访问错误和复位等；引起异常的内部条件通常为指令、不对界错误、违反特权级和跟踪等。一些文献把硬件复位和硬件中断都归类为异常，把硬件复位看作是一种具有最高优先级的异常，而把来自 CPU 外围设备的强行线程切换请求称为**中断**（interrupt），软件上表现为将程序计数器（PC）指针强行转到中断服务程序入口地址执行。CPU 对复位、中断、异常具有同样的处理过程，本书随后在谈及这个处理过程时统称为中断。

2. 中断源、中断服务程序、中断向量号与中断向量表

可以引起 CPU 产生中断的外部器件被称为**中断源**。中断产生并被响应后，CPU 暂停当前正在执行的程序，并保存当前 CPU 状态（即 CPU 内部寄存器）在栈中，随后转去执行另一个处理程序，执行结束后，恢复中断之前的状态，使得中断前的程序得以继续执行。CPU 被中断后转去执行的程序，被称为**中断服务程序**（Interrupt Service Routine，ISR）。

一个 CPU 通常可以识别多个中断源，给 CPU 能够识别的每个中断源编个号，就叫**中断向量号**，一般是连续编号，例如 0，1，…，n。当第 i（i=0，1，…，n）个中断发生后，需要找到与之相对应的 ISR，实际上只要找到对应中断服务程序的首地址即可。为了更好地找到中断服务程序的首地址，人们把各个中断服务程序的首地址放在一段连续的地址中[⊖]，并且按照中断向量号顺序存放，这个连续存储区被称为**中断向量表**，这样一旦知道发生中断的中断向量号，就可以迅速地在表中对应位置取出相应的中断服务程序首地址，把这个首地址赋给程序计

⊖ 本书使用的 Arm Cortex-M 系列微处理器的地址总线 32 位，即每个中断处理程序的首地址需要 4 字节。

数寄存器（PC），那么程序就转去执行中断服务程序（ISR）了。ISR 的返回语句不同于一般子函数的返回语句，它是中断返回语句，遇到它，CPU 可从栈中恢复 CPU 中断前的状态，并返回原处继续运行。

从数据结构角度看，中断向量表是一个指针数组，内容是中断服务程序（ISR）的首地址。通常情况下，在程序书写时，中断向量表按中断向量号从小到大的顺序填写 ISR 的首地址，不能遗漏。即使某个中断不需要使用，也要在中断向量表对应的项中填入默认的 ISR 首地址，因为中断向量表是连续存储区，与连续的中断向量号相对应。默认 ISR 的内容，一般为直接返回语句，即没有任何功能。默认 ISR 的存在，不仅是给未用中断的中断向量表项"补白"使用，也可以防止未用中断误发生后有个去处，就直接返回原处。

在 ARM Cortex-M 微处理器中，还有一个非内核中断请求（Interrupt Request，IRQ）的编号，称为 IRQ 号。IRQ 号将内核中断与非内核中断稍加区分，对于非内核中断，IRQ 中断号从 0 开始递增，而对于内核中断，IRQ 中断号从 -1 开始递减。

3. 中断优先级、可屏蔽中断和不可屏蔽中断

在进行 CPU 设计时，一般定义了中断源的优先级。若 CPU 在程序执行过程中，有两个以上中断同时发生，则优先级最高的中断得到最先响应。

根据中断是否可以通过程序设置的方式被屏蔽，可将中断划分为可屏蔽中断和不可屏蔽中断两种。可屏蔽中断是指可通过程序设置的方式决定不响应该中断，即该中断被屏蔽了；不可屏蔽中断是指不能通过程序方式关闭的中断。

4.1.2 中断处理的基本过程

中断处理的基本过程分为中断请求、中断检测、中断响应和中断处理等过程。

1. 中断请求

当某一中断源需要 CPU 为其服务时，它将会向 CPU 发出中断请求信号（一种电信号）。中断控制器获取中断源硬件设备的中断向量号[⊖]，并通过识别的中断向量号将对应硬件模块的中断状态寄存器中的"中断请求位"置位，以便让 CPU 知道何种中断请求来了。

2. 中断采样（检测）

对于具有指令流水线的 CPU，它在指令流水线的译码或者执行阶段识别异常，若检测到一个异常，则强行中止后面尚未达到该阶段的指令。对于在指令译码阶段检测到的异常，以及与执行阶段有关的指令异常来说，由于引起的异常与该指令本身无关，指令并没有得到正确执行，所以该类异常保存的程序计数器（PC）值是指向引起该异常的指令，以便异常返回后重新执行。对于中断和跟踪异常（异常与指令本身有关），CPU 在执行完当前指令后才识别和检测这类异常，故该类异常保存的 PC 值是指向要执行的下一条指令。

一般角度可以这样理解，CPU 在每条指令结束的时候将会检查中断请求或者系统是否满足异常条件，为此，多数 CPU 专门在指令周期中使用了中断周期。在中断周期中，CPU 将会检测系统中是否有中断请求信号，若此时有中断请求信号，则 CPU 将会暂停当前执行的线程，转而去对中断请求进行响应，若系统中没有中断请求信号则继续执行当前线程。

3. 中断响应与中断处理

中断响应的过程是由系统自动完成的，对于用户来说是透明的操作。在中断的响应过程

⊖ 设备与中断向量号可以不是一一对应的，如果一个设备可以产生多种不同中断，允许有多个中断向量号。

中，首先 CPU 会查找中断源所对应的中断模式是否允许产生中断，若中断模块允许中断，则响应该中断请求，中断响应的过程要求 CPU 保存当前环境的"上下文"（context）于栈中。通过中断向量号找到中断向量表中对应的 ISR 的首地址，转而去执行 ISR。中断处理术语中，简单地理解"上下文"即指 CPU 内部寄存器，其含义是在中断发生后，由于 CPU 在中断服务程序中也会使用 CPU 内部寄存器，所以需要在调用 ISR 之前，将 CPU 内部寄存器保存至指定的 RAM 地址（栈）中，在中断结束后再将该 RAM 地址中的数据恢复到 CPU 内部寄存器中，从而使中断前后程序的"执行现场"没有任何变化。

4. ARM Cortex-M 微处理器中断编程要点

本小节以 ARM Cortex-M 微处理器为例，从一般意义上给出中断编程要点。

1）理解初始中断向量表。在工程框架的"..\03_MCU\startup"文件夹下，有个汇编文件书写的启动文件：startup_xxx.s，内含初始中断向量表，一个 MCU 的所能接纳的所有中断源在此体现。

中断向量表一般位于芯片工程的启动文件中，例如：

```
g_pfnVectors:
    . word    _estack
    . word    Reset_Handler
    ......
```

其中，除第一项外的每一项都代表着各个中断服务程序（ISR）的首地址，第一项代表着栈顶地址，一般是程序可用 RAM 空间的最大值+1。此外，对于未实例化的中断服务程序，由于在程序中不存在具体的函数实现，也就不存在相应的函数地址。因此一般在启动文件内，会采用弱定义的方式，将默认未实例化的 ISR 的起始地址指向一个默认 ISR 的首地址，例如：

```
    ......
    . weakUSART1_IRQHandler
    . thumb_set USART1_IRQHandler, Default_Handler
    . weakUSART2_IRQHandler
    . thumb_set USART2_IRQHandler, Default_Handler
    ......
```

其中，默认 ISR 的内容，一般为直接返回语句，即没有任何功能，也有的工程师使用一个无限循环语句。前面提到过，默认 ISR 的存在，不仅是给未用中断的中断向量表项"补白"使用，也可以防止未用中断误发生后有个去处，最好为直接返回原处。

2）确定对哪个中断源编程。在进行中断编程时，必须明确对哪个中断源进行编程。该中断源的中断向量号是多少，有时还需知道对应的 IRQ 号，以便设置。

3）宏定义中断服务程序名。可以根据程序的可移植性，重新给默认的中断服务程序名起个别名，随后使用这个别名。

4）编制中断服务程序。在 isr 文件中安排中断服务程序，使用已经命名好的别名。在中断服务程序中，一般先关闭总中断，退出前再开放总中断。

5）在 RTOS 下中断初始化问题。在 RTOS 下，中断向量表被复制到 RAM 中，因此，中断服务程序名必须在初始化中重新加载，同时使能对应中断源，开放总中断。这样，当该中断产生时，会执行对应的中断服务程序。

4.2　时间嘀嗒与延时函数

了解时间嘀嗒是理解调度的基础，RTOS 延时函数暂停当前线程的执行，可执行其他线程，它不同于 NOS 下的机器周期空跑延时。

4.2.1　时间嘀嗒

时钟嘀嗒（Time Tick）是 RTOS 中时间的最小度量单位，是线程调度的基本时间单元。主要用于系统计时、线程调度等。也就是说，要进行线程切换，至少等一个时间嘀嗒。时钟嘀嗒由硬件定时器产生，一般以毫秒（ms）为单位。在 RT-Thread 中，由于 ARM Cortex-M 内核中含有 SysTick 定时器，为了操作系统在芯片之间移植方便，时钟嘀嗒由对 SysTick 定时器编程产生。本版驻留于 BIOS 的 RT-Thread 内核中，时间嘀嗒设置为 1 ms，在第 8 章的理解 RT-Thread 的启动过程及第 9 章的理解时间嘀嗒中，均有对此进行说明。

4.2.2　延时函数

1. RTOS 下延时函数的基本内涵

在有操作系统的情况下，线程一般不采用原地空跑（空循环）的方式进行延时（该方式线程仍然占用 CPU 的使用权），而往往会使用到延时函数（该方式线程会让出 CPU 使用权），通过使用延时列表管理延时线程，从而实现对线程的延时。在 RTOS 下使用延时函数，内核把暂时不需执行的线程，插入延时列表中，让出 CPU 的使用权，并对线程进行调度。

在 RT-Thread 中，提供了一个延时函数 rt_thread_delay，为了直观与通用，在 Os_United_API.h 头文件中将该函数宏定义为 delay_ms，应用程序编程时就使用 delay_ms，提高了应用程序的可移植性。delay_ms(30)代表延时 30 个嘀嗒。这个函数的基本原理是：执行该函数时，将当前线程的定时器按其延时参数指示的时间插入延时列表的相应位置，该列表中的线程的定时器按照延时时长从小到大排序，每一个线程控制块（TCB）都记录了自身需要的等待唤醒时间（该时间=线程本身的延时时间-所有前驱结点的等待时间）。在延时期间，该线程已经放弃 CPU 的使用权，内核调度正常进行，可以执行别的就绪线程。当延时时间到达时，线程进入就绪列表，等待 RT-Thread 调度运行。

这里简要理解一下 delay_ms 函数基本流程，第 9 章将对其详细剖析。进入 delay_ms 函数内部，其主要执行流程是：①获取对内核数据区的访问；②获取当前线程描述符结构体指针；③根据延时的时间，将当前线程插入延时列表的相应位置；④放弃 CPU 使用权，由 RTOS 内核进行线程调度。

2. 使用 RTOS 下延时函数的注意事项

使用 delay_ms 函数时，注意以下两点：

第一，delay_ms 只能用在对时间精度要求不高或者时间间隔较长的场合。delay_ms 函数的延时时长参数 millisec 以时间嘀嗒为单位，在 RT-Thread 中 1 个时间嘀嗒等于 1 ms，这样对延时时长参数就可以理解为是以 ms 为单位，此时实际延时时间与希望延时时间相等。但如果 1 个时间嘀嗒大于 1 ms，而对希望延时的时间精度有较高要求时（如延时时间不是时间嘀嗒的整数倍），由于内核是在每个时间嘀嗒到来时（即产生 SysTick 中断）才会去检查延时列表，此时的实际延时时间与希望延时时间可能会有误差，最坏的情况下的误差接近一个时间嘀嗒。所以，delay_ms 只能用在对时间精度要求不高的场合，或者时间间隔较长的场合。

第二，延时小于 1 个时间嘀嗒，不使用 delay_ms 函数。若需延时的时间小于 1 个时间嘀嗒，则不建议使用 delay_ms 函数，而是根据具体的延时时间，决定采用变量循环空跑（NOP 指令）、插入汇编语言或探索其他更合理的方式来解决。

4.3　调度策略

调度是 RTOS 中最重要的概念之一，正是因为 RTOS 中有了个调度者，多线程才变得可能。线程调度策略直接影响到应用系统的实时性。

4.3.1　调度基础知识

调度是内核的主要职责之一，它决定将哪一个线程投入运行、何时投入运行以及运行多久，协调线程对系统资源的合理使用。对系统资源非常匮乏的嵌入式系统来说，线程调度策略尤为重要，它直接影响到系统的实时性能。

调度是一种指挥方式，有策略问题。调度策略不同，线程被投入运行的时刻也不同。常用的调度策略主要有：优先级抢占调度与时间片轮转调度等⊖，下面介绍这两种调度策略的基本内涵。

1. 优先级抢占调度

优先级抢占调度总是让就绪列表中优先级最高的线程先运行，对于优先级相同的线程，则采用先进先出（First In First Out，FIFO）的策略。

所谓**优先级**（Priority）是指计算机操作系统在处理多个线程（或中断）时，决定各个线程（或中断）接受系统资源的优先等级的参数，操作系统会根据各个线程（或中断）优先级的高低，来决定处理各个线程（或中断）的先后次序。在 ARM Cortex-M 处理器中，中断（异常）的优先级一般在 MCU 设计阶段就确定了，优先级编号越小表示中断（异常）的优先级越高，而且高优先级可以抢占低优先级的中断（异常）。例如，在 RT-Thread 中，通常使用 32 种优先级，数值分别为 1~32，优先级数值越小，表示优先级越高。但线程的优先级数值不宜过大，否则将会影响线程管理列表所占的资源和管理的时效性。

基于优先级先进先出的调度策略在运行时可分为以下三种情况。

1）设线程 B 的优先级高于线程 A，当线程 A 正在运行时，线程 B 准备就绪（发生的情景：第一种情景是线程 A 创建了线程 B；第二种情景是线程 B 的延时到期；第三种情景是用户显式地调度线程 B；第四种情景是线程 B 已获得等待的线程信号、事件、信号量或互斥量等），则调度系统在下一个时间嘀嗒中断发生的时候，会将 CPU 的使用权从线程 A 处抢夺，将其转入就绪态（即线程 A 被放入到就绪列表中），并分配 CPU 使用权给线程 B。

2）当线程 A 被阻塞后主动放弃 CPU 使用权，此时，调度系统将在当前就绪的线程中寻找优先级最高的线程，将 CPU 的使用权分配给它。

3）当存在同一优先级的多个线程都处于就绪态时，较早进入就绪态的线程优先获得系统分配的一段固定时间片供其运行。

当发生以下任意一种情况时，当前线程会停止运行，并进入 CPU 调度。

⊖　除两种调度策略之外，还有一种被称为显示调度的方式，就是用命令直接让其运行，在 RTOS 中很少用到。

1）由于调用了阻塞功能函数（如等待线程信号、事件、信号量或互斥量等），激活态（运行态）线程主动放弃 CPU 使用权，会同时被放到等待列表和阻塞列表中。

2）产生了一个比激活态（运行态）线程所能屏蔽的中断优先级更高的中断。

3）更高优先级的线程已经处于就绪状态。

在协调同一优先级下的多个就绪线程时，一般 RTOS 可能会加入时间片轮询的调度机制，以此协调多个同优先级线程共享 CPU 的问题。

2. 时间片轮询调度

时间片轮转（Round Robin，RR）调度策略，也总是让就绪列表中优先级最高的线程先运行，但是，对于优先级相同的线程，使用时间片轮转方式，即给相同优先级的线程分配固定的时间片分享 CPU 时间。实际上，当采用 RR 调度时，不同优先级的线程是按照 FIFO 策略排列的；相同优先级的线程才会采用时间片轮询来调用。

4.3.2　RT-Thread 中使用的调度策略

不同的操作系统采取的线程调度策略有所区别，如 μC/OS 总是运行处于就绪状态且优先级最高的线程；FreeRTOS 支持三种调度方式：优先级抢占式调度、时间片调度和合作式调度，实际应用主要是抢占式调度和时间片调度，合作式调度用得很少；MQXLite 采用优先级抢占调度、时间片轮转调度和显式调度。

在 RT-Thread 中，采用基于优先级先进先出（FIFO）和时间片轮转（RR）的综合调度策略，该调度策略为：总是将 CPU 的使用权分配给当前就绪的、优先级最高的且是较先进入就绪态的线程，同一优先级的线程采用时间片轮转的调度算法，其中时间片轮转策略是可选的，是作为 FIFO 调度方式的补充，可以协调同一优先级多个就绪线程共享 CPU 的问题，改善多个同优先级就绪线程的调度问题。

在 RT-Thread 中，每个轮询线程有最长时间限制（时间片），在此时间片内该线程可以被激活。时间片由每个线程在创建时自主设置，例如在 3.4 节样例工程中的红灯线程创建时定义了其时间片为 10，也就意味着该线程在时间片轮转调度过程中每次被调度所占用的时间为 10 个时间嘀嗒，若每个时间嘀嗒为 1 ms，时间片就是 10 ms。同时，在线程执行的时间片期间并不禁止抢占，这就意味着 CPU 使用权可能被其他优先级高的线程抢占。

在 RT-Thread 中，如果设置所有线程的时间片大小为 0，则不会进行时间片轮询调度，若未出现优先级抢占或者线程阻塞的情况，正在运行的线程不会主动放弃对 CPU 的使用权。反之，当线程运行到规定时间片之后，会产生一次调度判断，若此时有同优先级的线程处于就绪态，则让出 CPU 使用权，否则继续运行。

在 RT-Thread 中，调度策略是通过可挂起系统调用 PendSV（Pendable Supervisor）中断和定时器 SysTick 中断来实现的，具体分析参见第 10 章理解调度机制。

4.3.3　RT-Thread 中固有线程

RT-Thread 中固有线程有：自启动线程和空闲线程，其中空闲线程的优先级为 31，自启动线程的优先级为 10。

1. 自启动线程

在内核启动之前，需要创建一个自启动线程，以便内核启动后执行它，并由它来创建其他用户线程。当自启动线程被创建时，其状态为就绪态，会自动被放入就绪列表中。在 RT-

Thread 中自启动线程的优先级为 10，由于在启动过程中，最后由自启动线程来创建其他用户线程，因此它的优先级必须要高于或等于其他用户线程的优先级，这样才能保证其他用户线程被正常创建并运行。否则，若自启动线程的优先级低于它所创建的用户线程的优先级，那么一旦创建一个线程后，自启动线程会被抢占，无法继续创建其他线程。

2. 空闲线程

为了确保在内核无用户线程可执行的时候，CPU 能继续保持运行状态，就必须安排一个空闲线程，该线程不完成任何实际工作，其状态为就绪态，始终在就绪列表中。在 RT-Thread 中，空闲线程是在内核启动的过程被创建的，其优先级为 31，是所有线程中最低的。

4.4　RTOS 中的功能列表

在 1.3 节中已经介绍了线程有终止态、阻塞态、就绪态和激活态 4 种状态，RTOS 会根据线程的不同状态使用不同的功能列表进行线程的管理与调度。

4.4.1　就绪列表

RTOS 中要运行的线程大多先放入就绪列表，即就绪列表中的线程是即将运行的线程，随时准备被调度运行。至于何时被允许运行，由内核调度策略决定。就绪列表中的线程，按照优先级高低顺序及先进先出排列。当内核调度器确认哪个线程运行，则将该线程状态标志由就绪态改为激活态，线程会从就绪列表取出被执行。

4.4.2　延时阻塞列表

延时阻塞列表是按线程的延时时间长短的顺序排列，线程进入延时阻塞列表后，存储的延时时间与调用延时函数实参不同，存储的延时时间＝（延时函数实参－所有前面线程存储时间之和）。当线程调用了延时函数，该线程就会被放入延时阻塞列表中，其状态由激活态变为阻塞态。当延时时间到时，该线程状态由阻塞态变为就绪态，线程将被从延时阻塞列表移出并放入就绪列表中，线程状态被设置为就绪态，等待调度执行。

4.4.3　条件阻塞列表

当线程遇到条件等待，如等待事件位、消息、信号量、互斥量时，其状态由激活态变为阻塞态，线程就会被放到阻塞列表中。当等待的条件满足时，该线程状态由阻塞态变为就绪态，线程会从相应的阻塞列表中移出，被放入就绪列表中，由 RTOS 进行调度执行。

为了方便对线程进行分类管理，在 RTOS 中会根据线程等待的事件位、消息、信号量、互斥量等条件，将线程放入对应的阻塞列表。根据线程等待的条件不同，这些阻塞列表在不同的 RTOS 中又可分为事件阻塞列表、消息阻塞列表、信号量阻塞列表、互斥量阻塞列表。本节只给出这些列表的基本含义，其运行机理将在 10.1 节中进行介绍。

4.5　本章小结

本章给出的 RTOS 下应用程序的基本要素主要是针对应用开发者，要想理解 RTOS 下程序运行的基本流程，这些基本要素是必须掌握的。

异常与中断在程序设计中有着特殊地位，使用一个芯片编程，必须知道这个芯片在硬件上支持哪些异常与中断、中断条件是什么以及在何处进行中断服务程序的编程等。为了中断服务程序 isr.c 的可移植性，在 user.h 头文件中需要对中断服务程序名字进行宏定义。

在 RTOS 中，时钟嘀嗒是时间的最小度量单位，是线程调度的基本时间单元。主要用于系统计时、线程调度等，要进行线程切换，至少等一个时间嘀嗒。时钟嘀嗒由硬件定时器产生，一般以毫秒（ms）为单位，在 RT-Thread 中，时间嘀嗒设置为 1 ms。

在 RTOS 中，延时函数具有让出 CPU 使用权的功能，调用延时函数的线程将进入延时阻塞列表，时间到达后，内核将其从延时阻塞列表中移到就绪列表，被调度运行。这种延时只适用于延时大于 1 个时间嘀嗒的情况，更短延时不能用这种方式。

在 RTOS 中，调度是内核的主要职责之一，它决定将哪一个线程投入运行、何时投入运行以及运行多久。编程时，只要线程进入就绪列表，何时运行就是调度者的事情了，编程者就认为该线程已经运行。RTOS 的基本调度策略有优先级抢占调度与时间片轮转调度等。优先级抢占调度就是让就绪列表中优先级最高的线程先运行，对于优先级相同的线程，则采用先进先出的策略。时间片轮转调度也是让就绪列表中优先级最高的线程先运行，而对于优先级相同的线程分配固定的时间片分享 CPU 时间。

在 RTOS 中，使用就绪列表管理就绪的线程，使用延时阻塞列表管理延时等待的线程，使用阻塞列表管理因等待事件、消息等而阻塞的线程。

第5章　同步与通信的应用方法

在 RTOS 中，每个线程是独立的个体，接受调度器的调度运行。但是，线程之间不是完全不联系的，联系的方式就是同步与通信。只有掌握同步与通信的编程方法，才能编出较为完整的程序。RTOS 中主要的同步与通信手段有事件、消息队列、信号量、互斥量等，本章给出它们的基本概念与应用方法，第11、12章剖析其运行机制。

5.1　RTOS 中同步与通信基本概念

在百米比赛起点，运动员正在等待发令枪响，一旦发令枪响，运动员立即起跑，这就是一种同步。当一个人采摘苹果放入篮子中，另外一个人只要见到篮子中有苹果，就取出加工，这也是一种同步。RTOS 中也有类似的机制应用于线程或者中断处理程序与线程之间。

5.1.1　同步的含义与通信手段

为了实现各线程之间的合作和无冲突运行，一个线程的运行过程就需要和其他线程进行配合，线程之间的配合过程称为同步。由于线程间的同步过程通常是由某种条件来触发的，又称为**条件同步**。在每一次同步的过程中，其中一个线程（或中断）为"控制方"，它使用 RTOS 提供的某种通信手段发出控制信息；另一个线程为"被控制方"，它通过通信手段得到控制信息后，进入就绪列表，被 RTOS 调度执行。被控制方的状态受到控制方发出的信息而控制，即被控制方的状态由控制方发出的信息来同步。

为了实现线程之间的同步，RTOS 提供了灵活多样的**通信手段**，如事件、消息队列、信号量、互斥量等，它们适合不同的场合。

1. 从是否需要通信数据的角度看

1）如果只发同步信号，不需要数据，可使用事件、信号量、互斥量。同步信号为多个信号的逻辑运算结果时，一般使用事件作为同步手段。

2）如果既有同步功能，又能传输数据，可使用消息队列。

2. 从产生与使用数据速度的角度看

若产生数据的速度快于处理速度，就会有未处理的数据堆积，这种情况下只能使用有缓冲功能的通信手段，如消息队列。但是，产生数据的速度总平均应该慢于处理速度，否则消息队列会溢出。

5.1.2　同步类型

在 RTOS 中，有中断与线程之间的同步、两个线程之间的同步、两个以上线程同步一个线程，以及多个线程相互同步等同步类型。

1. 中断和线程之间的同步

若一个线程与某一中断相关联，在中断处理程序中产生同步信号，处于阻塞状态的线程则会等待这个信号。一旦这个信号发出，该线程就会从阻塞状态变为就绪状态，接受 RTOS 内核的调度。例如，一个小灯线程与一个串口接收中断相关联，小灯亮暗切换由串口接收的数据控制，这种情况可用事件方式实现中断和线程之间的同步。串口接收中断中，中断处理程序收到一个完整数据帧时，可发出一个事件信号，当处于阻塞状态的小灯线程收到这个事件信号时，就可以进行灯的亮暗切换。

2. 两个线程之间的同步

两个线程之间的同步分为单向同步和双向同步。

1）单向同步。如果单向同步发生在两个线程之间，则实际同步效果与两个线程的优先级有很大关系，当控制方线程的优先级低于被控制方线程的优先级时，控制方线程发出信息后使被控制方线程进入就绪状态，并立即发生线程切换，然后被控制方线程直接进入激活状态，瞬时同步效果较好。当控制方线程的优先级高于被控制方线程的优先级时，控制方线程发出信息后虽然使控制方线程进入就绪状态，但并不发生线程切换，只有当控制方再次调用系统服务函数（如延时函数）使自己挂起时，被控制方线程才有机会运行，其瞬时同步效果较差。在单向同步过程中，必须保证消息的平均生产时间比消息的平均消费时间长，否则，再大的消息队列也会溢出。以 2.5 节的采摘苹果与清洗苹果为例，有两个人（A、B），A 拿着篮子采摘苹果，篮子最多可以放下 20 个苹果，B 的眼睛盯着 A 手中的篮子，只要篮子中有苹果，他就"立即"取出清洗干净放在别处，如果 A 采摘苹果的速度快于 B 的清洗速度，篮子总有放不下的时候。

2）双向同步。单向同步中，要求消息的平均生产时间比消息的平均消费时间长，那么如何实现产消平衡呢？可以通过协调生产者和消费者的关系来建立一个产消平衡的理想状态。通信的双方相互制约，生产者通过提供消息来同步消费者，消费者通过回复消息来同步生产者，即生产者必须得到消费者的回复后才能进行下一个消息的生产。这种运行方式称为双向同步，它使生产者的生产速度受到消费者的反向控制，从而达到产消平衡的理想状态。双向同步的主要功能为确认每次通信均成功，没有遗漏。

3. 两个以上线程同步一个线程

当需要由两个以上线程来同步一个线程时，简单的通信方式难以实现，可采用事件按"逻辑与"来实现，此时被同步线程的执行次数不超过各个同步线程中发出信号最少的线程的执行次数。只要被同步线程的执行速度足够快，被同步线程的执行次数就可以等于各个同步线程中发出信号最少的线程的执行次数。逻辑与的控制功能具有安全控制的特点，它可用来保障一个重要线程必须在万事俱备的前提下才可以执行。

4. 多个线程相互同步

多个线程相互同步可以将若干相关线程的运行频度保持一致，每个相关线程在运行到同步点时都必须等待其他线程，只有全部相关线程都到达同步点，才可以按优先级顺序依次离开同步点，从而达到相关线程的运行频度保持一致的目的。多个线程相互同步保证在任何情况下各个线程的有效执行次数都相同，而且等于运行速度最低的线程的执行次数。这种同步方式具有团队作战的特点，它可用在一个需要多线程配合进行的循环作业中。

5.2 事件

在 RTOS 中，当为了协调中断与线程之间或者线程与线程之间同步，但不需要传送数据时，常采用事件作为手段。本节主要介绍事件的含义及应用场合、事件常用函数以及事件的编程举例。关于事件所涉及的结构体、事件等待函数和事件置位函数将在 11.1 节进行深入剖析。

5.2.1　事件的含义及应用场合

当某个线程需要等待另一线程（或中断）的信号才能继续工作，或需要将两个及两个以上的信号进行某种逻辑运算时，用逻辑运算的结果作为同步控制信号时，可采用 **"事件字"** 来实现，而这个信号或运算结果可以看作是一个**事件**。例如，在串行中断服务程序中，将接收到的数据放入接收缓冲区，当缓冲区数据是一个完整的数据帧时，可以把数据帧放入全局变量区，随后使用一个事件来通知其他线程及时对该数据帧进行剖析，这样就把两件事情交由不同主体完成：中断处理程序负责接收数据，并负责初步识别；比较费时的数据处理交由线程函数完成。**因为中断处理程序"短小精悍"是程序设计的基本要求。**

一个事件用一位二进制数（0、1）表达，每一位称为一个**事件位**，在 RT-Thread 中，通常用一个字（如 32 位）来表达事件，这个字被称为**事件字**（用变量 set 表示）⊖。事件字的每一位可记录一个事件，且事件之间相互独立，互不干扰。

事件字可以实现多个线程（或中断）协同控制一个线程，当各个相关线程（或中断）先后发出自己的信号后（使事件字的对应事件位有效），预定的逻辑运算结果有效，触发被控制的线程，使其脱离阻塞状态，进入就绪状态。

5.2.2　事件的常用函数

事件的常用函数有创建事件函数 rt_event_create()、获取事件函数 rt_event_recv()、发送事件函数 rt_event_send()。

1. 创建事件函数 rt_event_create()
在使用事件之前必须调用创建事件函数创建一个事件控制块结构体变量。

```
//=================================================================
//函数名称:rt_event_create
//功能概要:创建一个事件结构体指针变量
//参数说明:name-事件名称
//        flag-事件标志位,设置唤醒阻塞线程的模式
//            RT_IPC_FLAG_PRIO:优先级高的线程优先
//            RT_IPC_FLAG_FIFO:先进先出顺序
//函数返回:返回一个事件结构体指针变量
//=================================================================
rt_event_t rt_event_create(const char * name, rt_uint8_t flag);
```

2. 获取事件函数 rt_event_recv()
当调用获取事件函数时，线程进入阻塞状态。等待 32 位事件字的指定的一位或几位置位，就退出阻塞状态。

```
//=================================================================
//函数名称:rt_event_recv
//功能概要:等待 32 位事件字的指定的一位或几位置位
```

⊖ 每个事件字可以表示 32 个单独事件，一般能满足一个中小型工程的需要。若所需事件多于 32 个，则可以根据需要创建多个事件字。

```
//参数说明:event-指定的事件字
//          set-指定要等待的事件位,32 位中一位或几位
//          option-接收选项,可选择:
//                    RT_EVENT_FLAG_AND:等待所有事件位
//                    RT_EVENT_FLAG_OR:等待任一事件位
//                    可与 RT_EVENT_FLAG_CLEAR(清标志位)通过"|"操作符连接使用
//          timeout-设置等待的超时时间,一般为 RT_WAITING_FOREVER:永久等待
//          recved-用于保存接收的事件标志结果,可用于判断是否成功接收到事件
//函数返回:返回成功代码或错误代码
//=================================================================
rt_err_t rt_event_recv(rt_event_t  event, rt_uint32_t set, rt_uint8_t option, rt_int32_t timeout,rt_uint32_t *
recved);
```

3. 发送事件函数 rt_event_send( )

发送事件函数 rt_event_send( )用于发送事件字的指定事件位。该函数运行后（即事件位被置位后），因执行获取事件函数而进入阻塞列表的线程，会退出阻塞状态，进入就绪列表，接受调度。一般编程过程可以认为在获取事件函数之后，语句开始执行。

```
//=================================================================
//函数名称:rt_event_send
//功能概要:发送事件字的指定事件位
//参数说明:event-指定的事件字
//          set-指定要等待的事件位,32 位中一位或几位
//函数返回:返回成功代码或错误代码
//=================================================================
rt_err_t rt_event_send( rt_event_t event, rt_uint32_t set) ;
```

5.2.3 事件的编程举例：通过事件实现中断与线程的通信

在 ".. \04-Software\CH05\CH5.2.3-ISR_Event_RT-Thread_STM32L431" 文件夹下，可见具体通过事件实现中断与线程的通信实例，其功能为：当串口接收到一帧数据（帧头 3A+4 位数据+帧尾 0D 0A）时，即可控制红灯的亮暗。

在线程间使用事件进行同步时，一般编程步骤分为准备阶段与应用阶段。

1. 准备阶段

1) 声明事件字全局变量并创建事件字：在使用事件之前，需要先确定程序中需要使用哪些事件字，可以通过 rt_event_create 函数创建事件字。例如在本节样例程序中，首先在 include.h 中声明事件字全局变量 EventWord（G_VAR_PREFIX 就是 extern），然后在 07_AppPrg\threadauto_appinit.c 中创建事件字实例，代码如下：

```
G_VAR_PREFIXrt_event_t EventWord;                              //声明事件字 EventWord
EventWord = rt_event_create("EventWord",RT_IPC_FLAG_PRIO);     //创建事件字
```

2) 给事件位取名：在线程所包含的预定义头文件中对相应事件的事件位屏蔽字进行宏定义，以方便之后的识别与使用，即给事件位"取名字"。例如在本节样例程序中，红灯线程等待 RED_LIGHT_EVENT 置1，即事件字的第3位置1；当中断对 RED_LIGHT_TASK 置1时，红灯线程会收到这个信号，然后实现红灯反转操作。对应的宏定义在线程包含的预定义头文件 07_AppPrg\includes.h 中，代码如下：

```
#define RED_LIGHT_EVENT      (1<<3)                //定义红灯事件为事件字第 3 位
```

3）模块初始化与中断使能：这样产生中断之后才能进入中断服务程序。在工程的 07_Ap-pPrg\threadauto_appinit. c 文件中添加代码如下：

```
uart_init(UART_User,115200);
uart_enable_re_int(UART_User);          //使能模块中断
```

2. 应用阶段

在初始化结束事件变量后，就可以对其进行使用了。

1）等待事件位置位：这一步是在等待事件触发的线程中进行的，在等待事件的线程中需要同步的代码前通过 rt_event_recv 等待函数获取符合条件的事件位。

等待事件位置位的有两种参数选项，一类是等待指定事件位"逻辑与"的选项，即等待屏蔽字中逻辑值为 1 的所有事件位都被置位，选项名为"RT_EVENT_FLAG_AND"；另一类是等待事件位"逻辑或"的选项，即等待屏蔽字中逻辑值为 1 的任意一个事件位被置位，选项名为"RT_EVENT_FLAG_OR"。例如在本节样例程序中，在线程 thread_redlight 里等待"红灯闪烁"事件位置位，代码如下：

```
rt_event_recv(EventWord,RED_LIGHT_EVENT,
        RT_EVENT_FLAG_OR|RT_EVENT_FLAG_CLEAR,
        RT_WAITING_FOREVER,&recvedstate);
uart_send_string(UART_User,(void *)"在红灯线程中,收到红灯事件,红灯反转\r\n");
gpio_reverse(LIGHT_RED);                 //反转红灯
```

2）设置事件位：这一步是在触发事件的线程中进行的（也可以在中断中进行），在线程的相应位置使用 rt_event_send 函数对事件位置位，用来表示某个特定事件发生。例如在本节样例程序中，在线程 thread_bluelight 里设置了"红灯闪烁事件"的事件位，代码如下：

```
rt_event_send(EventWord,RED_LIGHT_EVENT);          //设置红灯事件
```

3. 程序代码

（1）红灯线程

```
#include "includes. h"
// ================================================================
//函数名称:thread_redlight
//功能概要:等待红灯事件,接收到后,反转红灯
//参数说明:无
//函数返回:无
// ================================================================
void thread_redlight()
{
    //(1)=====声明局部变量 =====================================
    uint32_t recvedstate;
        printf("第一次进入红灯线程! \r\n");
    gpio_init(LIGHT_RED,GPIO_OUTPUT,LIGHT_OFF);
    //(2)=====主循环(开始)=====================================
    while (1)
    {
        uart_send_string(UART_User,(void *)"在红灯线程中,等待红灯事件被触发\r\n");
        rt_event_recv(EventWord,RED_LIGHT_EVENT,
                RT_EVENT_FLAG_OR|RT_EVENT_FLAG_CLEAR,
                RT_WAITING_FOREVER,&recvedstate);
```

```
        uart_send_string(UART_User,(void *)"在红灯线程中,收到红灯事件,红灯反转\r\n");
        gpio_reverse(LIGHT_RED);                //反转红灯
    } //(2)=====主循环(结束)========================================
}
```

(2) 中断程序

```
#include "includes.h"
//================================================================
//程序名称:UART_User_Handler 接收中断处理程序
//触发条件:UART_User_Handler 收到一个字节触发
//备注:进入本程序后,可使用 uart_get_re_int 函数进行中断标志判断
//        (1-有 UART 接收中断,0-没有 UART 接收中断)
//        硬件连接在目标板上的 UART0 位置
//================================================================
void UART_User_Handler(void)
{
    uint8_t ch;
    uint8_t flag;

    DISABLE_INTERRUPTS;                 //关总中断
    //------------------------------------------------------------
    //接收一个字节
    ch = uart_re1(UART_User, &flag);    //调用接收一个字节的函数,清接收中断位
    if(flag)
    {
        //判断组帧是否成功
        if(CreateFrame(ch,g_recvDate))
        {
            //组帧成功,则设置红灯事件位
            uart_send_string(UART_User,(void *)"中断中,设置红灯事件位 A\r\n");
            rt_event_send(EventWord,RED_LIGHT_EVENT);
        }
    }
    //------------------------------------------------------------
    ENABLE_INTERRUPTS;                  /开总中断
}
```

(3) 程序执行流程分析

红灯线程的执行流程需要等待串口接收到一个完整的数据帧(帧头 3A+4 位数据+帧尾 0D 0A)之后设置红灯事件(事件字的第 3 位),当红灯线程执行到 rt_event_recv() 这个语句时,红灯线程会被放入事件阻塞列表中,状态由激活态变为阻塞态,直到收到串口中断中设置红灯事件信号后,红灯线程才会从事件阻塞列表中移出,红灯线程状态由阻塞态变为就绪态,并放入就绪列表,由 RTOS 内核进行调度,执行后续语句(切换红灯亮暗)。

4. 运行结果

程序运行效果如图 5-1 所示,通过串口输出的数据可以清晰地看出,在中断中设置红灯事件,从而实现中断与线程之间的通信,实际效果是在发送完一帧数据后红灯的状态反转。

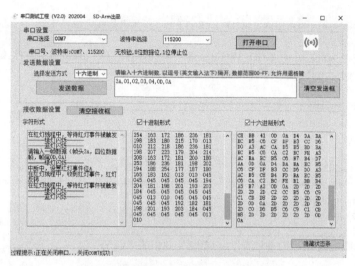

图 5-1　通过事件实现中断与线程的通信

5.2.4　事件的编程举例：通过事件实现线程之间的通信

在"..\04-Software\CH05\CH5.2.4-Event_RT-Thread_STM32L431"文件夹下，有通过事件实现线程间的通信实例，其功能为：蓝灯线程控制绿灯事件，从而实现线程之间的通信。

1. 准备阶段

前面已经详细阐述了使用事件之前所要做的准备工作，由于这里没有用到中断，所以就不需要对中断进行声明、使能和重定向。

2. 程序代码

（1）绿灯线程

```
#include "includes. h"
//===========================================================
//函数名称:thread_greenlight
//函数返回:无
//参数说明:无
//功能概要:绿灯接等待到 GREEN_LIGHT_EVENT 事件字,转换绿灯状态
//内部调用:无
//===========================================================
void thread_greenlight( )
{
    //(1)=====声明局部变量=============================
    uint32_t recvedstate;
    printf("第一次进入绿灯线程! \r\n");
    gpio_init(LIGHT_GREEN,GPIO_OUTPUT,LIGHT_OFF);
    //(2)=====主循环(开始)============================
    while (1)
    {
        uart_send_string(UART_User,(void *)"在绿灯线程中,等待绿灯事件被触发\r\n");
        //一直等待 GREEN_LIGHT_EVENT 事件字
        rt_event_recv(EventWord,GREEN_LIGHT_EVENT,
        RT_EVENT_FLAG_OR|RT_EVENT_FLAG_CLEAR,
        RT_WAITING_FOREVER,&recvedstate);
```

```
            if( recvedstate = = GREEN_LIGHT_EVENT)       //如果接收完成且正确
            {
                uart_send_string(UART_User,(void *)"在绿灯线程中,收到绿灯事件,绿灯反转\r\n");
                gpio_reverse(LIGHT_GREEN);             //转换绿灯状态
            }
        }//(2)=====主循环(结束)=====================================
}
```

(2) 蓝灯线程

```
#include "includes. h"
//========================================================
//函数名称:thread_bluelight
//函数返回:无
//参数说明:无
//功能概要:每10 s 蓝灯反转,并置事件位 GREEN_LIGHT_EVENT
//内部调用:无
//========================================================
void thread_bluelight( )
{
    //(1)=====声明局部变量=====================================
    printf("第一次进入蓝灯线程! \r\n");
    gpio_init(LIGHT_BLUE,GPIO_OUTPUT,LIGHT_OFF); //GPIO 构件,蓝灯初始化
    //(2)=====主循环(开始)=====================================
    while (1)   //主循环
    {
        uart_send_string(UART_User,(void *)"----进入蓝灯线程-----\r\n");
        uart_send_string(UART_User,(void *)"在蓝灯线程中,设置绿灯事件\r\n");
        //设置 GREEN_LIGHT_EVENT 事件位
        rt_event_send(EventWord,GREEN_LIGHT_EVENT);
            uart_send_string(UART_User,(void *)"------蓝灯闪烁------\r\n");
        gpio_reverse(LIGHT_BLUE);
        delay_ms(10000);
    }//(2)=====主循环(结束)=====================================
}
```

(3) 程序执行流程分析

绿灯线程的执行流程需要等待蓝灯线程设置绿灯事件（事件字的第 2 位），当绿灯线程执行到 rt_event_recv( )这个语句时，绿灯线程会被放入事件阻塞列表中，状态由激活态变为阻塞态，直到收到蓝灯线程设置绿灯事件信号后，绿灯线程才会从事件阻塞列表中移出，绿灯线程状态由阻塞态变为就绪态，并放入就绪列表，由 RTOS 内核进行调度，执行后续语句（切换绿灯亮暗）。

当蓝灯线程执行 rt_event_send(EventWord,GREEN_LIGHT_EVENT)这个语句，即向绿灯线程发送绿灯事件已被设置信号，绿灯线程收到这个绿灯事件信号后，才会执行后续语句（切换绿灯亮暗）。事件调度过程将在 11.1 节进行深入剖析。

3. 运行结果

程序运行效果如图 5-2 所示，通过串口输出可以看见在蓝灯线程中设置绿灯事件，从而实现蓝灯线程与绿灯线程之间的通信，实际效果是绿灯亮暗交替。

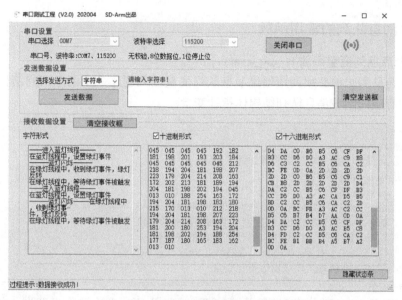

图 5-2　通过事件实现线程间的通信

5.3　消息队列

在 RTOS 中，如果需要在线程间或线程与中断间传送数据，那就需要采用消息队列作为同步与通信手段。本节主要介绍消息的基本知识及应用场合、消息队列常用函数以及消息队列的编程举例。对于消息队列所采用的结构体、存放消息函数、获取消息函数和内存池分配函数将在 11.2 节进行深入剖析。

5.3.1　消息队列的含义及应用场合

消息（Message）是一种线程间数据传送的单位，它可以是只包含文本的字符串或数字，也可以更复杂，如结构体类型等，所以相比使用事件时传递的少量数据（1 位或 1 个字），消息可以传递更多、更复杂的数据，它的传送通过消息队列实现。

消息队列（Message Queue）是在消息传输过程中保存消息的一种容器，是将消息从它的源头发送到目的地的中转站，它是能够实现线程之间同步和大量数据交换的一种队列机制。在该机制下，消息发送方在消息队列未满时将消息发往消息队列，接收方则在消息队列非空时将消息队列中的首个消息取出；而在消息队列满或者空时，消息发送方及接收方既可以等待队列满足条件，也可以不等待而直接继续后续操作。这样只要消息的平均发送速度小于消息的平均接收速度，就可以实现线程间的同步数据交换，哪怕偶尔产生消息堆积，也可以在消息队列中获得缓冲，从而解决了消息的堆积问题。

消息队列作为具有行为同步和缓冲功能的数据通信手段，主要适用于以下两个场合：第一，消息的产生周期较短，消息的处理周期较长；第二，消息的产生是随机的，消息的处理速度与消息内容有关，某些消息的处理时间有可能较长。这两种情况均可把产生与处理分在两个程序主体进行编程，它们之间通过消息队列通信。

5.3.2 消息队列的常用函数

1. 创建消息队列变量函数 rt_mq_create( )

在使用消息队列之前必须调用创建消息队列变量函数创建一个消息队列结构体指针变量，并分配一块内存空间给该消息队列结构体指针变量。

```
//========================================================================
//函数名称:rt_mq_create
//功能概要:创建一个消息队列结构体指针变量
//参数说明:name-消息队列名称
//        msgsize-消息大小,单位为字节
//        max_msgs-消息队列中最多能容纳的消息数
//        flag-消息队列标志位,设置消息队列的阻塞唤醒模式
//           RT_IPC_FLAG_PRIO:优先级高的线程优先
//           RT_IPC_FLAG_FIFO:先进先出顺序
//函数返回:返回一个消息队列结构体指针变量
//========================================================================
rt_mq_t rt_mq_create(const char * name,rt_size_t msg_size, rt_size_t max_msgs, rt_uint8_t flag)
```

2. 存放消息函数 rt_mq_send( )

此函数将消息放入消息队列，若消息阻塞队列中有等待消息的线程，则会直接执行线程切换函数切换到该等待消息的线程，否则将该消息放入消息队列中；若无可分配内存，则返回等待超时或资源不可用。函数原型如下：

```
//========================================================================
//函数名称:rt_mq_send
//功能概要:存放消息,若队列为空则超时
//参数说明:mq-消息队列控制块
//        buffer-要存放的消息内容
//        size-要存放的消息大小
//函数返回:返回成功或错误代码
//========================================================================
rt_err_t rt_mq_send(rt_mq_t mq, void * buffer, rt_size_t size);
```

3. 获取消息函数 rt_mq_recv( )

此函数从消息队列获取消息，若消息队列非空，则将消息队列中首个消息出队，此消息变为该线程的资源；若消息队列为空，则线程阻塞，直到消息队列获取到消息。函数原型如下：

```
//========================================================================
//函数名称:rt_mq_recv
//函数返回:状态代码值
//参数说明:mq-消息队列控制块
//        buffer-接收消息的地址
//        size-接收缓冲区的大小
//        timeout-设置等待的超时时间,一般为 RT_WAITING_FOREVER,即永久等待
//功能概要:将消息从消息队列中取出
//========================================================================
rt_err_t rt_mq_recv(rt_mq_t mq,void * buffer, rt_size_t size, rt_int32_t timeout)
```

5.3.3 消息队列的编程举例

下面举例说明如何通过消息队列实现线程间消息的传递，基于 3.4 节的样例工程，每当串

口接收到一个字节，就将一条完整的消息放入消息队列中，消息成功放入队列后，消息队列接收线程（run_messagerecv）会通过串口（波特率设置为 115200）打印出消息，以及消息队列中消息的数量。具体代码可参见"CH5.3-MessageQueue_RT-Thread_STM32L431"工程。

1. 使用消息队列的编程步骤

使用消息队列的编程一般分为创建消息队列变量、发送消息以及接收消息三个步骤，具体操作如下。

（1）准备阶段

创建消息队列控制块，初始化消息队列，设置每个消息的最大大小以及消息队列最大可存放消息数：通过 rt_mq_create 函数初始化消息队列结构体指针变量，设置每个消息的最大大小以及消息队列最大可存放消息数。例如在本节样例程序中，在 app_init 中初始化消息队列结构体指针变量，设置每个消息的最大大小为 8×4 B（rt_size_t 类型的大小为 4 B），消息队列最大可存放消息数为 5，代码如下：

```
G_VAR_PREFIX rt_mq_t mq;
mq = rt_mq_create("mq",8,5,RT_IPC_FLAG_FIFO);
```

（2）应用阶段

1）将消息放入消息队列：通过 rt_mq_send 函数将消息放入消息队列中，若消息队列中存放的消息数已满，则会直接舍弃该条消息。例如在本节样例程序中，在中断中将收到的消息放入消息队列，代码如下：

```
rt_mq_send(mq,&ch,sizeof(ch));
```

2）获取消息队列中的消息：通过 rt_mq_recv 函数获取消息队列中存放的消息。例如在本节样例程序中，在对应线程中获取消息，代码如下：

```
rt_mq_recv(mq,&temp,sizeof(temp),RT_WAITING_FOREVER);
```

2. 程序代码

（1）中断服务程序（isr.c）

当串口中断成功接收到一个字节数据时，将数据组成一条完整的消息，并放入消息队列中。

```
//================================================================
//文件名称:isr.c(中断处理程序源文件)
//框架提供:SD-EAI&IOT(sumcu.suda.edu.cn)
//版本更新:20170801-20191020
//功能描述:提供中断处理程序编程框架
//================================================================
#include "includes.h"
//================================================================
//程序名称:UART_User_Handler
//触发条件:UART_User 串口收到一个字节触发
//备注:进入本程序后,可使用 uart_get_re_int 函数进行中断标志判断
//         (1-有 UART 接收中断,0-没有 UART 接收中断)
//================================================================
void UART_User_Handler(void)
{
    //局部变量
```

```
    uint8_t ch;
    uint8_t flag;

    DISABLE_INTERRUPTS;          //关总中断
    //---------------------------------
    //接收一个字节
    ch = uart_re1(UART_User,&flag);
    if(flag)
    {
        if(CreateFrame(ch,g_recvDate))
        {
            for(int i=0;i<8;i++)
                recvData[i] = g_recvDate[1+i];
            rt_mq_send(mq,recvData,sizeof(recvData));
        }
    }
    //---------------------------------
    ENABLE_INTERRUPTS;           //开总中断
}
```

（2）消息接收线程

当消息队列中有消息时，可获取队列中消息的地址，并输出消息，其具体代码如下：

```
#include "includes.h"
//=====================================================================
//函数名称:thread_messagerecv
//函数返回:无
//参数说明:无
//功能概要:如果队列中有消息,则打印出相应的消息,以及此时消息队列中消息的个数
//内部调用:无
//=====================================================================
void thread_messagerecv()
{
        //(1)=====声明局部变量=====================================
    uint8_t temp[8];
    char * cnt;
    uint8_t recvState;
    gpio_init(LIGHT_RED,GPIO_OUTPUT,LIGHT_OFF);
        //(2)=====主循环(开始)===================================
    while (1)
    {
        //等待消息
        recvState=rt_mq_recv(mq,&temp,sizeof(temp),RT_WAITING_FOREVER);
        if(recvState==0)        //若获得消息
        {
            cnt = rt_malloc(1);
            rt_sprintf(cnt,"%d",mq->entry);
            uart_send_string(UART_User,(void *)"消息队列中消息数=");
            uart_send_string(UART_User,(uint8_t *)cnt);
            uart_send_string(UART_User,(void *)"\r\n");
            uart_send_string(UART_User,(void *)"当前取出的消息=");
            uart_sendN(UART_User,8,temp);
            uart_send_string(UART_User,(void *)"\r\n");
```

```
            delay_ms ( 1000 ) ;              //延迟,为了演示消息堆积的情况
        }
    }//(2)=====主循环(结束)=======================================
}
```

（3）程序执行流程分析

消息队列的执行流程需要等待串口接收到一个完整的数据帧（帧头 3A+8 位数据+帧尾 0D 0A）之后发送 8 位数据，每当串口接收到一个完整的数据帧时，中断服务程序会将接收到的字节放入消息队列中，消息成功放入后，消息队列中的消息数量增 1。消息数量不足 5 时，消息才可继续放入消息队列中；如果消息数量超过 5，则消息溢出，溢出的消息会被舍去；当消息发送的速度快于消息处理的速度且消息数量超过 5 时，会产生消息堆积，堆积的消息将被舍弃。

消息接收线程每隔 1 s 从消息队列中获取消息，收到消息后输出消息内容，同时消息数量减 1；若无消息可获取，则消息接收线程会被放入消息阻塞列表中，直到有新的消息到来，才会从消息阻塞列表中移出，放入就绪列表中。

3. 运行结果

1）当发送一帧消息时，串口输出消息的内容，如图 5-3 所示。

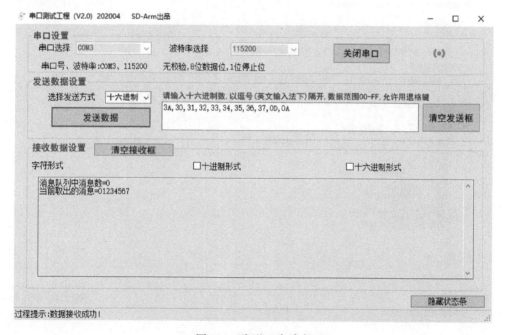

图 5-3　发送一个消息

2）当连续发送不超过 5 个消息时，串口每隔 1 s 便输出一个消息的内容，如图 5-4 所示。

3）当发送多于 5 个消息时，溢出的部分会被舍弃。如图 5-5 所示，同时发送 6 帧消息时，只会输出 5 帧消息。

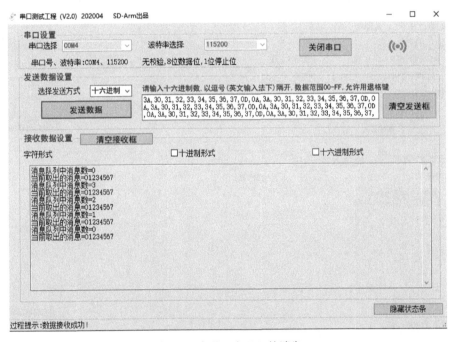

图 5-4　发送 5 个以内的消息

图 5-5　发送 5 个以上的消息

5.4　信号量

当共享资源有限时，可以采用信号量来表达资源可使用的次数，当线程获得信号量时就可以访问该共享资源了。本节主要介绍信号量的含义及应用场合、信号量操作函数以及信号量的编程举例。对于信号量涉及的结构体、信号量等待函数和信号量释放函数将在 12.1 节进行深入剖析。

5.4.1　信号量的含义及应用场合

信号量的概念最初是由荷兰计算机科学家艾兹格·迪杰斯特拉提出的，被广泛应用于不同的操作系统中。维基百科对信号量的定义如下：信号量（Semaphore）是一个提供信号的非负整型变量，以确保在并行计算环境中，不同线程在访问共享资源时不会发生冲突。利用信号量机制访问一个共享资源时，线程必须获取对应的信号量，如果信号量不为 0，则表示还有资源可以使用，此时线程可使用该资源，并将信号量减 1；如果信号量为 0，则表示资源已被用完，该线程进入信号量阻塞列表，排队等候其他线程使用完该资源后释放信号量（将信号量加 1），才可以重新获取该信号量，访问该共享资源。此外，若信号量的最大数量为 1，信号量就变成了互斥量。

可以把信号量看作实际生活中的停车位，定义的信号量个数就是停车位的个数，车辆（线程）想要进行停车操作必须要申请（wait）到可用的停车位，停车位满了就只能等待（对应线程阻塞），而一旦有车辆离开（release），停车位就会加一。正是信号量这种有序的特性，使得信号量在计算机中有着较多的应用场合，如实现线程之间的有序操作；实现线程之间的互斥执行，使信号量个数为 1，对临界区加锁，保证同一时刻只有一个线程在访问临界区；为了实现更好的性能而控制线程的并发数等。

5.4.2　信号量的常用函数

1. 创建信号量变量函数 rt_sem_create( )

在使用信号量之前必须调用创建信号量变量函数 rt_sem_create( )创建一个信号量结构体指针变量，同时可以设置信号量可用资源的最大数。

```
//========================================================================
//函数名称:rt_sem_create
//功能概要:创建一个信号量结构体指针变量,设置可用资源的最大数量
//参数说明:name-信号量名称
//        value-可用信号量初始值
//        flag-信号量标志位,设置信号量的阻塞唤醒模式
//              RT_IPC_FLAG_PRIO:优先级高的线程优先
//              RT_IPC_FLAG_FIFO:先进先出顺序
//函数返回:返回一个信号量结构体指针变量
//========================================================================
rt_sem_t rt_sem_create( const char * name, rt_uint32_t value, rt_uint8_t flag);
```

2. 等待获取信号量函数 rt_sem_take( )

在获取共享资源之前，需要等待获取信号量。若可用信号量个数大于 0，则获取一个信号量，并将可用信号量个数减 1；若可用信号量个数为 0，则进程阻塞，直到其他进程释放信号量之后才能够获取共享资源的使用权。

```
//========================================================================
//函数名称:rt_sem_take
//功能概要:等待一个可用的信号量资源
//参数说明:sem-信号量控制块
//        millisec-设置等待的超时时间,一般为 RT_WAITING_FOREVER,即永久等待
//函数返回:返回成功或错误代码
//========================================================================
rt_err_t rt_sem_take( rt_sem_t sem, rt_int32_t time);
```

3. 释放信号量函数 rt_sem_release( )

当线程使用完共享资源后，需要释放占用的共享资源，使可用信号量个数加 1。

```
//================================================================
//函数名称:rt_sem_release
//功能概要:释放一个信号量资源
//参数说明:sem-信号量控制块
//函数返回:返回成功或错误代码
//================================================================
rt_err_t rt_sem_release( rt_sem_t sem)
```

5.4.3　信号量的编程举例

下面举例说明如何通过信号量来实现线程对资源的访问，基于 3.4 节的样例工程，当线程申请、等待和释放信号量时，串口都会输出相应的提示，具体代码可参见 " .. \04-Software \ CH05\CH5.4-Semaphore_RT-Thread_STM32L431" 文件夹。

1. 使用信号量的编程步骤

信号量的获取和释放必须成对出现，即某个线程获取了信号量，那该信号量必须在该线程中进行释放。

（1）准备阶段

初始化信号量，设置最大可用资源数：通过 rt_sem_create 函数初始化信号量结构体指针变量，设置最大可用资源数。例如在本节样例程序中，在 app_init 中初始化信号量结构体指针变量，设置最大可用资源数为 2，代码如下：

```
G_VAR_PREFIX rt_sem_t SP;
SP = rt_sem_create( "SP" ,2,RT_IPC_FLAG_FIFO) ;
```

（2）应用阶段

1）等待信号量：在线程访问资源前，通过 rt_sem_take 函数等待信号量；若无可用信号量时，则线程进入信号量阻塞列表，等待可用信号量的到来。例如在本节样例程序中，在对应线程中获取信号量，代码如下：

```
rt_sem_take( SP,RT_WAITING_FOREVER) ;      //等待信号量
```

2）释放信号量：在线程使用完资源后，通过 rt_sem_release 函数释放信号量。例如在本节样例程序中，在对应线程中释放信号量，代码如下：

```
rt_sem_release( SP) ;      //释放信号量
```

2. 程序代码

（1）信号量线程 1

```
#include " includes. h"
//================================================================
//函数名称:thread_SPThread1
//函数返回:无
//参数说明:无
//功能概要:输出信号量变换情况,获得信号量后延时 5 s
//内部调用:无
//================================================================
void thread_SPThread1( )
{
```

```
//(1)=====声明局部变量================================================
int SPcount;                      //记录信号量的个数
printf("第一次进入线程 1！\n");
//(2)=====主循环(开始)================================================
while (1)
{
delay_ms(1000);                   //延时 1s
 SPcount=SP->value;               //获取信号量的值
printf("当前 SP 为%d\n",SPcount);
printf("线程 1 请求 1 个 SP\n");
    if(SPcount==0)
    {
        printf("SP 为 0,线程 1 等待\n");
    }
    //获取一个信号量
    rt_sem_take(SP,RT_WAITING_FOREVER);
    SPcount=SP->value;
    printf("线程 1 获取 1 个 SP,SP 还剩%d\n",SPcount);
    delay_ms(5000);
    //释放一个信号量
    rt_sem_release(SP);
    printf("线程 1 成功释放 1 个 SP\n");
}//(2)=====主循环(结束)================================================
}
```

(2) 信号量线程 2

```
#include "includes. h"
//====================================================================
//函数名称:thread_SPThread2
//函数返回:无
//参数说明:无
//功能概要:输出信号量变换情况,获得信号量后延时 2s
//内部调用:无
//====================================================================
void thread_SPThread2()
{
    //(1)=====声明局部变量================================================
    int SPcount;                                    //记录信号量的个数
    printf("第一次进入线程 2！\n");
    //(2)=====主循环(开始)================================================
    while (1)
    {
        delay_ms(1000);
        SPcount=SP->value;                          //获取信号量的值
        printf("当前 SP 为%d\n",SPcount);
        printf("线程 2 请求 1 个 SP\n");
        if(SPcount==0)
        {
            printf("SP 个数为 0,线程 2 等待\n");

        }
        rt_sem_take(SP,RT_WAITING_FOREVER);        //获取一个信号量
        SPcount=SP->value;
```

```
            printf("线程 2 获取 1 个 SP,SP 还剩%d\n",SPcount);
            delay_ms(2000);
            rt_sem_release(SP);              //释放一个信号量
              printf("线程 2 成功释放 1 个 SP\n");
      }//(2)=====主循环(结束)=====================================
}
```

(3) 信号量线程 3

```
#include "includes. h"
//==========================================================
//函数名称:thread_SPThread3
//函数返回:无
//参数说明:无
//功能概要:输出信号量变换情况,获得信号量后延时 3 s 并切换小灯状态
//内部调用:无
//==========================================================
void thread_SPThread3()
{
    //(1)=====声明局部变量=====================================
    int SPcount;                            //记录信号量的个数
    gpio_init(LIGHT_GREEN,GPIO_OUTPUT,LIGHT_OFF);
    printf("第一次进入线程 3! \n");
    //(2)=====主循环(开始)=====================================
     while (1)
    {
        delay_ms(1000);                     //延时 1 s
        SPcount=SP->value;                  //获取信号量的值
        printf("当前 SP 个数为%d\n",SPcount);
        printf("线程 3 请求 1 个 SP\n");
        if(SPcount==0)
        {
            printf("SP 个数为 0,线程 3 等待\n");

        }
        rt_sem_take(SP,RT_WAITING_FOREVER);  //获取一个信号量
        SPcount=SP->value;                   //获取信号量的值
        printf("线程 3 获取 1 个 SP,SP 还剩%d\n",SPcount);
        delay_ms(3000);
        printf("转换绿灯状态\n");
        gpio_reverse(LIGHT_GREEN);
        rt_sem_release(SP);                  //释放一个信号量
        printf("线程 3 成功释放 1 个 SP\n");
    }//(2)=====主循环(结束)=====================================
}
```

(4) 程序执行流程分析

每当线程请求信号量时,都会先输出当前信号量个数,再输出当前线程请求信号量的提示,如果当前信号量个数为 0,即无可用信号量,则会输出当前线程等待信号量的提示;如果线程申请到信号量,则输出剩余信号量的个数并在释放信号量后输出提示以释放信号量。

3. 运行结果

程序开始运行后,可以看到小灯按规律进行亮暗状态转换,串口根据信号量的变化情况输出相应提示,结果如图 5-6 所示。

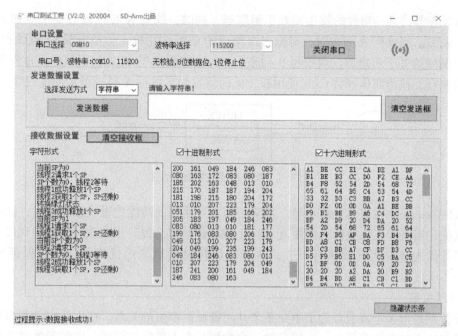

图 5-6　信号量示例运行结果

SP 为自定义的信号量名称，通过串口的提示，可以明显地看到信号量增减的变化，SP 申请和释放都会有相应提示，而无可用 SP 时也会提示哪个线程正在等待。

5.5　互斥量

当共享资源只有一个时，为了确保在某个时刻只有一个线程能够访问该共享资源，可以考虑采用互斥量来实现。本节主要介绍互斥量的含义及应用场合、互斥量相关函数以及互斥量的编程举例。对于互斥量涉及的结构体、互斥量锁定函数和互斥量解锁函数将在 12.2 节进行深入剖析。

5.5.1　互斥量的含义及应用场合

1. 互斥量的概念

互斥量（Mutex，也称为互斥锁）是一种用于保护操作系统中的临界区（或共享资源）基本的同步工具之一。它能够保证任何时刻只有一个线程能够操作临界区，从而实现线程间同步。互斥量的操作只有加锁和解锁两种，每个线程都可以对一个互斥量进行加锁和解锁操作，必须按照先加锁再解锁的顺序进行操作。一旦某个线程对互斥量上锁，在它对互斥量进行解锁操作之前，任何线程都无法再对该互斥量进行上锁，是一个独占资源的行为。在无操作系统的情况下，一般通过声明独立的全局变量并在主循环中使用条件判断语句对全局变量的特定取值进行判断来实现对资源的独占。

互斥型信号量的使用方法如图 5-7 所示。在多数情况下，互斥型信号量和二值型信号（布尔值、事件等用 0 和 1 表示状态的）非常相似，但是互斥量和二值型信号量有一个区别，即互斥量可以通过优先级反转保证系统的实时性。

例如有三个线程 A、线程 B 和线程 C，其优先级为依次降低。线程 C 处于执行状态，线程

A 和线程 B 在等待某一事件的发生而处于阻塞态，同时，线程 A 与线程 C 需要资源 S1，线程 B 需要资源 S2。当线程 A 到来时，将抢占线程 C 的 CPU 使用权，但是资源 S1 被线程 C 占用，线程 A 只能继续处于阻塞态。当线程 B 到来后，抢占线程 C 的 CPU 使用权并获得资源 S2，线程 B 开始执行，执行完毕释放 CPU 使用权，此时就发生了线程 A 与线程 B 的优先级反转现象。

图 5-7　互斥型信号量使用方法

在 RT-Thread 中也有优先级反转。当某一需求互斥量的高优先级线程到来时，已经抢占互斥量的低优先级线程正在执行，调用 rt_mutex_take 函数将会提升正在执行的低优先级线程的优先级，使低优先级线程继续执行下去，执行完后恢复到原来的优先级，从而保证系统的实时性。

2. 互斥关系

互斥关系是指多个需求者为了争夺某个共用资源而产生的关系。在生活中就有很多互斥关系，如停车场内有两辆车争夺一个停车位、食堂里几个人排队打饭等。这些竞争者之间可能彼此并不认识，但是为了竞争共用资源，产生了互斥关系。就像食堂排队打饭一样，互斥关系中没有竞争到资源的需求者都需要排队等待第一个需求者使用完资源后，才能开始使用资源。

3. 互斥应用场合

在一个计算机系统中，有很多受限的资源，如串行通信接口、读卡器和打印机等硬件资源以及公用全局变量、队列和数据等软件资源。以使用串口通信为例，下面是两个线程间不使用互斥和使用互斥的情况。

假定有两个线程，线程 A 从串口输出"线程 A"，线程 B 从串口输出"线程 B"，执行从线程 A 开始，且线程 A 和线程 B 的优先级相同。

（1）不使用互斥

在不使用互斥的情况下，由于操作系统时间片轮转机制，任务 A 和任务 B 交替执行，线程 A 向串口发送内容还没结束，线程 B 就向串口发送内容，会导致发送的内容混乱，无法得到正确的结果。不使用互斥的两个线程串口输出流程如图 5-8 所示。

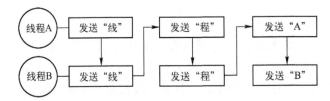

图 5-8　不使用互斥的两个线程串口输出流程

经过上述流程，串口输出了"线线程程 AB"，与期望输出"线程 A"和"线程 B"相去甚远。

（2）使用互斥

在使用互斥的情况下，线程 A 在占用串口后，线程 B 必须等待线程 A 发送完成并解除占用才能占用串口发送数据。这样经过"排队"的一个过程，串口能够正常输出"线程 A"和

"线程 B"，保证了程序的正确性。使用互斥的两个线程串口输出流程如图 5-9 所示。

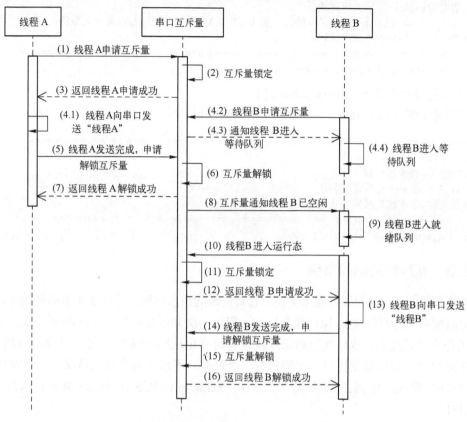

图 5-9　使用互斥的两个线程串口输出流程

5.5.2　互斥量的常用函数

1. 创建互斥量变量函数 rt_mutex_create( )

在使用互斥量之前必须调用创建互斥量变量函数 rt_sem_create( )创建一个互斥量结构体指针变量。

```
//=================================================================
//函数名称:rt_mutex_create
//功能概要:创建一个互斥量结构体指针变量
//参数说明:name-互斥量名称
//          flag-互斥量标志位,设置互斥量的阻塞唤醒模式
//          RT_IPC_FLAG_PRIO:优先级高的线程优先
//          RT_IPC_FLAG_FIFO:先进先出顺序
//函数返回:返回一个互斥量结构体指针变量
//=================================================================
rt_mutex_t rt_mutex_create(const char * name, rt_uint8_t flag);
```

2. 获取互斥量函数 rt_mutex_take( )

调用获取互斥量函数 osMutexAcquire( )，将在指定的等待时间内获取指定的互斥量。

```
//=================================================================
//函数名称:rt_mutex_take
```

```
//功能概要:获取互斥量
//参数说明:mutex-互斥量控制块
//          time-设置等待的超时时间,一般为 RT_WAITING_FOREVER,即永久等待
//函数返回:返回成功或错误代码
//==============================================================
rt_err_t rt_mutex_take(rt_mutex_t mutex, rt_int32_t time)
```

3. 互斥量释放函数 rt_mutex_release( )

调用互斥量释放函数 rt_mutex_release( ),将释放指定的互斥量。

```
//==============================================================
//函数名称:rt_mutex_release
//功能概要:释放互斥量
//参数说明:mutex-互斥量控制块
//函数返回:返回成功或错误代码
//==============================================================
rt_err_t rt_mutex_release(rt_mutex_t mutex)
```

5.5.3　互斥量的编程举例

下面举例说明如何通过互斥量来实现线程对资源的独占访问,基于 3.4 节的样例工程,仍然实现红灯线程每 5 s 闪烁一次、绿灯线程每 10 s 闪烁一次和绿灯线程每 20 s 闪烁一次。在 3.4 节的样例工程中红灯线程、蓝灯线程和绿灯线程有时会出现同时亮的情况(出现混合颜色),而本工程通过单色灯互斥量使得每一时刻只有一个灯亮,不出现混合颜色情况,小灯颜色显示情况如图 5-10 所示。样例工程参见"..\04-Software\CH05\CH5.5-Mutex_RT-Thread_STM32L431"。

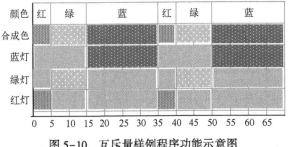

图 5-10　互斥量样例程序功能示意图　　　　扫描二维码可看彩图效果

1. 使用互斥量的编程步骤

互斥量的锁定和解锁必须成对出现,即某个线程锁定了某个互斥量,那该互斥量必须在该线程中进行解锁。

(1) 准备阶段

声明互斥量结构体指针变量,在 app_init 中对互斥量结构体指针变量进行初始化:

```
G_VAR_PREFIX rt_mutex_t mutex;
mutex=rt_mutex_create("mutex",RT_IPC_FLAG_PRIO);         //初始化互斥量变量
```

(2) 应用阶段

1) 锁定互斥量。在线程访问独占资源前,通过 rt_mutex_take 函数锁定互斥量,以获取共享资源使用权;若此时独占资源已被其他线程锁定,则线程进入该互斥量的等待列表,等待锁

定此独占资源的线程解锁该互斥量。

```
rt_mutex_take(mutex,RT_WAITING_FOREVER);
```

2）解锁互斥量。在线程使用完独占资源后，通过 rt_mutex_release（）函数解锁互斥量，释放对独占资源的使用权，以便其他线程能够使用独占资源。

```
rt_mutex_release(mutex);
```

2. 程序代码

（1）红灯线程

```
#include "includes. h"
//===========================================================
//函数名称:thread_redlight
//函数返回:无
//参数说明:无
//功能概要:每 5 s 红灯反转
//内部调用:无
//===========================================================
void thread_redlight( )
{
    //(1)======声明局部变量===================================
    gpio_init(LIGHT_RED,GPIO_OUTPUT,LIGHT_OFF);
    printf("第一次进入红灯线程! \n");
    //(2)======主循环(开始)===================================
    while (1)
    {
    //1. 锁住单色灯互斥量
        rt_mutex_take(mutex,RT_WAITING_FOREVER);
        printf("\r\n 锁定单色互斥量成功! 红灯反转,延时 5 s\r\n");     //2. 红灯变亮
        gpio_reverse(LIGHT_RED);                                        //3. 延时 5 s
        delay_ms(5000);                                                 //4. 红灯变暗
        gpio_reverse(LIGHT_RED);
        rt_mutex_release(mutex);                                        //5. 解锁单色灯互斥量
    }//(2)======主循环(结束)===================================
}
```

（2）蓝灯线程

```
#include "includes. h"
//===========================================================
//函数名称:thread_bluelight
//函数返回:无
//参数说明:无
//功能概要:每 20 s 蓝灯反转
//内部调用:无
//===========================================================
void thread_bluelight( )
{
    //(1)======声明局部变量===================================
    gpio_init(LIGHT_BLUE,GPIO_OUTPUT,LIGHT_OFF);
    printf("第一次进入蓝灯线程! \n");
    //(2)======主循环(开始)===================================
    while (1)
    {
```

```
            //1. 锁住单色灯互斥量
            rt_mutex_take(mutex,RT_WAITING_FOREVER);
            printf("\r\n 锁定单色互斥量成功! 蓝灯反转,延时 20 s\r\n");
            //2. 蓝灯变亮
            gpio_reverse(LIGHT_BLUE);
            //3. 延时 20 s
            delay_ms(20000);
            //4. 蓝灯变暗
            gpio_reverse(LIGHT_BLUE);
            //5. 解锁单色灯互斥量
            rt_mutex_release(mutex);
    }//(2)======主循环(结束)===============================
}
```

(3) 绿灯线程

```
#include "includes. h"
//================================================================
//函数名称:thread_greenlight
//函数返回:无
//参数说明:无
//功能概要:每 10 s 绿灯反转
//内部调用:无
//================================================================
void thread_greenlight()
{
    //(1)======声明局部变量===============================
    gpio_init(LIGHT_GREEN,GPIO_OUTPUT,LIGHT_OFF);
    printf("第一次进入绿灯线程! \n");
    //(2)======主循环(开始)===============================
    while (1)
    {
        //1. 锁住单色灯互斥量
        rt_mutex_take(mutex,RT_WAITING_FOREVER);
        printf("\r\n 锁定单色互斥量成功! 绿灯反转,延时 10 s\r\n");
        //2. 绿灯变亮
        gpio_reverse(LIGHT_GREEN);
        //3. 延时 10 s
        delay_ms(10000);
        //4. 绿灯变暗
        gpio_reverse(LIGHT_GREEN);
        //5. 解锁单色灯互斥量
        rt_mutex_release(mutex);
    }//(2)======主循环(结束)===============================
}
```

(4) 程序执行流程分析

本例程与 3.4 节的例程的区别在于使用了互斥量机制。添加了互斥量机制后,红、绿、蓝三种颜色的小灯会按照红灯 5 s、绿灯 10 s、蓝灯 20 s 的顺序单独实现亮暗,每种颜色的小灯线程之间通过锁定单色灯互斥量独立占有资源,不会产生黄、青、紫、白这四种混合颜色。若不添加互斥量机制,则现象与 3.4 节无区别。具体流程如下。

红灯线程调用 rt_mutex_take 函数申请锁定单色灯互斥量成功,互斥锁为 1,红灯线程切换亮暗。任何此时访问红灯线程的请求都将被拒绝。当红灯线程锁定单色灯互斥量时,蓝灯线程和绿灯线程申请锁定单色灯互斥量均失败，会被放到互斥量阻塞列表中，直到红灯线程解锁单色灯互斥量之后，才会从互斥量阻塞列表中移出，获得单色灯互斥量，然后进行灯的亮暗切换。由于单色灯互斥量是由红灯线程锁定的，因此红灯线程能成功解锁它。5 s 后，红灯线程解锁单色灯互斥量，解锁后互斥锁为 0，并进入等待状态。此时单色灯互斥量会从互斥量列表移出，并转移给正在等待单色灯互斥量的绿灯线程。绿灯线程变为单色灯互斥量所有者，就表示绿灯线程成功锁定单色灯互斥量，互斥锁变为 1，同时切换绿灯亮暗。10 s 后，绿灯线程解锁单色灯互斥量，互斥锁再次变为 0，此时仍处于等待状态的蓝灯线程成为单色灯互斥量所有者。20 s 后，蓝灯线程解锁单色灯互斥量，红灯线程又会重新锁定单色灯互斥量，进而实现一个周期循环的过程。

互斥量调度过程将在 12.2 节进行深入剖析。

3. 运行结果

通过串口工具查看输出结果，如图 5-11 所示。

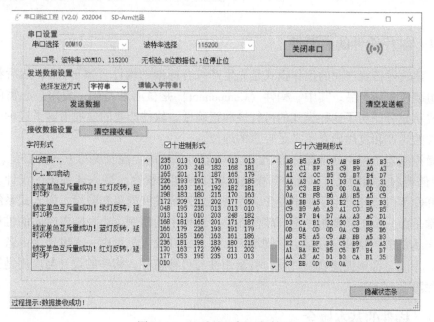

图 5-11　互斥量示例运行效果

5.6　本章小结

事件、消息队列、信号量、互斥量用于线程之间、线程与中断服务程序之间的联系。

当某个线程需要等待中断处理程序或另一线程发出的信号才能继续工作，可以使用事件，事件只提供同步手段，但不提供数据。

若既要同步，又要提供数据，可以使用消息队列。但使用消息队列时需要注意，产生消息的平均速度要小于使用消息的平均速度，少量的消息堆积决定了消息队列的设定大小，不能产生消息溢出而丢失的情况。

信号量与互斥量用于访问一个共享资源时的相互制约，避免共享资源的使用冲突，若信号量的最大数量为 1，信号量就变成了互斥量，就是可以互斥地访问一个共享资源。

第6章　底层硬件驱动构件

在嵌入式领域，无论是基于 NOS 编程，还是基于 RTOS 编程，都要与硬件打交道。软件干预硬件的方法是通过底层硬件驱动构件完成的，在应用层面，只有使用底层硬件构件的 API 函数干预硬件。因此，规范的构件封装及体现知识要素的 API 十分重要。本章首先给出嵌入式构件概述及底层硬件驱动构件的设计要点，在此基础上，给出基础构件、应用构件及软件构件的设计举例，由此理解构件的重用与移植方法。

6.1　嵌入式构件概述

6.1.1　制作构件的必要性

机械、建筑等传统产业的运作模式是先生产符合标准的构件（零部件），然后将标准构件按照规则组装成实际产品。其中，**构件**（Component）是核心和基础，**复用**是必需的手段。传统产业的成功充分证明了这种模式的可行性和正确性。软件产业的发展借鉴了这种模式，为标准软件构件的生产和复用确立了举足轻重的地位。

随着微控制器及应用处理器内部 Flash 存储器可靠性的提高及擦写方式的变化、内部 RAM 及 Flash 存储器容量的增大，以及外部模块内置化程度的提高，嵌入式系统的设计复杂性、设计规模及开发手段已经发生了根本变化。在嵌入式系统发展的最初阶段，嵌入式系统硬件和软件设计通常是由一个工程师来承担，软件在整个工作中的比例很小。随着时间的推移，硬件设计变得越来越复杂，软件的分量也急剧增大，嵌入式开发人员也由一人发展为由若干人组成的开发团队。为此，希望提高软硬件设计可重用性与可移植性，构件的设计与应用是重用与移植的基础与保障。

6.1.2　构件的基本概念

国内外对于软件构件的定义曾进行过广泛讨论，有许多不同说法。

构件（Component）广义上的理解是：可复用的成分，这里的构件主要是指软件构件。截至目前有多种多样关于构件的定义，但本质是相同的。这里给出面向构件程序设计工作组提出的构件定义[⊖]：**软件构件是一种组装单元，它具有规范的接口规约和显式的语境依赖。软件构件可以被独立地部署并由第三方任意地组装。**它既包括了技术因素，例如独立性、合约接口、组装，也包括了市场因素，例如第三方和部署。就技术和市场两方面的因素融为一体而言，即使是超出软件范围来评价，**构件也是独一无二的。**而从当前的角度上看，上述定义仍然需要进一步澄清。这是因为一个可部署构件的合约内容远远不只是接口和语境依赖，它还要规定构件应该如何部署，一旦部署应该如何被实例化，如何通过规定的接口工作等。

⊖ Szyperski 和 Pfister 在 1996 年的面向对象程序设计欧洲会议（European Conference On Object-Oriented Programming，ECOOP）上给出。

再列举其他文献给出的定义，以便了解对软件构件定义的不同表达方式，也可看作从不同角度定义软件构件。

美国卡内基梅隆大学软件工程研究所（Carnegie-Mellon University/Software Engineering Institute，CMU/SEI）给出的软件构件的定义：**构件是一个不透明的功能实体，能够被第三方组织，且符合一个构件模型。**

国际上第一部软件构件专著的作者 Szyperski 给出的软件构件的定义：可单独生产、获取、部署的二进制单元，它们之间可以相互作用构成一个功能系统。

到目前为止，对于软件构件依然没有形成一个能够被广泛接受的定义，不同的研究人员对构件有着不同的理解。一般来说，可以将软件构件理解为：**在语义完整、语法正确的情况下，具有可复用价值的单位软件，是软件复用过程中可以明确辨别的成分；从程序角度上可以将构件看作是有一定功能、能够独立工作或协同其他构件共同完成的程序体。**

6.1.3　嵌入式开发中构件分类

为了便于理解与应用，可以把嵌入式软件构件分为**基础构件、应用构件与软件构件**三种类型。

1. 基础构件

基础构件的定义：基础构件是根据 MCU 内部功能模块的基本知识要素，针对 MCU 引脚功能或 MCU 内部功能，利用 MCU 内部寄存器所制作的直接干预硬件的构件。基础构件是面向芯片级的硬件驱动构件，也称为**底层硬件驱动构件，常简称为底层构件、驱动构件，**是符合软件工程封装规范的芯片硬件驱动程序。**其特点是面向芯片，以知识要素为核心，以模块独立性为准则进行封装。**常用的基础构件主要有：GPIO 构件、UART 构件、Flash 构件、ADC 构件、PWM 构件、SPI 构件、I^2C 构件等。

面向芯片，表明在设计基础构件时，不应该考虑具体应用项目；以知识要素为核心，尽可能把基础构件的接口函数与参数设计成芯片无关性，便于理解与移植，也便于保证调用基础构件的上层软件的可复用性；模块独立性是指设计芯片的某一模块底层驱动构件时，不要涉及其他平行模块。

2. 应用构件

应用构件的定义：应用构件是通过调用芯片基础构件而制作完成的、符合软件工程封装规范的、面向实际应用硬件模块的驱动构件。**其特点是面向实际应用硬件模块，以知识要素为核心，以模块独立性为准则进行封装。**例如 LCD 构件调用基础构件 SPI，完成对 LCD 显示屏控制的封装。也可以把 printf 函数纳入应用构件，因为它调用串口构件。printf 函数调用的一般形式为：printf（"格式控制字符串"，输出表列），本书使用的 printf 函数可通过 UART 串口向外传输数据。

3. 软件构件

软件构件的定义：软件构件是一个面向对象的、具有规范接口和确定的上下文依赖的组装单元，它能够被独立使用或被其他构件调用。它是不直接与硬件相关的、符合软件工程封装规范的、实现一组完整功能的函数。**其特点是面向实际算法，以知识要素为核心，以功能独立性为准则进行封装，具有底层硬件无关性。**例如排序算法、队列操作、链表操作及人工智能的一些算法等。

6.1.4 构件的基本特征与表达形式

软件构件技术的出现，为实现软件构件的工业化生产提供了理论与技术基石。将软件构件技术应用到嵌入式软件开发中，可以大大提高嵌入式开发的开发效率与稳定性。软件构件的封装性、可移植性与可复用性是软件构件的基本特性，采用构件技术设计软件，可以使软件具有更好的开放性、通用性和适应性。

底层硬件驱动构件是嵌入式软件中与硬件打交道的必然通路，开发应用软件时，需要通过底层硬件驱动构件提供的应用程序接口与硬件打交道。封装好的底层硬件驱动构件，能减少重复劳动，使广大 MCU 应用开发者专注于应用软件稳定性与功能设计上，提高开发的效率和稳定。

为了把底层硬件驱动构件设计好、封装好，首先应了解构件的基本特征与表达形式。

1. 构件的基本特征

在嵌入式软件领域中，由于软件与硬件紧密联系的特性，使得与硬件紧密相连的底层硬件驱动构件的生产成为嵌入式软件开发的重要内容之一。良好的底层硬件驱动构件具备如下特性：

1）封装性。在内部封装实现细节，采用独立的内部结构以减少对外部环境的依赖。调用者只通过构件接口获得相应功能，内部实现的调整将不会影响构件调用者的使用。

2）描述性。构件必须提供规范的函数名称、清晰的接口信息、参数含义与范围、必要的注意事项等描述，为调用者提供统一、规范的使用信息。

3）可移植性。底层硬件驱动构件的可移植性是指同样功能的构件，如何做到不改动或少改动，而方便地移植到同系列及不同系列芯片内，以减少重复劳动。

4）可复用性。在满足一定使用要求时，构件不经过任何修改就可以直接使用。特别是使用同一芯片开发不同项目，底层硬件驱动构件应该做到复用。可复用性使得高层调用者对构件的使用不因底层实现的变化而有所改变，可复用性提高了嵌入式软件的开发效率、可靠性与可维护性。不同芯片的底层硬件驱动构件复用需在可移植性基础上进行。

2. 底层构件的表达形式

底层构件即底层硬件驱动构件，是与硬件直接打交道的软件，它被组织成具有一定独立性的功能模块，由头文件和源程序文件两部分组成。**构件的头文件名和源程序文件名一致，且为构件名。**

构件的头文件中，主要包含必要的引用文件、描述构件功能特性的宏定义语句以及声明对外接口函数。良好的构件头文件应该成为构件使用说明，不需要使用者查看源程序。

构件的源程序文件中包含构件的头文件、内部函数的声明、对外接口函数的实现。

将构件分为头文件与源程序文件两个独立的部分，意义在于，头文件中包含对构件的使用信息的完整描述，为用户使用构件提供充分必要的说明，构件提供服务的实现细节被封装在源程序文件中；调用者通过构件对外接口获取服务，而不必关心服务函数的具体实现细节。这就是构件设计的基本内容。

构件中的函数名使用"**构件名_函数功能名**"形式命名，以便明确标识该函数属于哪个构件。

构件中的内部调用函数不在头文件中声明，其声明直接放在源程序头部，不做注释，只做声明，函数头注释及函数实体在对外接口函数后部给出。

6.2　底层硬件驱动构件设计原则与方法

6.2.1　底层硬件驱动构件设计的基本原则

为了能够做到把底层硬件驱动构件设计好、封装好，还要了解构件设计的基本原则。

在设计底层硬件驱动构件时，最关键的工作是要对构件的共性和个性进行分析，设计出合理的、必要的对外接口函数及其形参。**尽量做到：当一个底层硬件驱动构件应用到不同系统中时，仅需修改构件的头文件，对于构件的源程序文件则不必修改或改动很小。**

根据构件的**封装性、描述性、可移植性、可复用性**的基本特征，底层硬件驱动构件的开发，应遵循**层次化、易用性、鲁棒性及对内存的可靠使用原则**。

1. 层次化原则

层次化设计要求清晰地组织构件之间的关联关系。底层硬件驱动构件与底层硬件打交道，在应用系统中位于最底层。遵循层次化原则设计底层硬件驱动构件需要做到：

1) 针对应用场景和服务对象，分层组织构件。设计底层硬件驱动构件的过程中，有一些与处理器相关的、描述了芯片寄存器映射的内容，这些是所有底层硬件驱动构件都需要使用的，将这些内容组织成底层硬件驱动构件的公共内容，作为底层硬件驱动构件的基础。在底层硬件驱动构件的基础上，还可使用高级的扩展构件调用底层硬件驱动构件功能，从而实现更加复杂的服务。

2) 在构件的层次模型中，**上层构件可以调用下层构件提供的服务，同一层次的构件不存在相互依赖关系，不能相互调用**。例如，Flash 模块与 UART 模块是平级模块，不能在编写Flash 构件时，调用 UART 驱动构件。即使要通过 UART 驱动构件函数的调用在 PC 屏幕上显示Flash 构件测试信息，也不能在 Flash 构件内含有调用 UART 驱动构件函数的语句，应该编写上一层次的程序调用。平级构件是相互不可见的，只有深入理解这一点，并遵守之，才能更好地设计出规范的底层硬件驱动构件。在操作系统下，平级构件不可见特性尤为重要。

2. 易用性原则

易用性在于让调用者能够快速理解构件提供的功能并能快速正确使用。遵循易用性原则设计底层硬件驱动构件需要做到：**函数名简洁且达意；接口参数清晰，范围明确；使用说明语言精练规范，避免二义性**。此外，在函数的实现方面，要避免编写代码量过多。函数的代码量过多会难以理解与维护，并且容易出错。若一个函数的功能比较复杂，可将其"化整为零"，通过编写多个规模较小功能单一的子函数，再进行组合，实现最终的功能。

3. 鲁棒性原则

鲁棒性在于为调用者提供安全的服务，以避免在程序运行过程中出现异常状况。遵循鲁棒性原则设计底层硬件驱动构件需要做到：在明确函数输入输出的取值范围、提供清晰接口**描述的同时，在函数实现的内部要有对输入参数的检测，对超出合法范围的输入参数进行必要的处理**；使用分支判断时，确保对分支条件判断的完整性，对默认分支进行处理。例如，对 if 结构中的"else"分支和 switch 结构中的"default"安排合理的处理程序。**同时，不能忽视编译警告错误**。

4. 内存可靠使用原则

对内存的可靠使用是保证系统安全、稳定运行的一个重要的考虑因素。遵循内存可靠使用原则设计底层硬件驱动构件需要做到：

1）优先使用静态分配内存。相比于人工参与的动态分配内存，静态分配内存由编译器维护，更为可靠。

2）谨慎地使用变量。可以直接读写硬件寄存器时，不使用变量替代；避免使用变量暂存简单计算所产生的中间结果；使用变量暂存数据将会影响到数据的时效性。

3）检测空指针。定义指针变量时必须初始化，防止产生"野指针"。

4）检测缓冲区溢出，并为内存中的缓冲区预留不小于 20% 的冗余。使用缓冲区时，对填充数据长度进行检测，不允许向缓冲区中填充超出容量的数据。

5）对内存的使用情况进行评估。

6.2.2 底层硬件驱动构件设计要点分析

本小节以一个基础构件为例，简要阐述底层硬件驱动构件的设计方法。

以通用输入输出 GPIO 驱动构件为例，进行封装要点分析，即分析应该设计哪几个函数及入口参数。**前提条件是，必须理解什么是 GPIO**（6.3.1 小节给出说明）。在此前提之下，可以进行封装要点分析。GPIO 引脚可以被定义成输入、输出两种情况：若是输入，程序需要获得引脚的状态（逻辑 1 或 0）；若是输出，程序可以设置引脚状态（逻辑 1 或 0）。MCU 的 PORT 模块分为许多端口，每个端口有若干引脚。GPIO 驱动构件可以实现对所有 GPIO 引脚统一编程，GPIO 驱动构件由 gpio.h、gpio.c 两个文件组成，如果要使用 GPIO 驱动构件，只需要将这两个文件加入所建工程中，由此方便了对 GPIO 的编程操作。

1. 模块初始化 gpio_init( )

由于芯片引脚具有复用特性，应把引脚设置成 GPIO 功能；同时定义成输入或输出，若是输出，还要给出初始状态。所以 GPIO 模块初始化函数 gpio_init 的参数为哪个引脚、是输入还是输出、若是输出其状态是什么，函数不必有返回值。其中引脚可用一个 16 位数据描述，高 8 位表示端口号，低 8 位表示端口内的引脚号。这样 GPIO 模块初始化函数原型可以设计为

```
void  gpio_init(uint16_t port_pin, uint8_t dir, uint8_t state)
```

2. 设置引脚状态 gpio_set( )

对于输出，希望通过函数设置引脚是高电平（逻辑 1）还是低电平（逻辑 0），入口参数应该是哪个引脚，其输出状态是什么，函数不必有返回值。这样设置引脚状态的函数原型可以设计为

```
void  gpio_set(uint16_t  port_pin, uint8_t  state)
```

3. 获得引脚状态 gpio_get( )

对于输入，希望通过函数获得引脚的状态是高电平（逻辑 1）还是低电平（逻辑 0），入口参数应该是哪个引脚，函数需要返回值引脚状态。这样设置引脚状态的函数原型可以设计为

```
uint8_t gpio_get(uint16_t  port_pin)
```

4. 引脚状态反转 void gpio_reverse( )

类似的分析，可以设计引脚状态反转函数的原型为

```
void gpio_reverse(uint16_t  port_pin)
```

5. 引脚上下拉使能函数 void gpio_pull( )

若引脚被设置成输入，还可以设定内部上下拉，通常内部上下拉电阻范围在 $20 \sim 50\,\mathrm{k\Omega}$ 之

间。引脚上下拉使能函数的原型为

```
void gpio_pull( uint16_t    port_pin , uint8_t    pullselect )
```

这些函数基本满足了对 GPIO 操作的基本需求，还有中断使能与禁止[⊖]、引脚驱动能力等函数，比较深的内容，可暂时略过，使用或深入学习时参考 GPIO 构件即可。要实现 GPIO 驱动构件的这几个函数，除了要给出清晰的接口、良好的封装、简洁的说明与注释、规范的编程风格等之外，还需要一些基本规范与准备工作，下面两小节分别给出构件封装规范与前期准备。

6.2.3　底层硬件驱动构件封装规范概要

本节给出底层硬件驱动构件封装概要，以便在认识第一个构件前和在开始设计构件时，少走弯路，做出来的构件符合基本规范，便于移植、复用、交流。

1. 底层硬件驱动构件的组成、存放位置与内容

每个构件由头文件（.h）与源文件（.c）两个独立文件组成，放在以构件名命名的文件夹中。底层构件头文件（.h）中仅包含对外接口函数的声明，是构件的使用指南，以构件名命名，例如 GPIO 构件命名为 gpio（使用小写，目的是与内部函数名前缀统一）。设计好的 GPIO 构件存放于 "03_MCU\MCU_drivers" 文件夹中，供复制使用，基本要求是调用者只看头文件即可使用构件，对外接口函数及内部函数的实现在构件源程序文件（.c）中。同时应注意，头文件声明对外接口函数的顺序与源程序文件实现对外接口函数的顺序应保持一致。源程序文件中内部函数的声明，放在对外接口函数代码的前面，内部函数的实现放在全部对外接口函数代码的后面，以便提高可阅读性与可维护性。

在本书给出的标准框架下，所有与芯片直接相关的底层驱动构件均放在工程文件夹下的 "03_MCU\MCU_drivers" 中。

2. 设计构件的最基本要求

这里摘要给出设计构件的最基本要求。

1）考虑到使用与移植方便，要对构件的共性与个性进行分析，抽取出构件的属性和对外接口函数。希望做到：使用同一芯片的应用系统，构件不更改，直接使用；同系列芯片的同功能底层驱动移植时，仅改动头文件；不同系列芯片的同功能底层驱动移植时，头文件与源程序文件的改动尽可能少。

2）要有统一、规范的编码风格与注释。主要涉及文件、函数、变量、宏及结构体类型的命名规范；涉及空格与空行、缩进、断行等的排版规范；涉及文件头、函数头、行及边等的注释规范。

3）宏的使用限制。宏的使用具有两面性，有提高可维护性一面，也有降低阅读性一面，不要随意使用宏。

4）不使用全局变量。构件封装时，禁止使用全局变量。

6.2.4　封装的前期准备：公共要素

一些公用的宏定义几乎被所有文件包含使用，如位操作宏函数、不优化类型的简短别名宏

⊖　关于使能（Enable）与禁止（Disable）中断，文献中有多种中文翻译，如使能、开启、除能、关闭等，本书统一使用使能中断与禁止中断。

定义等，统一放在 cpu.h 文件中，方便公用。

1. 位操作宏函数

在编程时经常需要对寄存器的某一位进行操作，即对寄存器的置位、清位及获得寄存器某一位状态的操作，可以将这些操作定义成宏函数。设置寄存器某一位为 1，称为置位；设置寄存器某一位为 0，称为清位，这在底层驱动编程时经常用到。置位与清位的基本原则是：当对寄存器的某一位进行置位或清位操作时，不能干扰该寄存器的其他位，否则，可能会出现意想不到的错误。

综合利用 <<、>>、|、&、~ 等位运算符，可以实现置位与清位，且不影响其他位的功能。下面以 8 位寄存器为例进行说明，其方法适用于各种位数的寄存器，设 R 为 8 位寄存器，下面说明将 R 的某一位置位与清位，而不干预其他位的编程方法：

1）置位。要将 R 的第 3 位置 1，其他位不变，可以这样做：R |= (1<<3)，其中 "1<<3" 的结果是 "0b00001000"，R |= (1<<3) 也就是 R = R | 0b00001000，任何数和 0 相或不变，任何数和 1 相或为 1，这样达到对 R 的第 3 位置位，但不影响其他位的目的。

2）清位。要将 R 的第 2 位清 0，其他位不变，可以这样做：R &= ~(1<<2)，其中 "~(1<<2)" 的结果是 "0b11111011"，R &= ~(1<<2) 也就是 R = R&0b11111011，任何数和 1 相与不变，任何数和 0 相与为 0，这样达到对 R 的第 2 位清位，但不影响其他位的目的。

3）获得某一位的状态。(R>>4) & 1 是获得 R 第 4 位的状态，"R>>4" 是将 R 右移 4 位，将 R 的第 4 位移至第 0 位，即最后 1 位，再和 1 相与，也就是和 0b00000001 相与，保留 R 最后 1 位的值，以此得到 R 第 4 位的状态值。

为了方便使用，把这种方法改为带参数的 "宏函数"，并且简明定义。

```
#define   BSET(bit,Register)    ((Register) | = (1<<(bit)))      //置 Register 的第 bit 位为 1
#define   BCLR(bit,Register)    ((Register) & = ~(1<<(bit)))     //清 Register 的第 bit 位为 0
#define   BGET(bit,Register)    (((Register) >> (bit)) & 1)      //取 Register 的第 bit 位状态
```

这样就可以通过使用 BSET、BCLR、BGET 这些容易理解与记忆的标识，进行寄存器的置位、清位及获得寄存器某一位状态的操作。

2. 不优化类型的简短别名

嵌入式程序设计与一般的程序设计有所不同，在嵌入式程序中打交道的大多数都是底层硬件的存储单元或是寄存器，所以在编写程序代码时，使用的基本数据类型多以 8 位、16 位、32 位、64 位数据长度为单位。不同的编译器为基本整型数据类型分配的位数存在不同，但在编写嵌入式程序时要明确使用变量的字长，特别是不优化类型，为方便书写，给出简短别名：

```
//不优化类型
typedef   volatile uint8_t     vuint8_t;      //不优化无符号 8 位数
typedef   volatile uint16_t    vuint16_t;     //不优化无符号 16 位数
typedef   volatile uint32_t    vuint32_t;     //不优化无符号 32 位数
typedef   volatile uint64_t    vuint32_t;     //不优化无符号 64 位数
```

前提条件是系统已经宏定义过 uint8_t、uint16_t、uint32_t、uint64_t 这些类型，在这个前提下，给加 volatile 的类型重新宏定义成短名。

所谓 volatile，这里翻译成为 "不优化的"，是告诉编译器，在编译过程中，不要对其后紧跟着的变量进行优化。例如，对应 I/O 地址类变量，对那个地址的访问具有特定功能，若不加 volatile，有可能被编译器优化成对 CPU 内部寄存器的访问，就不是对 I/O 地址的访问了。

6.3　底层硬件驱动构件设计举例

6.3.1　GPIO 构件

本节给出通用输入输出（GPIO）的知识要素、应用程序接口（API）及测试方法。

1. GPIO 知识要素

通用输入输出（General Purpose Input/Output，GPIO）是 I/O 最基本形式，是几乎所有计算机均使用到的部件。通俗地说，GPIO 是开关量输入输出的简称。而开关量是指逻辑上具有 1 和 0 两种状态的物理量。开关量输出可以是指在电路中控制电器的开和关，也可以是指控制灯的亮和暗，还可以是指闸门的开和闭等。开关量输入可以是指获取电路中电器开关状态，也可以是指获取灯的亮暗状态，还可以是指获取闸门开关状态等。

GPIO 硬件部分的主要知识要素有：GPIO 的含义与作用、输出引脚外部电路的基本接法及输入引脚外部电路的基本接法等。

（1）GPIO 的含义与作用

从物理角度看，GPIO 只有高电平与低电平两种状态。从逻辑角度看，GPIO 只有"1"和"0"两种取值。在使用正逻辑情况下，电源（Vcc）代表高电平，对应数字信号"1"；地（GND）代表低电平，对应数字信号"0"。作为通用输入引脚，计算机内部程序可以获取该引脚状态，以确定该引脚是"1"（高电平）还是"0"（低电平），即开关量输入。作为通用输出引脚，计算机内部程序可以控制该引脚状态，使得引脚输出"1"（高电平）或"0"（低电平），即开关量输出。

GPIO 的输出是以计算机内部程序通过单个引脚来控制开关量设备，达到自动控制开关状态的目的。GPIO 的输入是以计算机内部程序获取单个引脚状态，达到获得外界开关状态的目的。

特别说明：在不同电路中，逻辑"1"对应的物理电平不同。在 5 V 供电的系统中，逻辑"1"的特征物理电平为 5 V；在 3.3 V 供电的系统中，逻辑"1"的特征物理电平为 3.3 V。因此，高电平的实际大小取决于具体电路。

（2）输出引脚外部电路的基本接法

作为通用输出引脚，计算机内部程序向该引脚输出高电平或低电平来驱动器件工作，即开关量输出。如图 6-1 所示，输出引脚 O1 和 O2 采用了不同的方式驱动外部器件。一种接法是 O1 直接驱动发光二极管 LED，当 O1 引脚输出高电平时，LED 不亮；当 O1 引脚输出低电平时，LED 点亮。这种接法的驱动电流一般为 2～10 mA。另一种接法是 O2 通过一个 NPN 型晶体管驱动蜂鸣器，当 O2 引脚输出高电平时，晶体管导通，蜂鸣器响；当 O2 引脚输出低电平时，晶体管截止，蜂鸣器不响。这种接法可以用 O2

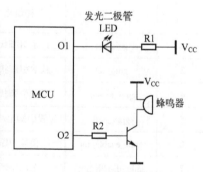

图 6-1　通用 I/O 引脚输出电路

引脚上的几 mA 的控制电流驱动高达 100 mA 的驱动电流。**若负载需要更大的驱动电流，就必须采用光电隔离外加其他驱动电路，但对计算机编程来说，没有任何影响。**

（3）输入引脚外部电路的基本接法

为了正确采样，输入引脚外部电路必须采用合适的接法，图 6-2 给出了输入引脚的三种外部连接方式。假设计算机内部没有上拉或下拉电阻，图中的引脚 I3 上的开关 S3 采用悬空方式连接就不合适，因为 S3 断开时，引脚 I3 的电平不确定。在该图中，R1>>R2，R3<<R4，各电阻的典型取值为：R1 = 20 kΩ，R2 = 1 kΩ，R3 = 10 kΩ，R4 = 200 kΩ。

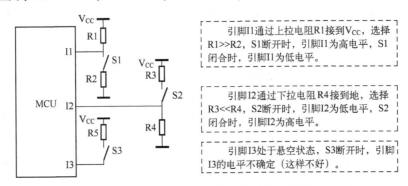

图 6-2　通用 I/O 引脚输入电路接法举例

上拉（Pull Up）或下拉（Pull Down）电阻（统称为"拉电阻"）的基本作用是将状态不确定的信号线通过一个电阻将其钳位至高电平（上拉）或低电平（下拉），其阻值选取可参考图中说明。

2. GPIO 构件 API

GPIO 软件部分的主要知识要素有：GPIO 的初始化、控制引脚状态、获取引脚状态、设置引脚中断、编制引脚中断处理程序等。本小节给出 GPIO 构件 API，6.3.2 小节给出用法实例。

（1）GPIO 接口函数简明列表

在 GPIO 构件的头文件 gpio.h 中给出了 API 接口函数的宏定义，表 6-1 给出其函数名、简明功能及基本描述。

表 6-1　GPIO 常用接口函数简明列表

序号	函数名	简明功能	描　述
1	gpio_init	初始化	引脚复用为 GPIO 功能；定义其为输入或输出；若为输出，还给出其初始状态
2	gpio_set	设定引脚状态	在 GPIO 输出情况下，设定引脚状态（高/低电平）
3	gpio_get	获取引脚状态	在 GPIO 输入情况下，获取引脚状态（1/0）
4	gpio_reverse	反转引脚状态	在 GPIO 输出情况下，反转引脚状态
5	gpio_pull	设置引脚上/下拉	当 GPIO 输入情况下，设置引脚上/下拉
6	gpio_enable_int	使能中断	当 GPIO 输入情况下，使能引脚中断
7	gpio_disable_int	关闭中断	当 GPIO 输入情况下，关闭引脚中断
8	gpio_get_int	获取中断标志	当 GPIO 输入情况下，用来获取引脚中断状况
9	gpio_clear_int	清除中断标志	当 GPIO 输入情况下，清除中断标志
10	gpio_clear_allint	清除所有引脚中断	当 GPIO 输入情况下，清除所有端口的 GPIO 中断

(2) GPIO 常用接口函数 (API)

```
//=================================================================
//函数名称:gpio_init
//函数返回:无
//参数说明:port_pin:(端口号)|(引脚号)(如:(PTB_NUM)|(9) 表示为 B 口 9 号脚)
//          dir:引脚方向(0=输入,1=输出,可用引脚方向宏定义)
//          state-端口引脚初始状态(0=低电平,1=高电平)
//功能概要:初始化指定端口引脚作为 GPIO 引脚功能,并定义为输入或输出,若是输出,
//          还指定初始状态是低电平或高电平
//=================================================================
void gpio_init(uint16_t port_pin, uint8_t dir, uint8_t state);


//=================================================================
//函数名称:gpio_set
//函数返回:无
//参数说明:port_pin:(端口号)|(引脚号)(如:(PTB_NUM)|(9) 表示为 B 口 9 号脚)
//          state-希望设置的端口引脚状态(0=低电平,1=高电平)
//功能概要:当指定端口引脚被定义为 GPIO 功能且为输出时,本函数设定引脚状态
//=================================================================
void gpio_set(uint16_t port_pin, uint8_t state);


//=================================================================
//函数名称:gpio_get
//函数返回:指定端口引脚的状态(1 或 0)
//参数说明:port_pin:(端口号)|(引脚号)(如:(PTB_NUM)|(9) 表示为 B 口 9 号脚)
//功能概要:当指定端口引脚被定义为 GPIO 功能且为输入时,本函数获取指定引脚状态
//=================================================================
uint8_t gpio_get(uint16_t port_pin);


//=================================================================
//函数名称:gpio_reverse
//函数返回:无
//参数说明:port_pin:(端口号)|(引脚号)(如:(PTB_NUM)|(9) 表示为 B 口 9 号脚)
//功能概要:当指定端口引脚被定义为 GPIO 功能且为输出时,本函数反转引脚状态
//=================================================================
void gpio_reverse(uint16_t port_pin);


//=================================================================
//函数名称:gpio_pull
//函数返回:无
//参数说明:port_pin:(端口号)|(引脚号)(如:(PTB_NUM)|(9) 表示为 B 口 9 号脚)
//          pullselect-下拉/上拉(PULL_DOWN=下拉,PULL_UP=上拉)
//功能概要:当指定端口引脚被定义为 GPIO 功能且为输入时,本函数设置引脚下拉/上拉
//=================================================================
void gpio_pull(uint16_t port_pin, uint8_t pullselect);


//=================================================================
//函数名称:gpio_enable_int
//函数返回:无
//参数说明:port_pin:(端口号)|(引脚号)(如:(PTB_NUM)|(9) 表示为 B 口 9 号脚)
//          irqtype-引脚中断类型,由宏定义给出,再次列举如下:
//                  RISING_EDGE   9        //上升沿触发
```

```
//              FALLING_EDGE 10      //下降沿触发
//              DOUBLE_EDGE  11      //双边沿触发
//功能概要:当指定端口引脚被定义为 GPIO 功能且为输入时,本函数开启引脚中断,并
//        设置中断触发条件
// ===================================================================
void gpio_enable_int( uint16_t port_pin, uint8_t irqtype );


// ===================================================================
//函数名称:gpio_disable_int
//函数返回:无
//参数说明:port_pin:(端口号)|(引脚号)(如:(PTB_NUM)|(9) 表示为 B 口 9 号脚)
//功能概要:当指定端口引脚被定义为 GPIO 功能且为输入时,本函数关闭引脚中断
// ===================================================================
void gpio_disable_int( uint16_t port_pin );


// ===================================================================
//函数名称:gpio_drive_strength
//函数返回:无
//参数说明:port_pin:(端口号)|(引脚号)(如:(PTB_NUM)|(9) 表示为 B 口 9 号脚)
//        control-控制引脚的驱动能力,LOW_SPEED=低速,MSDIUM_SPEED=中速
//              HIGH_SPEED=高速,VERY_HIGH_SPEED=超高速
//功能概要:(引脚驱动能力:指引脚输入或输出电流的承受力,一般用单位 mA 度量,
//        正常驱动能力 5 mA,高驱动能力 18 mA。)当引脚被配置为数字输出时,
//        对引脚的驱动能力进行设置
// ===================================================================
void gpio_drive_strength( uint16_t port_pin, uint8_t control );


// ===================================================================
//函数名称:gpio_get_int
//函数返回:引脚 GPIO 中断标志(1 或 0),1 表示引脚有 GPIO 中断,0 表示没有
//参数说明:port_pin:(端口号)|(引脚号)(如:(PTB_NUM)|(9) 表示为 B 口 9 号脚)
//功能概要:当指定端口引脚被定义为 GPIO 功能且为输入时,获取中断标志
// ===================================================================
uint8_t gpio_get_int( uint16_t port_pin );


// ===================================================================
//函数名称:gpio_clear_int
//函数返回:无
//参数说明:port_pin:(端口号)|(引脚号)(如:(PTB_NUM)|(9) 表示为 B 口 9 号脚)
//功能概要:当指定端口引脚被定义为 GPIO 功能且为输入时,清除中断标志
// ===================================================================
void gpio_clear_int( uint16_t port_pin );


// ===================================================================
//函数名称:gpio_clear_allint
//函数返回:无
//参数说明:无
//功能概要:清除所有端口的 GPIO 中断
// ===================================================================
void gpio_clear_allint( void );
```

GPIO 构件可实现开关量输出与输入编程。若是输入,还可实现沿跳变中断编程。下面分别给出测试方法。

3. GPIO 构件的输出测试方法

在 AHL-STM32L431 开发套件的底板上，有红绿蓝三色灯（合为一体的），若使用 GPIO 构件实现红灯闪烁，具体实例可参考 "..\04-Software\CH06\CH6.3.1-GPIO_ Output(Light)"，步骤如下。

（1）给灯命名

要用宏定义方式给红灯起个英文名（如 LIGHT_RED），明确红灯接在芯片的哪个 GPIO 引脚。由于这个工作属于用户程序，**按照"分门别类，各有归处"的原则**，这个宏定义应该写在工程的 05_UserBoard\user. h 文件中。

```
//指示灯端口及引脚定义
#define  LIGHT_RED  (PTB_NUM|7)  //红灯所在引脚,实际应用要根据具体引脚修改
```

（2）对灯的状态进行宏定义

由于灯的亮暗状态所对应的逻辑电平是由物理硬件接法决定，为了应用程序的可移植性，需要在 "user. h" 文件中，对红灯的"亮""暗"状态进行宏定义。

```
//灯状态宏定义(灯的亮暗对应的逻辑电平,由物理硬件接法决定)
#define  LIGHT_ON    0    //灯亮
#define  LIGHT_OFF   1    //灯暗
```

特别说明：对灯的"亮""暗"状态使用宏定义，不仅是为了编程更加直观，也是为了使得软件能够更好地适应硬件。若硬件电路变动了，采用灯的"暗"状态对应低电平，那么只要改变本头文件中的宏定义就可以，而程序源码则不需更改。

（3）初始化红灯

在 07-AppPrg\main. c 文件中，对红灯进行编程控制。先将红灯初始化为暗，在"用户外设模块初始化"处增加下列语句：

```
gpio_init(LIGHT_RED,GPIO_OUTPUT,LIGHT_OFF);    //初始化红灯,输出,暗
```

其中，GPIO_OUTPUT 是在 GPIO 构件中，对 GPIO 输出的宏定义，是为了编程直观方便。不然我们很难区分 "1" 是输出还是输入。

特别说明：在嵌入式软件设计中，输入还是输出，是站在 MCU 角度，也就是站在 GEC 角度。要控制红灯亮暗，对 GEC 引脚来说，就是输出。若要获取外部状态到 GEC 中，对 GEC 来说，就是输入。

（4）改变红灯亮暗状态

在 main 函数的主循环中，利用 GPIO 构件中的 gpio_reverse 函数，可实现红灯状态切换。工程编译生成可执行文件后，写入目标板，可观察实际红灯闪烁情况。

```
gpio_reverse(LIGHT_RED);    //红灯状态切换
```

（5）红灯运行情况

经过编译生成机器码，通过 AHL-GEC-IDE 软件将 hex 文件下载到目标板中，可观察板载红灯每 1 s 闪烁一次，也可在 AHL-GEC-IDE 界面看到红灯状态改变的信息，如图 6-3 所示。由此可体会使用 printf 语句进行调试的好处。

4. GPIO 构件的输入测试方法：中断获取开关状态

在 AHL-STM32L431 开发套件 MCU 的 GPIO 引脚中，首先初始化具有中断功能的引脚的引脚方向为输入，然后打开其中断并设置其触发中断的电平变化方式，随后每当输入引脚的电平

变化为预设的电平变化时，将触发 GPIO 中断。可以将相应的 GPIO 引脚接地，便可触发一次中断。在相应的 GPIO 中断服务程序中加入去除抖动并统计 GPIO 中断次数的功能，则触发中断时可累计 GPIO 中断次数。

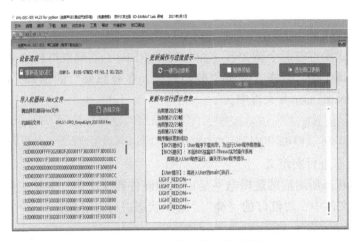

图 6-3　GPIO 构件的输出测试方法

下面给出中断获取开关状态的编程步骤，具体实例可参考 "..\04-Software\CH06\CH6.3.1-GPIO_Input(Interrupt)"。

（1）定义全局变量

在 07_NoPrg\includes.h 文件中的 "//（在此增加全局变量）" 下面，定义一个统计 GPIO 中断次数的全局变量。

```
G_VAR_PREFIX  uint32_t  gGPIO_IntCnt;      //GPIO 中断次数
```

（2）给中断引脚取名

在 05_UserBoard\user.h 文件中，给中断引脚取个英文名（如 GPIO_INT），使用宏定义给出其接入哪个具有中断功能的 GPIO 引脚。

```
#define  GPIO_INT  GPIOC_15    //PTC_NUM|3 GEC_49,设置 PTC 口 15 号脚
```

（3）main 函数的线程

第一步，在 07_NoPrg\main.c 文件中的 "//（1.5）用户外设模块初始化" 处增加对选定具有中断功能的 GPIO 引脚初始化语句。

```
gpio_init(LIGHT_RED,GPIO_OUTPUT,LIGHT_OFF);      //初始化红灯
gpio_init(GPIO_INT,GPIO_INPUT,0);                //初始化为输入
gpio_pull(GPIO_INT,1);                           //初始化为上拉
```

注意：初始化为 GPIO 输入，gpio_init 函数的第 3 参数不起作用，写为 0 即可。初始化红灯是为了通过控制红灯的闪烁来表明程序处于运行状态。

第二步，在 "//（1.6）使能模块中断" 处增加对选定具有中断功能的 GPIO 引脚进行使能中断，并设置其触发中断的电平变化方式。

```
gpio_enable_int(GPIO_INT, FALLING_EDGE);    //下降沿触发
```

第三步，在主循环部分，进行 GPIO 中断次数获取。

```
//输出 GPIO 中断次数
printf("  gGPIO_IntCnt:%d\n",gGPIO_IntCnt);
```

（4）GPIO 中断处理程序

在 07_NoPrg\ isr. c 文件的中断处理程序 EXTI3_IRQHandler 的 "//（在此处增加功能）" 后面，添加去除抖动并统计 GPIO 中断次数的功能。

```
#define CNT 60000              //延时变量
uint16_t n;
uint8_t i,j,k,l,m;
DISABLE_INTERRUPTS;           //关总中断
//--------------------------------------------------------------------
//（在此处增加功能）
gpio_clear_int(GPIO_INT);     //清 GPIO 中断标志
//GPIO 构件输入测试方法：中断获取开关状态
//去抖动，多次延时获取 GPIO 电平状态，若每次皆为低电平状态则 GPIO 中断次数+1
for ( n=0;n<=CNT;n++);i=gpio_get(GPIO_INT);
for ( n=0;n<=CNT;n++);j=gpio_get(GPIO_INT);
for ( n=0;n<=CNT;n++);k=gpio_get(GPIO_INT);
for ( n=0;n<=CNT;n++);l=gpio_get(GPIO_INT);
for ( n=0;n<=CNT;n++);m=gpio_get(GPIO_INT);
if (i==0 &&j==0 && k==0 && l==0 && m==0 )
{
    gGPIO_IntCnt++;
}
//打开下面4行注释可以测试 gpio_get_int 函数的功能
//进入 GPIO_INT 引脚的中断时会输出中断打开提示语句
    if( gpio_get_int(GPIO_INT)==0)
        printf("GPIO_INT 中断关闭！\n");
    else
        printf("GPIO_INT 中断打开！\n");
//--------------------------------------------------------------------
ENABLE_INTERRUPTS;            //关总中断
```

（5）中断获取开关状态的测试

经过编译生成机器码，通过 AHL-GEC-IDE 软件下载到目标中，串口输出信息同图 6-3 相同。按前文定义，将中断引脚 GPIO 的 C 口 15 号引脚（即目标板上的 49 号脚）接地，引起下降沿触发，串口会显示出中断打开的提示语句，并显示中断计数值。如图 6-4 所示。

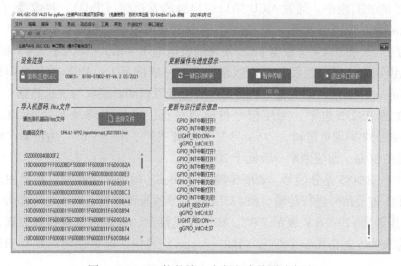

图 6-4　GPIO 构件输入中断方式的测试方法

6.3.2 UART 构件

本节给出串行通信接口（UART）的知识要素、应用程序接口（API）及测试方法。

1. UART 知识要素

串行通信接口（Serial Communication Interface，SCI）最常见的提法是通用异步收发器（Universal Asynchronous Receiver-Transmitters，UART），简称"串口"。MCU 中的串口在硬件上一般只需要三根线，分别称为发送线（TxD）、接收线（RxD）和地线（GND）。在通信方式上，属于单字节通信，是嵌入式开发中重要的打桩调试手段。

UART 的主要知识要素有：通信格式、波特率、硬件电平信号。

（1）通信格式

图 6-5 给出了 8 位数据、无校验情况的传送格式。这种格式的空闲状态为"1"，发送器通过发送一个"0"表示一个字节传输的开始，随后是数据位（在 MCU 中一般是 8 位）。最后，发送器发送 1~2 位的停止位，表示一个字节传送结束。若继续发送下一字节，则重新发送开始位，开始一个新的字节传送。若不发送新的字节，则维持"1"的状态，使发送数据线处于空闲状态。

图 6-5　串行通信数据格式

（2）串行通信的波特率

每秒内传送的位数叫作波特率（Baud Rate），单位是 bit/s。通常情况下，波特率的单位可以省略。波特率的倒数就是位的持续时间（Bit Duration），单位为 s。

（3）硬件电平信号

UART 通信在硬件上有 TTL 电平、RS232 电平、RS485 差分信号方式。TTL 电平是最基本的，可使用专门芯片将 TTL 电平转换为 RS232 或 RS485，RS232 与 RS485 也可相互转换。采用 RS232 与 RS485 硬件电路，只是电平信号之间的转换，与 MCU 编程无关。

1）UART 的 TTL 电平。通常 MCU 串口引出脚的发送线（TxD）、接收线（RxD）为 TTL（Transistor Transistor Logic）电平，即晶体管-晶体管逻辑电平。TTL 电平的"1"和"0"的特征电压分别为 2.4 V 和 0.4 V（根据 MCU 使用的供电电压变动），即大于 2.4 V 则识别为"1"，小于 0.4 V 则识别为"0"，适用于板内数据传输。一般情况下，MCU 的异步串行通信接口全双工（Full-duplex）通信，即数据传送是双向的，且可以同时接收与发送数据。

2）UART 的 RS232 电平。为使信号传输得更远，可使用转换芯片把 TTL 电平转换为 RS232 电平。RS232 采用负逻辑，-15~-3 V 为逻辑"1"，+3~+15 V 为逻辑"0"。RS232 最大的传输距离是 30 m，通信速率一般低于 20 kbit/s。

3）UART 的 RS485 差分信号。若要传输超过 30 m，增强抗干扰性，可使用芯片将 TTL 电平转换为 RS485 差分信号进行传输。RS485 采用差分信号负逻辑，两线电压差为-6~-2 V 表示"1"，两线电压差为+2~+6 V 表示"0"。在硬件连接上，采用两线制接线方式，工业应用较多。两线制的 RS485 通信属于半双工（Half-duplex）通信，即数据传送是双向的，但不能同时收发。

2. UART 构件 API

（1）UART 常用接口函数简明列表

在 UART 构件的头文件 uart.h 中给出了 API 接口函数声明，表6-2 给出其函数名、简明功能及基本描述。

表6-2　UART 常用接口函数

序号	函数名	简明功能	描　述
1	uart_init	初始化	初始化 UART 模块，设定使用的串口号和波特率
2	uart_send1	发送一个字节数据	向指定串口发送一个字节数据，若发送成功，返回1；反之，返回0
3	uart_sendN	发送 N 个字节数据	向指定串口发送 N 个字节数据，若发送成功，返回1；反之，返回0
4	uart_send_string	发送字符串	向指定串口发送字符串，若发送成功，返回1；反之，返回0
5	uart_re1	接收一个字节数据	从指定串口接收一个字节数据，若接收成功，通过传参返回1；反之，通过传参返回0
6	uart_reN	接收 N 个字节数据	从指定串口接收 N 个字节数据，若接收成功，返回1；反之，返回0
7	uart_enable_re_int	使能接收中断	使能指定串口的接收中断
8	uart_disable_re_int	关闭接收中断	关闭指定串口的接收中断
9	uart_get_re_int	获取接收中断标志	获取指定串口的接收中断标志，若有接收中断，返回1；反之，返回0
10	uart_deinit	uart 反初始化	指定的 UART 模块反向初始化，关闭串口时钟

（2）UART 常用接口函数（API）

```
//================================================================
//函数名称:uart_init
//功能概要:初始化 UART 模块
//参数说明:uartNo-串口号:UART_1、UART_2、UART_3
//         baud-波特率:300、600、1200、2400、4800、9600、19200、115200...
//函数返回:无
//================================================================
void uart_init(uint8_t uartNo, uint32_t baud_rate);


//================================================================
//函数名称:uart_send1
//参数说明:uartNo-串口号 UART_1、UART_2、UART_3
//         ch-要发送的字节
//函数返回:函数执行状态 1=发送成功;0=发送失败
//功能概要:串行发送一个字节
//================================================================
uint8_t uart_send1(uint8_t uartNo, uint8_t ch);


//================================================================
//函数名称:uart_sendN
//参数说明:uartNo-串口号:UART_1、UART_2、UART_3
//         buff-发送缓冲区
//         len-发送长度
//函数返回:函数执行状态 1=发送成功;0=发送失败
//功能概要:串行发送 N 个字节
//================================================================
```

```
uint8_t uart_sendN(uint8_t uartNo ,uint16_t len ,uint8_t * buff);


//================================================================
//函数名称:uart_send_string
//参数说明:uartNo-UART 模块号:UART_1、UART_2、UART_3
//                 buff:要发送的字符串的首地址
//函数返回:函数执行状态,1=发送成功,0=发送失败
//功能概要:从指定 UART 端口发送一个以'\0'结束的字符串
//================================================================
uint8_t uart_send_string(uint8_t uartNo, uint8_t * buff);


//================================================================
//函数名称:uart_re1
//参数说明:uartNo-串口号:UART_1、UART_2、UART_3
//         *fp-接收成功标志的指针:*fp=1:接收成功;*fp=0:接收失败
//函数返回:接收返回字节
//功能概要:串行接收一个字节
//================================================================
uint8_t uart_re1(uint8_t uartNo,uint8_t * fp);


//================================================================
//函数名称:uart_reN
//参数说明:uartNo-串口号:UART_1、UART_2、UART_3
//              buff-接收缓冲区
//              len-接收长度
//函数返回:函数执行状态 1=接收成功;0=接收失败
//功能概要:串行接收 N 个字节,放入 buff 中
//================================================================
uint8_t uart_reN(uint8_t uartNo ,uint16_t len ,uint8_t * buff);


//================================================================
//函数名称:uart_enable_re_int
//参数说明:uartNo-串口号:UART_1、UART_2、UART_3
//函数返回:无
//功能概要:开串口接收中断
//================================================================
void uart_enable_re_int(uint8_t uartNo);


//================================================================
//函数名称:uart_disable_re_int
//参数说明:uartNo-串口号 :UART_1、UART_2、UART_3
//函数返回:无
//功能概要:关串口接收中断
//================================================================
void uart_disable_re_int(uint8_t uartNo);


//================================================================
//函数名称:uart_get_re_int
//参数说明:uartNo-串口号 :UART_1、UART_2、UART_3
//函数返回:接收中断标志 1=有接收中断;0=无接收中断
//功能概要:获取串口接收中断标志,同时禁用发送中断
//================================================================
```

第 6 章 底层硬件驱动构件

```
uint8_t uart_get_re_int(uint8_t uartNo);

//==============================================================
//函数名称:uart_deinit
//参数说明:uartNo:串口号 :UART_1、UART_2、UART_3
//函数返回:无
//功能概要:uart 反向初始化
//==============================================================
void uart_deinit(uint8_t uartNo);
```

3. UART 构件 API 的测试方法

AHL-STM32L431 开发套件有三个 UART 模块,分别定义为 UART_3、UART_2 和 UART_1。配合上位机串口调试工具测试串口构件,用户在上位机使用串口调试工具,通过串口线向开发套件的串口模块发送一个字符串"Sumcu Uart Component Test Case.",开发套件收到后再通过该串口回发这个字符串。

在 AHL-STM32L431 开发套件中,串口测试使用 UART_2 模块,在开发套件通电的情况下,通过 Type-C 线将串口与 PC 进行连接。下面给出串口模块测试的基本步骤,具体实例可参考"..\04-Software\CH06\CH6.3.2-UART"。

(1)重命名串口

将串口模块用宏定义方式,起个标识名供用户使用(如 UART_User),以辨别该串口模块的用途,同时,将串口中断服务程序也通过宏定义进行重命名,这些宏定义应该写在工程的 05_UserBoard\user.h 文件中。

```
//UART 模块定义
#define UART_User     UART_2                    //实际应用要根据具体芯片所接引脚修改
//重命名串口中断服务程序
#define   UART_User_Handler   USART2_IRQHandler    //用户串口中断函数
```

(2)UART 模块接收中断处理程序

在工程 07_AppPrg\isr.c 文件中,中断处理程序 UART_User_Handler 实现接收一个字节数据并回发的功能。

```
void UART_User_Handler(void)
{
    uint8_t ch;
    uint8_t flag;

    DISABLE_INTERRUPTS;              //关总中断
    //接收一个字节的数据
    ch=uart_re1(UART_User,&flag);    //调用接收一个字节的函数,清接收中断位
    if(flag)                         //有数据
    {
        uart_send1(UART_User,ch);    //回发接收到的字节
    }
    ENABLE_INTERRUPTS;               //开总中断
}
```

(3)main 函数的线程

第一步,UART_User 串口模块初始化。

在 07_AppPrg\main.c 文件中,对 UART_User 串口模块初始化,其中波特率设置为

99

115200，在"用户外设模块初始化"处增加下列语句：

```
uart_init(UART_User, 115200);          //初始化串口模块
```

第二步，使能串口模块中断。

在"使能模块中断"处增加下列语句：

```
uart_enable_re_int(UART_User);         //使能 UART_User 模块接收中断功能
```

（4）下载机器码并观察运行情况

经过编译生成机器码（HEX 文件），通过 AHL-GEC-IDE 软件下载到目标开发套件中。在 AHL-GEC-IDE 的串口调试工具（"工具"→"串口工具"）中选择好串口，设置好波特率为 115200，单击"打开串口"，选择发送方式为"字符串方式（String）"，在文本框内输入字符串内容"Sumcu Uart Component Test Case."，单击"发送数据"按钮，则实现从上位机将该字符串发送给开发套件。同时，在接收数据窗口中会显示该字符串，这是由于开发套件的串口模块接收到字符串的同时也回发给上位机该字符串，如图 6-6 所示。

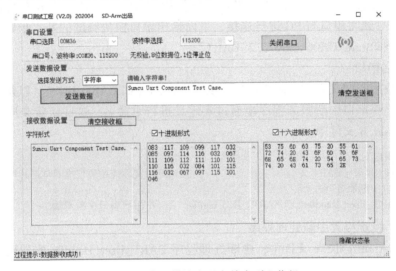

图 6-6　串口模块发送字符串到上位机

6.3.3　Flash 构件

本节给出内部 Flash 在线编程的知识要素、应用程序接口（API）及测试方法。

1. Flash 知识要素

Flash 存储器（Flash Memory），中文简称"闪存"，英文简称"Flash"，是一种非易失性（Non-Volatile）内存。与 RAM 掉电无法保存数据相比，Flash 具有掉电数据不丢失的优点。它因其具有非易失性、成本低、可靠性高等特点，应用极为广泛，已经成为嵌入式计算机的主流内存储器。

Flash 的主要知识要素有：Flash 的编程模式、Flash 擦除与写入的含义、Flash 擦除与写入的基本单位、Flash 保护。

（1）Flash 的编程模式

Flash 的编程模式有两种：一种是**通过编程器将程序写入 Flash 中**，称为写入器编程模式。另一种是**通过运行 Flash 内部程序对 Flash 其他区域进行擦除与写入**，称为 **Flash 在线编程**

模式。

（2）Flash 擦除与写入的含义

对 Flash 存储器的读写不同于对一般 RAM 的读写，需要专门的编程过程。Flash 编程的基本操作有两种：擦除（Erase）和写入（Program）。**擦除操作的含义**是将存储单元的内容由二进制的 0 变成 1，而**写入操作的含义**是将存储单元的某些位由二进制的 1 变成 0。

（3）Flash 擦除与写入的基本单位

在执行写入操作之前，要确保写入区在上一次擦除之后没有被写入过，即写入区是空白的（各存储单元的内容均为 0xFF）。所以，在写入之前一般都要先执行**擦除操作**。**Flash 的擦除操作包括整体擦除和以 m 个字为单位的擦除，这 m 个字在不同厂商或不同系列的 MCU 中，其称呼不同，有的称为"块"，有的称为"页"，有的称为"扇区"等，它表示在线擦除的最小度量单位。**假设统一使用扇区术语，对应一个具体芯片，需要确认该芯片的 Flash 的扇区总数、每个扇区的大小、起始扇区的物理地址等信息。**Flash 的写入操作是以字为单位进行的。**

（4）Flash 保护

为了防止某些 Flash 存储区域受意外擦除、写入的影响，可以通过编程方式保护这些 Flash 存储区域。保护后，该区域将无法进行擦除、写入操作。Flash 保护一般以扇区为单位。

2. Flash 构件 API

（1）Flash 常用接口函数简明列表

在 Flash 构件的头文件 flash.h 中给出了 API 接口函数声明，表 6-3 给出其函数名、简明功能及基本描述。

表 6-3　Flash 常用接口函数

序号	函数名	简明功能	描　　述
1	flash_init	初始化	初始化 flash 模块
2	flash_erase	擦除扇区	擦除指定扇区
3	flash_write	写数据	向指定扇区写数据，若写成功返回 0；反之，返回 1
4	flash_read_logic	读数据	从指定扇区读数据
5	flash_read_physical	读数据	从指定地址读数据
6	flash_protect	保护扇区	保护指定扇区
7	flash_isempty	判断扇区是否为空	判断指定扇区是否为空

（2）Flash 常用接口函数（API）

```
//================================================================
//函数名称:flash_init
//函数返回:无
//参数说明:无
//功能概要:初始化 flash 模块
//================================================================
void flash_init();

//================================================================
//函数名称:flash_erase
//函数返回:函数执行执行状态:0=正常;1=异常
//参数说明:sect-目标扇区号(范围取决于实际芯片,例如 STM32L433:0~127,每扇区 2 KB)
//功能概要:擦除 flash 存储器的 sect 扇区
```

```
//==================================================================
uint8_t flash_erase(uint16_t sect);


//==================================================================
//函数名称:flash_write
//函数返回:函数执行状态:0=正常;1=异常
//参数说明:sect-扇区号(范围取决于实际芯片,例如 STM32L433:0~127,每扇区 2KB)
//        offset-写入扇区内部偏移地址(0~2044,要求为 0,4,8,12,…)
//        N-写入字节数目(4~2048,要求为 4,8,12,…)
//        buf-源数据缓冲区首地址
//功能概要:将 buf 开始的 N 字节写入 flash 存储器的 sect 扇区的 offset 处
//==================================================================
uint8_t flash_write(uint16_t sect,uint16_t offset,uint16_t N,uint8_t *buf);


//==================================================================
//函数名称:flash_write_physical
//函数返回:函数执行状态:0=正常;非 0=异常
//参数说明:addr-目标地址,要求为 4 的倍数且大于 Flash 首地址
//          (例如:0x08000004,Flash 首地址为 0x08000000)
//        cnt-写入字节数目(8~512)
//        buf-源数据缓冲区首地址
//功能概要:flash 写入操作
//==================================================================
uint8_t flash_write_physical(uint32_t addr,uint16_t N,uint8_t buf[]);


//==================================================================
//函数名称:flash_read_logic
//函数返回:无
//参数说明:dest-读出数据存放处(传地址,目的是带出所读数据,RAM 区)
//        sect-扇区号(范围取决于实际芯片,例如 STM32L433:0~127,每扇区 2KB)
//        offset-扇区内部偏移地址(0~2024,要求为 0,4,8,12,…)
//        N-读字节数目(4~2048,要求为 4,8,12,…)
//功能概要:读取 flash 存储器的 sect 扇区的 offset 处开始的 N 字节,到 RAM 区 dest 处
//==================================================================
void flash_read_logic(uint8_t *dest,uint16_t sect,uint16_t offset,uint16_t N);


//==================================================================
//函数名称:flash_read_physical
//函数返回:无
//参数说明:dest-读出数据存放处(传地址,目的是带出所读数据,RAM 区)
//        addr-目标地址,要求为 4 的倍数(例如:0x00000004)
//        N-读字节数目(0~1020,要求为 4,8,12,…)
//功能概要:读取 flash 指定地址的内容
//==================================================================
void flash_read_physical(uint8_t *dest,uint32_t addr,uint16_t N);


//==================================================================
//函数名称:flash_protect
//函数返回:无
//参数说明:M-待保护区域的扇区号入口值,实际保护所有扇区
//功能概要:flash 保护操作
```

```
//==========================================================================
void flash_protect(uint8_t M);


//==========================================================================
//函数名称:flash_isempty
//函数返回:1=目标区域为空;0=目标区域非空
//参数说明:所要探测的 flash 区域扇区号及字节数
//功能概要:flash 判空操作
//==========================================================================
uint8_t flash_isempty(uint16_t sect,uint16_t N);


//==========================================================================
//函数名称:flashCtl_isSectorProtected
//函数返回:1=扇区被保护;0=扇区未被保护
//参数说明:所要检测的扇区
//功能概要:判断 flash 扇区是否被保护
//==========================================================================
uint8_t flash_isSectorProtected(uint16_t sect);
```

3. Flash 构件 API 的测试方法

配合 AHL-STM32L431 开发套件使用 Flash 模块,实现向 Flash 的 50 扇区 0 字节开始地址写入 30 个字节数据,数据内容为 "Welcome to Soochow University!",然后通过两种读取 Flash 方式将写入的数据读出,最后通过 AHL-GEC-IDE 软件界面直接观察结果。下面给出实现的基本步骤,具体实例可参考 ".. \ 04-Software \ CH06 \ CH6.3.3-FLASH"。

(1) main 函数的线程

第一步,在 07_Appprg \ main.c 文件的 "声明 main 函数使用的局部变量" 处添加保存从 Flash 中读取数据的变量。

```
uint8_t params[30];          //按照逻辑读方式从指定 flash 区域中读取的数据
    uint8_t paramsVar[30];   //按照物理读方式从指定 flash 区域中读取的数据
```

第二步,在 "初始化外设模块" 处增加初始化 GPIO、Flash 模块的语句。

```
gpio_init(LIGHT_RED,GPIO_OUTPUT,LIGHT_OFF);   //初始化红灯
flash_init();                                 // flash 初始化
```

第三步,Flash 的读写操作。通过调用 flash_erase 函数,实现对 Flash 进行擦除操作;通过调用 flash_read_logic 函数实现对 Flash 指定的扇区进行逻辑读数据;调用 flash_read_physical 函数实现对 Flash 指定的物理地址进行读取数据。其中第 50 扇区的物理开始地址为 50×2 KB,即 0x00019000,具体的语句如下:

```
flash_erase(50);                            //擦除第 50 扇区
//延时 1 s,便于用户接通串口调试工具
if(mMainLoopCount<=3000000)     mMainLoopCount++;
mMainLoopCount=0;
flash_write(50,0,30,"Welcome to Soochow University!");  //向 50 扇区写入 30 字节数据
flash_read_logic(params,50,0,30);                       //从 50 扇区读取 30 字节到 params 中
flash_read_physical(paramsVar,(uint32_t)(0x00019000),30);  //读数据
```

(2) 下载机器码并观察运行情况

将程序编译生成机器码,利用 AHL-GEC-IDE 软件将编译得到的 HEX 文件下载到目标板中,然后可在 AHL-GEC-IDE 界面观察情况,如图 6-7 所示,同时也可观察到板载红色灯每

1 s 闪烁一次。

图 6-7　Flash 构件 API 测试方法

6.3.4　ADC 构件

本节给出模/数转换（ADC）的知识要素、应用程序接口（API）及测试方法。

1. ADC 知识要素

模拟量是指时间连续、数值也连续的物理量，即可以在一定范围内取任意值，如温度、压力、流量、速度、声音等物理量。

数字量是分立量，只能取分立值。例如，一个 8 位二进制，只能取 0，1，2，…，255 这些分立值。

A/D 转换（Analog-to-Digital Convert，ADC），即模/数转换，就是把模拟量转换为对应的数字量。实际应用中，不同的传感器能将温度、湿度、压力等实际的物理量转换为 MCU 可以处理的电压信号。ADC 的主要知识要素有：转换精度、转换速度、单端输入与差分输入、A/D 参考电压、滤波问题以及物理量回归等。

（1）转换精度

转换精度就是指数字量变化一个最小量时模拟信号的变化量，也称为分辨率（Resolution），通常用 A/D 转换器的位数来表征。A/D 转换器的位数通常有 8 位、10 位、12 位、14 位、16 位等。设采样位数为 N，则最小的能检测到的模拟量变化值为 $1/2^N$。例如，某一 A/D 转换器是 12 位，若参考电压为 5V（即满量程电压），则可检测到的模拟量变化最小值为 $5/2^{12}=1.22\,mV$，就是这个 A/D 转换器的实际精度（分辨率）了。

（2）转换速度

转换速度通常用完成一次 A/D 转换所要花费的时间来表征，转换速度与 A/D 转换器的硬件类型及制造工艺等因素密切相关，其特征值为纳秒级。A/D 转换器的硬件类型主要有：积分型、逐次逼近型和串并行型等，它们的转换速度分别为毫秒级、微秒级和纳秒级。

（3）单端输入与差分输入

单端输入只有一个输入引脚，使用公共地 GND 作为参考电平。这种输入方式的优点是简单，缺点是容易受干扰，由于 GND 电位始终是 0 V，因此 A/D 值也会随着干扰而变化。

差分输入比单端输入多了一个引脚，A/D 采样值是用两个引脚的电平差值（VIN+、VIN-

两个引脚电平相减）来表示，优点是降低了干扰，缺点是多用了一个引脚。

（4）A/D 参考电压

A/D 转换需要一个参考电平，比如要把一个电压分成 1024 份，每一份的基准必须是稳定的，这个电平来自于基准电压，就是 A/D 参考电压。粗略的情况下，A/D 参考电压使用给芯片功能供电的电源电压。更为精确的要求，A/D 参考电压使用单独电源，要求功率小（在 mW级即可）、波动小（例如 0.1%），一般电源电压达不到这个精度，否则成本太高。

（5）滤波问题

为了使采样的数据更准确，必须对采样的数据进行筛选去掉误差较大的毛刺，通常采用中值滤波和均值滤波来提高采样精度。所谓中值滤波就是将 M 次连续采样值按大小进行排序，取中间值作为滤波输出。而均值滤波是把 N 次采样结果值相加，然后再除以采样次数 N，得到的平均值就是滤波结果。若要得到更高的精度，可以通过建立其他误差模型分析方式来实现。

（6）物理量回归

在实际应用中，得到稳定的 A/D 采样值以后，还需要把 A/D 采样值与实际物理量对应起来，这一步称为物理量回归。例如，利用 MCU 采集室内温度，A/D 转换后的数值是 126，实际它代表多少温度呢？如果当前室内温度是 25.1℃，则 A/D 值 126 就代表实际温度 25.1℃。

2. ADC 构件 API

（1）ADC 常用接口函数简明列表

在 ADC 构件的头文件 adc.h 中给出了 API 接口函数声明，表 6-4 给出其函数名、简明功能及基本描述。

表 6-4　ADC 常用接口函数

序号	函数名	简明功能	描　述
1	adc_init	初始化	初始化 ADC 模块，设定使用的通道组、差分选择、采样精度以及硬件滤波次数
2	adc_read	读取 ADC 值	读取指定通道的 ADC 值

（2）ADC 常用接口函数 API

```
//================================================================
//函数名称:adc_init
//功能概要:初始化一个 A/D 通道号与采集模式
//参数说明:Channel-通道号,可选范围 ADC_CHANNEL_VREFINT、
//         ADC_CHANNEL_TEMPSENSOR、ADC_CHANNEL_x(1=<x<=16)、ADC_CHANNEL_VBAT
//         diff-差分选择。=1(AD_DIFF 1),差分;=0(AD_SINGLE);
//         单端; ADC_CHANNEL_VREFINT、ADC_CHANNEL_TEMPSENSOR、ADC_CHANNEL_VBAT
//         强制为单端;ADC_CHANNEL_x(1=<x<=16)可选单端或者差分模式
//================================================================
void adc_init(uint16_t Channel,uint8_t Diff);


//================================================================
//函数名称:adc_read
//功能概要:进行一个通道的一次 A/D 转换
//参数说明:Channel-可用模拟量传感器通道
//================================================================
uint16_t adc_read(uint8_t Channel);


//================================================================
```

```
//函数名称:TempRegression
//功能概要:将读到的环境温度 A/D 值转换为实际温度
//参数说明:tmpAD-通过 adc_read 函数得到的 A/D 值
//函数返回:实际温度值
// ================================================================
float TempRegression(uint16_t tmpAD);


// ================================================================
//函数名称:TempTrans
//功能概要:将读到的 MCU 温度 A/D 值转换为实际温度
//参数说明:mcu_temp_AD-通过 adc_read 函数得到的 A/D 值
//函数返回:实际温度值
// ================================================================
float TempTrans(uint16_t mcu_temp_AD);
```

3. ADC 构件 API 的测试方法

使用 AHL-STM32L431 开发套件中的 ADC 模块采集底板上的热敏电阻,它会随温度的变化而变化,可通过它将采集到的值使用 UART_Debug 串口模块发送到 PC 的串口调试助手上,其中热敏电阻引脚接法可查看工程中的 05_UserBoard\user.h 文件。下面介绍实现采集温度 AD 值的基本步骤,具体实例可参考 "..\04-Software\CH06\CH6.3.4-ADC"。

(1) 重命名 ADC 模块通道

在工程的 05_UserBoard\user.h 文件中,宏定义板上温度传感器 ADC 模块所对应的引脚(如宏名为 AD_BOARD_TEMP)。

(2) main 函数的线程

第一步,温度 A/D 值变量定义。在工程的 07_AppPrg\main.c 文件中,在 "声明 main 函数使用的局部变量" 处添加温度 AD 值变量的定义:

```
float temperature;        //环境温度
float mcu_temp;           //MCU 温度
```

第二步,ADC 模块及其他模块初始化。初始化 UART_Debug 串口模块、GPIO 模块和 ADC 模块,其中 UART_Debug 串口模块波特率设置为 115200,在 "用户外设模块初始化" 处增加下列语句:

```
gpio_init(LIGHT_RED,GPIO_OUTPUT,LIGHT_OFF);      //初始化红灯
systick_init(10);                                //设置 systick 为 10 ms 中断
uart_init(UART_Debug,115200);                    //初始化 UART_Debug 串口
adc_init(AD_BOARD_TEMP,0);                        //初始化 ADC
adc_init(AD_MCU_TEMP,0);                          //初始化 ADC
```

其中,初始化红灯的目的是为了观察 AHL-STM32L431 开发套件串口模块发送数据过程的情况,实际中若无需要可去除。

第三步,使能串口模块中断。在 "使能模块中断" 处增加下列语句:

```
uart_enable_re_int(UART_Debug);
```

另外,可在 07_AppPrg\isr.c 文件的 UART_USER_Handler 函数内查看、修改或添加串口接收处理程序的相关代码。

第四步,小灯闪烁、ADC 模块数据获取并通过串口发送温度 A/D 值到 PC。在主循环中,利用 GPIO 构件中的 gpio_reverse 函数,可实现红灯状态切换,以便观察串口发送数据时的板载

红灯闪烁现象；利用 adc_read 函数实现 ADC 模块获得温度 A/D 值；利用 printf 函数通过 UARTC 串口模块向上位机发送所采集的温度 A/D 值信息；利用时钟嘀嗒 systick 延时 1 s，以便循环进行温度 A/D 值采集。具体添加代码如下：

```
if (gTime[2] == mSec)    continue;
    mSec = gTime[2];
//以下是 1 s 到的处理,灯的状态切换(这样灯每 1 s 闪一次)
//切换灯状态
gpio_reverse(LIGHT_RED);              //红灯状态切换,记录红灯状态
mFlag = (mFlag == 'A'? 'L':'A');
printf((mFlag == 'A')?" LIGHT_RED:OFF--\n":" LIGHT_RED:ON == \n");
//获取并输出当前环境温度
temperature = TempRegression(adc_read(AD_BOARD_TEMP));
printf("环境温度:%d--\n",(int)temperature);
//获取并输出当前 MCU 温度
mcu_temp_AD = adc_read(AD_MCU_TEMP);
mcu_temp = TempTrans(mcu_temp_AD);
printf(" MCU 温度:%d--\n",(int)mcu_temp);
```

（3）下载机器码并观察运行情况

经过编译生成机器码（HEX 文件），通过 AHL-GEC-IDE 软件下载到目标板中，可观察板载红灯每秒闪烁一次，窗口中看到上传的芯片温度值情况，同时，还可通过反复用手指触碰主板上热敏电阻来观察收到的数据变化情况，如图 6-8 所示。

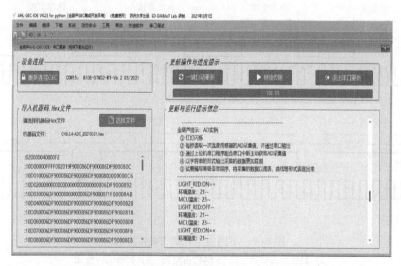

图 6-8　ADC 模块采集温度 A/D 值上传上位机

6.3.5　PWM 构件

本节给出脉宽调制（PWM）的知识要素、应用程序接口（API）及测试方法。

1. PWM 知识要素

脉宽调制（Pulse Width Modulator, PWM）是电机控制的重要方式之一，PWM 信号是一个高/低电平重复交替的输出信号，通常也叫脉宽调制波或 PWM 波。PWM 的最常见的应用是电机控制，还有一些其他用途。例如，可以利用 PWM 为其他设备产生类似于时钟的信号，利用 PWM 控制灯以一定频率闪烁，也可以利用 PWM 控制输入到某个设备的平均电流或电压等。

PWM 信号的主要技术指标有：PWM 时钟源频率、PWM 周期、占空比、脉冲宽度与分辨率、极性与对齐方式等。

（1）时钟源频率、PWM 周期与占空比

通过 MCU 输出 PWM 信号的方法与使用纯电力电子实现的方法相比，有实现方便的优点，所以目前经常使用的 PWM 信号主要是通过 MCU 编程实现。图 6-9 给出了一个利用 MCU 编程方式产生 PWM 波的实例，这个方法需要有一个产生 PWM 波的时钟源，其频率记为 f_{CLK}，单位为 kHz，相应时钟周期为 $T_{CLK} = 1/f_{CLK}$，单位为毫秒（ms）。

PWM 周期用其有效电平持续的时钟周期个数来度量，记为 N_{PWM}。例如，图 6-9 中的 PWM 信号的周期是 $N_{PWM} = 8$（无量纲），实际 PWM 周期 $T_{PWM} = 8T_{CLK}$。

PWM 占空比被定义为 PWM 信号处于有效电平的时钟周期数与整个 PWM 周期内的时钟周期数之比，用百分比表征。图 6-9a 中，PWM 的高电平（高电平为有效电平）为 $2T_{CLK}$，所以占空比 = 2/8 = 25%，类似计算，图 6-9b 占空比为 50%（方波）、图 6-9c 占空比为 75%。

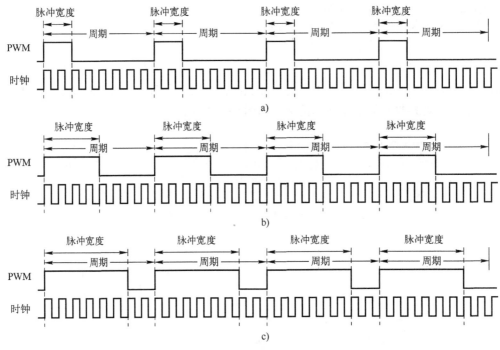

图 6-9　不同占空比的 PWM 波形

a) 25%的占空比　b) 50%的占空比　c) 75%的占空比

（2）脉冲宽度与分辨率

脉冲宽度是指一个 PWM 周期内，PWM 波处于有效电平的时间（用持续的时钟周期数表征）。PWM 脉冲宽度可以用占空比与周期计算出来，故可不作为一个独立的技术指标。

PWM 分辨率 ΔT 是指脉冲宽度的最小时间增量，等于时钟源周期，$\Delta T = T_{CLK}$，也可不作为一个独立的技术指标。例如，若 PWM 是利用频率 $f_{CLK} = 48$ MHz 的时钟源产生的，即时钟源周期 $T_{CLK} = (1/48)\mu s = 0.0208\ \mu s = 20.8$ ns，那么脉冲宽度的每一增量为 $\Delta T = 20.8$ ns，就是 PWM 的分辨率。它就是脉冲宽度的最小时间增量了，脉冲宽度的增加与减少只能是 ΔT 的整数倍，实际上脉冲宽度正是用高电平持续的时钟周期数（整数）来表征。

（3）极性

PWM 极性决定了 PWM 波的有效电平。正极性表示 PWM 有效电平为高，那么在边沿对齐的情况下，PWM 引脚的平时电平（也称空闲电平）就应该为低电平，开始产生 PWM 的信号为高电平，到达比较值时，跳变为低电平，到达 PWM 周期时又变为高电平，周而复始。负极性则相反，PWM 引脚平时电平（空闲电平）为高电平，有效电平为低电平。但注意，占空比通常仍定义为高电平时间与 PWM 周期之比。

（4）对齐方式

可以用 PWM 引脚输出发生跳变的时刻来区分 PWM 的边沿对齐与中心对齐两种对齐方式，可从 MCU 编程方式产生 PWM 的方法来理解。设产生 PWM 波的时钟源周期为 T_{CLK}，PWM 的周期为 $T_{PWM}==MT_{CLK}$，脉宽为 $W=NT_{CLK}$，同时假设 $N>0$，$N<M$，计数器记为 TAR，通道（n）值寄存器记为 CCRn$=N$，用于比较。设 PWM 引脚输出平时电平为低电平，开始时，TAR 从 0 开始计数，在 TAR$=0$ 的时钟信号上升沿，PWM 输出引脚由低电平变高电平，随着时钟信号增 1，TAR 增 1，当 TAR$=N$ 时（即 TAR$=$CCRn），在此刻的时钟信号上升沿，PWM 输出引脚由高电平变低电平，持续 $M-N$ 个时钟周期，TAR$=0$，PWM 输出引脚由低电平变高电平，周而复始。这就是边沿对齐（Edge-Aligned）的 PWM 波，缩写为 EPWM，是一种常用 PWM 波。图 6-10 给出了周期为 8、占空比为 25% 的 EPWM 信号示意图。可以概括地说，在平时电平为低电平的 PWM 情况下，开始计数时，PWM 引脚同步变为高电平，就是边沿对齐。

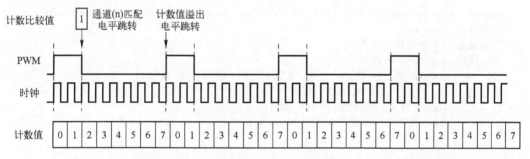

图 6-10　占空比为 25% 的 EPWM 信号示意图

中心对齐（Center-Aligned）的 PWM 波，缩写为 CPWM，是一种比较特殊的产生 PWM 脉宽调制波的方法，常用在逆变器、电机控制等场合。图 6-11 给出了占空比为 25% 的 CPWM 信号示意图，在计数器向上计数的情况，当计数值（TAR）小于计数比较值（CCRn）的时候，PWM 通道输出低电平，当计数值（TAR）大于计数比较值（CCRn）的时候，PWM 通道发生电平跳变，输出高电平。在计数器向下计数的情况，当计数值（TAR）大于计数比较值（CCRn）的时候，PWM 通道输出高电平，当计数值（TAR）小于计数比较值（CCRn）的时候，PWM 通道发生电平跳变输出低电平。按此运行机理周而复始就可以实现 CPWM 波的正常输出。可以概括地说，设 PWM 波的低电平时间 $t_L=KT_{CLK}$，在平时电平为低电平的 PWM 的情况下，中心对齐的 PWM 波比边沿对齐的 PWM 波形向右平移了（$K/2$）个时钟周期。

2. PWM 构件 API

（1）PWM 常用接口函数简明列表

在 PWM 构件的头文件 pwm.h 中给出了 API 接口函数声明，表 6-5 给出其函数名、简明功能及基本描述。

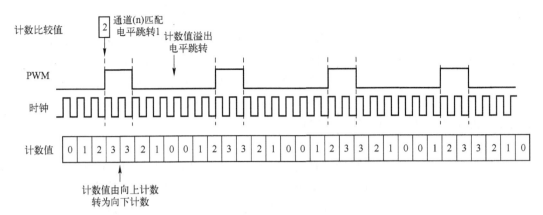

图 6-11　占空比为 25% 的 CPWM 信号示意图

表 6-5　PWM 常用接口函数

序号	函数名	简明功能	描　　述
1	pwm_init	初始化	初始化，指定时钟频率、周期、占空比、对齐方式、极性
2	pwm_update	更新占空比	改变占空比，指定更新后的占空比，无返回

（2）PWM 常用接口函数（API）

```
//=============================================================
//函数名称：pwm_init
//功能概要：PWM 模块初始化
//参数说明：pwmNo-pwm 模块号
//          clockFre-时钟频率,单位 kHz,取值 375、750、1500、3000、6000、
//                   12000、24000、48000
//          period-周期,单位个数,如 100,1000,…
//          duty-占空比 0.0~100.0 对应 0%~100%
//          align-对齐方式
//          pol-极性
//函数返回:无
//=============================================================
void pwm_init(uint16_t pwmNo,uint32_t clockFre,uint16_t period,float duty,uint8_t align,uint8_t pol);
//=============================================================
//函数名称：pwm_update
//功能概要：PWM 模块更新,改变占空比
//参数说明：pwmNo-pwm 模块号
//          duty-占空比 0.0~100.0 对应 0%~100%
//函数返回:无
//=============================================================
void pwm_update(uint16_t pwmNo,float duty);
```

3. PWM 构件 API 的测试方法

配合 AHL-STM32L431 开发套件使用 PWM 模块，利用 PWM 输出驱动二极管的亮度变化，具体实例可参考 "..\04-Software\CH06\CH6.3.5-PWM"，使用步骤如下：

（1）user.h 的工作

在 05_UserBoard\user.h 文件中添加对 pwm.h 头文件的包含，以及对具有 PWM 功能的引脚的宏定义（如宏名为 PWM_PIN0）。

```
#include "pwm. h"
//(6)【改动】PWM 引脚定义
#define  PWM_PIN0  (PTB_NUM|10)    //GEC_39   CH3
```

（2）main 函数的工作

第一步，变量定义。

在 07_AppPrg\main. c 中 main 函数的"声明 main 函数使用的局部变量"部分，定义变量 mDuty 和 mMytime。

```
uint8_t   mDuty;         //主循环使用的占空比临时变量
uint8_t   mMytime;       //时间次数控制变量
```

第二步，给变量赋初值。

```
mDuty = 0;              //初始占空比为 0
mMytime = 0;            //初始时间次数控制变量为 0
```

第三步，初始化 PWM_PIN0 模块。

在 main 函数的"初始化外设模块"处，初始化 PWM_PIN0 模块，设置时钟频率为 24000 kHz，周期为 10，占空比设为 90.0%，对齐方式为边沿对齐，极性选择为正极性。

```
pwm_init(PWM_PIN0,24000,10,90.0,PWM_EDGE,PWM_PLUS); //初始化 PWM_PIN0 模块
```

第四步，改变占空比的变化。

在 main 函数的"主循环"处，改变占空比的变化。

```
mMytime++;
if(mMytime%2 = = 0)    //每 2 s 改变一次占空比
{
    mDuty+ = 10;
    pwm_update(PWM_PIN0,mDuty);
}
if(mDuty> = 100)
{
    mDuty = 0;
    mMytime = 0;
}
```

（3）下载机器码并观察运行情况

经过编译生成机器码，通过 AHL-GEC-IDE 软件下载到目标中，若 PWM_PIN0 为引脚 39，则可将引脚外接发光二极管，另一端接地，观察到发光二极管由亮逐渐变暗再逐渐变亮，如此循环。

6.4 应用构件及软件构件设计实例

应用构件是为调用芯片基础构件而制作的面向实际应用的构件。软件构件面向实际算法而封装，具有底层硬件无关性，本节给出这两类构件的实例。

6.4.1 应用构件设计实例

在 PC 的 C 语言中，printf 是一个标准库函数，主要用于过程输出显示，方便程序调试。嵌入式开发中，可以借助 PC 屏幕，利用串口实现同样的功能，方便嵌入式程序的调试。

1. printf 构件使用格式

printf 函数调用的一般形式为：

```
printf("格式控制字符串",输出表列);
```

其中，格式控制字符串用于指定输出格式，可由格式字符串和非格式字符串两种组成。格式字符串是以%开头的字符串，在%后面跟有各种格式字符，以说明输出数据的类型、形式、长度、小数位数等。如：

"%d" 表示按十进制整型输出。

"%ld" 表示按十进制长整型输出。

"%f" 表示浮点型输出。

"%lf" 表示 double 型输出。

"%c" 表示按字符型输出。

"\n" 表示换行符等。

非格式字符串原样输出，在显示中起提示作用。输出表列中给出了各个输出项，要求格式字符串和各输出项在数量和类型上一一对应。

2. 嵌入式 printf 构件说明

在 printf 构件头文件 printf.h 中，给出了对外接口函数（API）的使用声明。特别注意的是，要根据实际使用的串口修改其中的宏定义（见下述代码中的黑体字），仅更改该构件头文件这一处，其他不必更改。

```
#include "uart.h"
#include "string.h"

#define UART_printf    UART_3    //printf 函数使用的串口号

#define printf    myprintf
…
```

printf 构件的实现是一个比较复杂的过程，工程"..\04-Software\CH06\CH6.5.1-printf"含有其源码，希望深入了解的读者，可以阅读分析，一般情况下，使用即可。

3. printf 构件编程实例

下面将举例说明 printf 构件的具体用法，实现的功能为：使用 printf 函数，在串口工具中打印出测试函数所打印的字符串，实例见"..\04-Software\CH06\CH6.5.1-printf"，具体实现过程如下。

（1）包含文件

在 05_UserBoard\user.h 文件中添加对 printf.h 的包含。

```
#include "printf.h"
```

（2）在 main.c 文件中添加 printf 输出

```
char c,s[20];
int a;
float f;
double x;
a=1234;
f=3.14159322;
x=0.123456789123456789;
```

```
c='A';
strcpy(s,"Hello,World");
printf("苏州大学嵌入式实验室 printf 构件测试用例！\n");
//整数数据类型的输出测试
printf("整型数据输出测试:\n");
printf("整数 a=%d\n",a);                    //按照十进制整数格式输出,显示 a=1234
printf("整数 a=%d%%\n",a);                   //输出%号结果 a=1234%
printf("整数 a=%6d\n",a);                    //输出 6 位十进制整数左边补空格,显示 a= 1234
printf("整数 a=%06d\n",a);                   //输出 6 位十进制整数左边补 0,显示 a=001234
printf("整数 a=%2d\n",a);                    //a 超过 2 位,按实际输出 a=1234
printf("整数 a=%-6d\n",a);                   //输出 6 位十进制整数右边补空格,显示 a=1234
printf("\n");
//浮点数类型数据输出测试
printf("浮点型数据输出测试:\n");
printf("浮点数 f=%f\n",f);                   //浮点数有效数字是 6 位,结果 f=3.140001
printf("浮点数 fhavassda  =  %6.4f\n",f);    //输出 6 列,小数点后 4 位,结果 f=3.1400
printf("double 型数 x=%lf\n",x);             //输出长浮点数 x=0.123456
printf("double 型数 x=%18.15lf\n",x);        //输出 18 列,小数点后 15 位 x=0.123456789123456
printf("\n");
//字符类型数据输出测试
printf("字符类型数据输出测试:\n");
printf("字符型 c=%c\n",c);                   //输出字符 c=A
printf("ASCII 码 c=%x\n",c);                 //以十六进制输出字符的 ASCII 码 c=41
printf("字符串 s[]=%s\n",s);                 //输出数组字符串 s[]=Hello,World
printf("字符串 s[]=%6.9s\n",s);              //输出最多 9 个字符的字符串 s[]=Hello,World
```

（3）运行结果

程序编译通过后，下载后运行情况如图 6-12 所示。

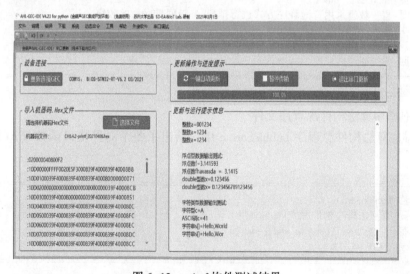

图 6-12　printf 构件测试结果

6.4.2　软件构件设计实例

冒泡法排序算法及队列操作算法具有硬件无关性，这里以它们为例阐述软件构件设计的基本流程，为理解软件构件提供模板。

1. 冒泡排序算法构件

（1）冒泡排序算法描述

冒泡排序（Bubble Sort）是一种典型的交换排序算法，其基本思想是：从无序序列头开始，依次比较相邻两数据元素大小并根据大小进行位置交换，直到最后将最大（小）的数据元素交换到无序队列的队尾，从而成为有序序列的一部分；在下一趟排序中继续这个过程，直到所有数据元素都排好序。简而言之就是**每次通过比较相邻两元素大小进行交换位置，选出剩余无序序列里最大（小）的数据元素放到队尾。**

（2）冒泡排序算法构件头文件

在冒泡排序算法构件头文件 bubbleSort.h 中，给出了对外接口函数（API）的使用声明。

```
//===================================================================
//文件名称:bubbleSort.h
//功能概要:冒泡法排序构件头文件
//版权所有:SD-EAI&IoT(sumcu.suda.edu.cn)
//更新记录:2020-04-17
//===================================================================

//===================================================================
//函数名称:bubbleSort_up
//功能概要:将一数组采用冒泡升序方式进行排列,并返回排序后的数组
//参数说明:array-数组名
//          n-数组中元素的个数
//函数返回:无
//===================================================================
void bubbleSort_up(int array[ ],int n);
//===================================================================
//函数名称:bubbleSort_down
//功能概要:将一数组采用冒泡降序方式进行排列,并返回排序后的数组
//参数说明:array-数组名
//          n-数组中元素的个数
//函数返回:无
//===================================================================
void bubbleSort_down(int array[ ],int n);
```

（3）冒泡排序算法构件源程序文件

在冒泡排序算法构件源程序 bubbleSort.c 中，给出了各个对外接口函数（API）的具体实现代码。

```
//===================================================================
//文件名称:bubbleSort.c
//功能概要:冒泡法排序构件源文件
//版权所有:SD-EAI&IoT(sumcu.suda.edu.cn)
//更新记录:2020-04-17
//===================================================================

#include "bubbleSort.h"

//内部函数声明
void swap(int * p, int * q);

//===================================================================
//函数名称:bubbleSort_up
```

```
//功能概要:将一数组采用冒泡升序方式进行排列,并返回排序后的数组
//参数说明:array-数组名
//        n-数组中元素的个数
//函数返回:无
//===================================================================
void bubbleSort_up(int array[ ],int n)
{
    int i,j;
    for (i = 0; i < n; i++)
    {
        for (j = 0; j < n - 1 - i; j++)
        {
            if (array[j] > array[j + 1])
            swap(&array[j], &array[j + 1]);
        }
    }
}


//===================================================================
//函数名称:bubbleSort_down
//功能概要:将一数组采用冒泡降序方式进行排列,并返回排序后的数组
//参数说明:array-数组名
//        n-数组中元素的个数
//函数返回:无
//===================================================================
void bubbleSort_down(int array[ ],int n)
{
    int i,j;
    for (i = 0; i<n - 1; i++)
    {
        for (j = 0; j<n - 1 - i; j++)
        {
            if (array[j]<array[j + 1])
            swap(&array[j], &array[j + 1]);
        }
    }
}


//内部函数
//===================================================================
//函数名称:swap
//功能概要:对排序中的数组元素进行交换
//参数说明:p-指向要交换的第一个数的地址
//        q-指向要交换的第二个数的地址
//函数返回:无
//===================================================================
void swap(int * p, int * q)
{
    int temp;
    temp = * p;
    * p = * q;
    * q = temp;
}
```

（4）测试程序设计

下面将举例说明 bubbleSort 构件的具体用法，实现的功能为：传入一组数据，通过冒泡升序、降序的方式实现对数组元素的全排列，实例工程见"..\04-Software\CH06\CH6.4.2-1-bubbleSort"，具体实现过程如下。

1）包含文件。在 07_AppPrg 文件夹下的 includes.h 中添加对 bubbleSort 构件头文件的包含。

```
#include " bubbleSort. h"
```

2）定义需排序的数组。直接在 main.c 文件中定义待排序的数组名，这里举例通过升序的方式对数组进行排列的方法。

```
int MX[ ] = {23,12,32,232,-88,12,13,3232,565,-121};   //待排序的数组(自定义)
```

3）获取数组长度及调用冒泡排序函数。在 main.c 文件获取数组长度的方式如下：

```
int length= sizeof(MX) / sizeof(MX[0]);        //获取数组长度
```

调用冒泡升序函数：

```
bubbleSort_up(MX,length);                       //调用冒泡升序函数
```

之后调用"printf"函数，通过串口输出排序后的数组元素即可看到排序后的结果，调用冒泡降序函数方式与调用冒泡升序函数方式一样，这里不再赘述。

（5）运行结果

程序编译通过后，通过串口更新将 hex 机器码烧入芯片中，若串口输出结果如图 6-13 所示，说明测试成功。

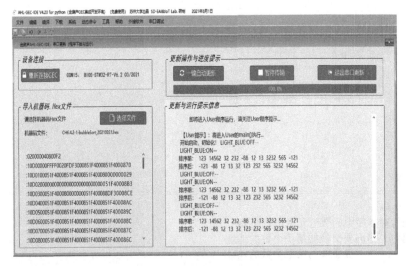

图 6-13 bubbleSort 构件测试

2. 队列构件

（1）队列算法描述

队列，简称队，它是一种操作受限的线性表，其限制在表的一端进行插入，另一端进行删除。可进行插入的一端称为队尾（rear），可进行删除的一端称为队头（front）。向队列中插入元素叫入队，新元素进入之后就成为新的队尾元素。从队列中删除元素叫出队，元素出队后，

其后继结点元素就成为新的队头元素。队列的特点就是先进先出（栈为先进后出）。打个比方，队列就是在食堂吃饭的时候排队，先到的人先拿到饭，后到的人后拿到饭。队列按存储结构可分为链队列和顺序队列两种。

在设计队列算法的过程中，首先要考虑的是队列的构成，应当包括队首指针、队尾指针、队列中元素的个数、队列中最大元素个数以及队列中每个元素的数据内容的大小等。其次，作为队列，应当具有最基本的出队、入队等功能。最后应当考虑在各种不同环境下队列算法的可移植性和用户透明度。本小节中设计的队列构件使用的是单向链表队列，队列中的元素类型可以为任意类型，为了方便读者理解，此处使用的类型为用户可自定义的结构体类型。队列构件中主要包含队列初始化、入队、出队以及获取队列中元素个数等功能，涵盖了队列使用时需要用到的基本函数方法。

（2）队列算法构件头文件

队列算法的对外函数接口如下：

```
//=================================================================
//文件名称:queue.h
//功能概要:Queue底层驱动构件头文件
//版权所有:SD-EAI&IoT(sumcu.suda.edu.cn)
//版本更新:2020-04-17
//=================================================================
#include<stdlib.h>
#include<string.h>
typedef struct queue_node_t
{
    void * m_data;  //抽象的数据域,void * 的类型使得我们的链表可以存储任何类型的数据
    struct queue_node_t * m_next;
} Queue_node_t;
//链表结构,存储整个链表
typedef struct queue_t
{
    size_t m_data_size;        //队列的结点中数据域的大小
    size_t m_queue_size;       //队列中的结点个数
    size_t m_maxsize;          //队列最大结点个数
    Queue_node_t * m_front;    //队首指针
    Queue_node_t * m_rear;     //队尾指针
} Queue_t;


//=================================================================
//函数名称:queue_init
//函数返回:初始化的队列
//参数说明:data_size-结点中数据域的大小
//功能概要:初始化一个队列
//=================================================================
Queue_t * queue_init(size_t data_size,size_t maxsize);


//=================================================================
//函数名称:queue_in
//函数返回:无
//参数说明:queue-要操作的队列
//         data-结点元素值
//         maxsize-队列最大结点个数
```

```
//功能概要:在队尾插入一个元素
//================================================================
void queue_in( Queue_t  * queue, void  * data, size_t maxsize);


//================================================================
//函数名称:queue_out
//函数返回:无
//参数说明:queue-要操作的队列
//功能概要:删除队首元素
//================================================================
void queue_out( Queue_t  * queue);


//================================================================
//函数名称:queue_count
//函数返回:队列中的元素个数
//参数说明:queue-要操作的队列
//功能概要:获取队列中的元素个数
//================================================================
int queue_count( Queue_t  * queue);
```

(3) 队列算法构件源程序文件

队列函数的内部操作保存在 queue.c 文件中，具体内容如下:

```
//================================================================
//文件名称:queue.c
//功能概要:Queue 底层驱动构件源文件
//版权所有:SD-EAI&IoT
//版本更新:2020-04-17
//================================================================
#include " queue.h"                        //包含本构件头文件


//================================================================
//函数名称:init_queue
//函数返回:初始化的队列
//参数说明:data_size-结点中数据域的大小
//         maxsize-队列最大结点个数
//功能概要:初始化一个队列
//================================================================
Queue_t  * queue_init( size_t data_size, size_t maxsize)
{
    Queue_t * new_queue =( Queue_t * ) malloc( sizeof( Queue_t));

    //建立一个空的链表
    new_queue->m_queue_size = 0;          //队列元素个数
    new_queue->m_data_size = data_size;   //队列中每个元素的数据域大小
    new_queue->m_maxsize = maxsize;       //队列最大结点个数
    new_queue->m_front = NULL;            //队首指针为空
    new_queue->m_rear = NULL;             //队尾指针为空
    return new_queue;
}


//================================================================
//函数名称:queue_in
```

```
//函数返回:无
//参数说明:queue-要操作的队列
//           data-结点元素值
//           maxsize-队列最大结点个数
//功能概要:在队尾插入一个元素
//=====================================================================
void queue_in( Queue_t  * queue, void  * data, size_t maxsize)
{
    if( queue->m_queue_size == maxsize)              //判断队列是否已满
        return;
    Queue_node_t * new_node = ( Queue_node_t * )malloc( sizeof( Queue_node_t ) );

    new_node->m_data = malloc( queue->m_data_size );
    memcpy( new_node->m_data, data, queue->m_data_size ); //data 赋值给新结点

    new_node->m_next = NULL;                         //尾插法,插入结点指向空
    if( queue->m_rear == NULL)
    {
        queue->m_front = new_node;
        queue->m_rear = new_node;
    }
    else{
        queue->m_rear->m_next = new_node;            //让 new_node 成为当前尾部结点的下一结点
        queue->m_rear= new_node;                     //尾部指针指向 new_node
    }
    queue->m_queue_size += 1;                        //队列中的结点个数加 1
}


//=====================================================================
//函数名称:queue_out
//函数返回:无
//参数说明:queue-要操作的队列
//功能概要:删除队首元素
//=====================================================================
void queue_out( Queue_t  * queue)
{
    Queue_node_t *  temp_node = queue->m_front;

    if( queue->m_front == NULL)                      //判断队列是否为空
        return;
    if( queue->m_front == queue->m_rear)             //判断队列是否只有一个元素
    {
        queue->m_front = NULL;
        queue->m_rear = NULL;
    } else{
        queue->m_front = queue->m_front->m_next;      //队首指针后移一位
        free( temp_node );
    }

    queue->m_queue_size -= 1;                         //队列中的结点个数减 1
}


//=====================================================================
```

```
//函数名称:queue_count
//函数返回:队列中的元素个数
//参数说明:queue-要操作的队列
//功能概要:获取队列中的元素个数
// ================================================================
int queue_count( Queue_t  * queue)
{
    return queue->m_queue_size;
}
```

（4）测试程序设计

下面将举例说明 queue 构件的具体用法，实现的功能为：对队列进行 4 次入队，遍历输出队列中的结点，然后进行一次出队操作，再次遍历输出队列中的结点。在每次操作完成之后获取一次队列中的元素个数。具体例程可参考".. \04-Software\CH06\CH6.4.2-2-queue"文件夹。具体的实现过程如下。

1）包含文件。在 07_AppPrg 文件夹下的 includes.h 中添加对 queue 构件头文件的包含。

```
#include "queue.h"
```

2）定义元素结构体类型以及队列。在总头文件 includes.h 中定义用户自己想要的队列元素结构体类型，此处以学生结构体为例，结构体内部包含学号和姓名两个变量。特别需要注意的是，结构体类型大小为 4 字节对齐，故建议在使用时尽量将结构体大小声明为 4 字节的倍数。

```
typedef struct student
{
    int      no;       //学号
    char     name;     //姓名
}g_Student;            //声明学生结构体
```

3）声明和初始化相关变量。在 main.c 文件的"(1.1)声明 main 函数使用的局部变量"注释下方对需要声明的变量进行声明，在"(1.3)给全局变量及主函数使用的局部变量赋初值"注释下方对这些变量进行初始化。

声明语句如下：

```
Queue_t  * q;                              //声明队列
Queue_node_t  * indexnode;                 //声明队列索引结点
g_Student stu1,stu2,stu3,stu4;             //声明 4 个学生结构体变量
g_Student out_data;                        //声明读取队列结点的内容结构体变量
```

初始化语句如下：

```
q = queue_init( sizeof( g_Student ) ,MAXSIZE) ;   //初始化队列
stu1. no = 1001;strcpy( stu1. name," 张三" ) ;      //初始化变量 stu1
stu2. no = 1002;strcpy( stu2. name," 李四" ) ;      //初始化变量 stu2
stu3. no = 1003;strcpy( stu3. name," 王五" ) ;      //初始化变量 stu3
stu4. no = 1004;strcpy( stu4. name," 刘六" ) ;      //初始化变量 stu4
```

4）入队操作。对初始化后的 4 个学生结构体变量执行入队操作，然后获取当前队列中元素个数并遍历输出当前队列中的元素。

```
queue_in( q,&stu1,MAXSIZE) ;        //stu1 入队
queue_in( q,&stu2,MAXSIZE) ;        //stu2 入队
queue_in( q,&stu3,MAXSIZE) ;        //stu3 入队
```

```
queue_in(q,&stu4,MAXSIZE);        //stu4 入队
indexnode=q->m_front;             //初始化索引结点为队首结点
printf("入队完成！当前队列中有%d 个元素:\n",queue_count(q));
//遍历输出队列中的元素
while(indexnode!=NULL)
{
    out_data= * (g_Student * )indexnode->m_data;
    printf("学生学号为:%d,姓名为:%s\n",out_data. no,out_data. name);
    indexnode=indexnode->m_next;
}
```

5）出队操作。延时 1 s 后，执行一次出队操作，然后获取当前队列中元素个数并遍历输出当前队列中的元素。

```
for( int i=0;i<3000000;i++);
queue_out(q);                  //出队一个结点
indexnode=q->m_front;          //重新初始化索引结点为队首结点
printf("出队完成！当前队列中有%d 个元素:\n",queue_count(q));
while(indexnode!  =NULL)
{
    out_data= * (g_Student * )indexnode->m_data;
    printf("学生学号为:%d,姓名为:%s\n",out_data. no,out_data. name);
    indexnode=indexnode->m_next;
}
```

（5）运行结果

程序编译通过后，通过串口更新功能将 hex 机器码文件烧录至芯片电路板中，若串口输出结果如图 6-14 所示，说明测试成功。

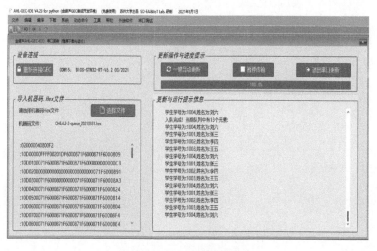

图 6-14　队列构件测试

6.5　本章小结

软件工程的基本要求是程序的可维护性，而可复用与可移植是可维护的基础，良好的构件设计是可复用与可移植的根本保证。一般把嵌入式构件分为基础构件、应用构件与软件构件

三类。

基础构件是根据 MCU 内部功能模块的基本知识要素，针对 MCU 引脚功能或 MCU 内部功能，利用 MCU 内部寄存器所制作的面向芯片级的硬件驱动构件，也称为底层硬件驱动构件。其特点是面向芯片，以知识要素为核心，以模块独立性为准则进行封装。常用的基础构件主要有 GPIO 构件、UART 构件、Flash 构件、ADC 构件、PWM 构件、SPI 构件、I^2C 构件等。

应用构件是调用芯片基础构件而制作完成的、符合软件工程封装规范的、面向实际应用硬件模块的驱动构件。其特点是面向实际应用硬件模块，以知识要素为核心，以模块独立性为准则进行封装。例如，LCD 构件调用基础构件 SPI，完成对 LCD 显示屏控制的封装。

软件构件是一个面向对象的、具有规范接口和确定的上下文依赖的组装单元，它能够被独立使用或被其他构件调用。它是不直接与硬件相关的、符合软件工程封装规范的、实现一组完整功能的函数。其特点是面向实际算法，以知识要素为核心，以功能独立性为准则进行封装，具有底层硬件无关性。例如，排序算法、队列操作、链表操作及人工智能的一些算法等。

第7章　RTOS 下程序设计方法

本章讨论 RTOS 下程序设计的稳定性问题、对中断处理程序的基本要求、线程划分及优先级安排问题、利用信号量解决并发与资源共享的问题，以及如何避免优先级反转问题等。

7.1　程序稳定性问题

程序稳定性问题是程序设计的核心问题，也是复杂问题，本节给出程序稳定性问题的最基础性讨论。这个讨论不局限于 RTOS 下程序设计，也适用于 NOS 下的程序设计。

稳定性是嵌入式系统的生命线，而实验室中的嵌入式产品在调试、测试、安装之后，最终投放到实际应用，往往还会出现很多故障和不稳定的现象。由于嵌入式系统是一个综合了软件和硬件的复杂系统，因此单单依靠哪个方面都不能完全解决其抗干扰问题，只有从嵌入式系统硬件、软件以及结构设计等方面进行全面的考虑，综合应用各种抗干扰技术来全面应对系统内外的各种干扰，才能有效提高其抗干扰性能。在这里对实际项目中较常出现的稳定性问题做简要阐述。

嵌入式系统的抗干扰设计主要包括硬件和软件两个方面。在硬件方面通过提高硬件的性能和功能，能有效抑制干扰源，阻断干扰的传输信道，这种方法具有稳定、快捷等优点，但会使成本增加。而软件抗干扰设计采用各种软件方法，通过技术手段来增强系统的输入输出、数据采集、程序运行、数据安全等抗干扰能力，具有设计灵活、节省硬件资源、低成本、高系统效能等优点，且能够处理某些用硬件无法解决的干扰问题。

7.1.1　稳定性的基本要求

稳定性的基本要求有：保证 CPU 运行的稳定、保证通信的稳定、保证物理信号输入的稳定、保证物理信号输出的稳定等。

1. 保证 CPU 运行的稳定

CPU 指令由操作码和操作数两部分组成，取指令时先取操作码后取操作数。当程序计数器（PC）因干扰出错时，程序便会跑飞，引起程序混乱失控，严重时会导致程序陷入死循环或者误操作。为了避免这样的错误发生或者从错误中恢复，通常使用指令冗余、软件拦截、数据保护、计算机操作正常监控（看门狗）和定期自动复位系统等方法。

2. 保证通信的稳定

在嵌入式系统中，会使用各种各样的通信接口，以便与外界进行交互，因此，必须要保证通信的稳定。在设计通信接口的时候，通常从通信数据速度、通信距离等方面进行考虑，一般情况下，通信距离越短越稳定，通信速率越低越稳定。例如，对于串行接口，通常我们只选用 9600 bit/s、38400 bit/s、115200 bit/s 等低速波特率来保证通信的稳定性，另外，对于板内通信，使用 TTL 电平即可，而板间通信通常采用 232 电平，有时为了传输距离更远，可以采用差分信号 485 电平进行传输，但程序是一致的。

另外，为数据增加校验也是增强通信稳定性的常用方法，甚至有些校验方法不仅具有检错功能，还具有纠错功能。常用的校验方法有奇偶校验、循环冗余校验法（CRC）、海明码以及求和校验/异或校验等。

3. 保证物理信号输入的稳定

模拟量和开关量都是属于物理信号，它们在传输过程中很容易受到外界的干扰，雷电、晶闸管、电机和高频时钟等都有可能成为其干扰源。在硬件上选用高抗干扰性能的元器件可有效克服干扰，但这种方法通常面临着硬件开销和开发条件的限制。相比之下，在软件上可使用的方法比较多，且开销低，容易实现较高的系统性能。

通常的做法是进行软件滤波，对于模拟量，主要的滤波方法有限幅滤波法、中位值滤波法、算术平均值法、滑动平均值法、防脉冲干扰平均值法、一阶滞后滤波法以及加权递推平均滤波法等；对于开关量滤波，主要的方法有同态滤波和基于统计计数的判定方法等。

4. 保证物理信号输出的稳定

系统的物理信号输出，通常是通过对相应寄存器的设置来实现的，由于寄存器数据也会因干扰而出错，所以使用合适的方法来保证输出的准确性和合理性也很有必要，主要方法有输出重置、滤波和柔和控制等。

在嵌入式系统中，输出类型的内存数据或输出 I/O 口寄存器也会因为电磁干扰而出错，输出重置是非常有效的办法。定期向输出系统重置参数，这样，即使输出状态被非法更改，也会在很短的时间里得到纠正。但是，使用输出重置需要注意的是，对于某些输出量，如 PWM，短时间内多次的设置会干扰其正常输出。通常采用的办法是，在重置前先判断目标值是否与现实值相同，只有在不相同的情况下才启动重置。有些嵌入式应用的输出，需要某种程度的柔和控制，可使用前面所介绍的滤波方法来实现。

总之，系统的稳定性关系到整个系统的成败，所以在实际产品的整个开发过程中都必须要予以重视，并通过科学的方法进行解决，这样才能有效避免不必要的错误的发生，提高产品的可靠性。

7.1.2　看门狗与定期复位的应用

主动复位是解决计算机长期稳定运行的重要方法。

1. 看门狗复位的应用

看门狗定时器（Watchdogtimer，WDOG），是一种通俗的说法，全称为 Computer Operating Properly Watchdog，也可以简称 COP。它是一个自动计数器，目的是为了解决计算机运行可能会"跑飞"问题。一般情况下，给看门狗计数器设定一个初值，启动看门狗后，看门狗计数器开始自动加 1 计数，编程时程序员在一些适当的地方加入看门狗清 0 指令，看门狗重新从 0 开始计数。这样，在程序运行正常情况下，看门狗计数器永远达不到设定值。若程序"跑飞"，就没有给看门狗清 0，看门狗计数器会自动增加到设定值，强制整个系统复位。

为什么称为"看门狗"？因为，正常运行过程中加入了看门狗清 0 指令，相当于给狗喂食，狗不饿就不"叫"，一旦程序"跑飞"，看门狗计数器就会自动达到设定值，也就是没有人给狗喂食，狗就发出"叫声"。计算机设计者安排了强制复位，以便系统回到正常状态运行。对看门狗复位过程的处理，同其他热复位一并进行。

看门狗的应用是为了保证系统运行的稳定，但要注意的是，对于程序开发阶段，最好关闭看门狗。看门狗一旦开启，就必须要在相应的复位时间之内进行喂狗操作，给测试增加不必要的代码，同时开启的看门狗会在遇到可能存在的问题时复位系统，严重干扰程序调试时对错误的定位，看门狗功能的加入与检验应在软件开发的功能测试阶段后与交付阶段前之间这段时间完成。

样例程序 "..\04-Software\CH07\CH7.1-Wdog_RT-Thread_STM32L431" 给出了看门狗的测试方法。例中使用 wdog_start( )、wdog_feed( ) 两个函数对看门狗进行开启和喂狗操作。当开启看门狗时，如果将 for 循环中 wdog_feed( ) 这个喂狗操作注释，可以从图 7-1 看到串口输出的结果明显表示出程序不断复位，复位时间也与设定的基本一致；如果不注释（即在规定时间内喂狗）则程序正常运行，一直进行 for 循环，进行小灯状态切换和输出主程序循环提示。

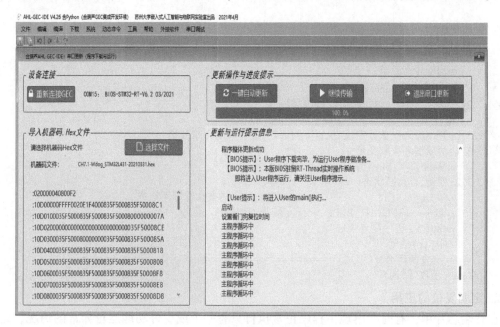

图 7-1　看门狗测试结果输出

下面给出主函数文件 main.c 中的内容：

```
#define GLOBLE_VAR
#include "includes.h"                              //包含总头文件
int main(void)
{
//(1)=====启动部分(开头)=======================================
//(1.1)声明 main 函数使用的局部变量
    uint32_t mMainLoopCount;                       //主循环次数变量

//(1.2)【不变】关总中断
    DISABLE_INTERRUPTS;

//(1.3)给主函数使用的局部变量赋初值
    mMainLoopCount=0;                              //主循环次数变量

//(1.4)给全局变量赋初值

//(1.5)用户外设模块初始化
    gpio_init(LIGHT_BLUE,GPIO_OUTPUT,LIGHT_ON);    //初始化蓝灯
    emuart_init(UART_User,115200);
```

```
//(1.6)使能模块中断
    uart_enable_re_int(UART_User);
//(1.7)【不变】开总中断
    ENABLE_INTERRUPTS;
    printf("启动\n");
    printf("设置看门狗复位时间\n");
    wdog_start(2000);                //启动看门狗,复位定时为2 s

//(1)=====启动部分(结尾)=======================================

//(2)=====主循环部分(开头)=====================================
    for(;;)    //for(;;)(开头)
    {
//(2.1)主循环次数变量+1
        mMainLoopCount++;
//(2.2)未达到主循环次数设定值,继续循环
        if (mMainLoopCount<=2000000)    continue;
//(2.3)达到主循环次数设定值,执行下列语句,进行灯的亮暗处理
//(2.3.1)清除循环次数变量
        mMainLoopCount=0;
//(2.3.2)喂狗,灯切换状态
        //wdog_feed();                //喂狗,该语句被注释即不喂狗
        gpio_reverse(LIGHT_BLUE);     //灯状态切换
        printf("主程序循环中\n");
    }   //for(;;)结尾
//(2)=====主循环部分(结尾)=====================================
}   //main 函数(结尾)
```

2. 定期复位的应用

在终端芯片中,有时会出现主程序正常执行只有一个或少许功能运行异常的情况,这时由于喂狗操作仍然定期进行,程序并不会为排除异常主动实现复位重启。定期复位方法就是每隔指定时间主动进行一次终端程序复位重启操作。对于实时性要求不那么高的系统来说,主动重启不会对整个系统的功能造成破坏,而且可以避免出现看门狗无法监控的程序异常,保证系统功能正常运行。

在使用 ARM Cortex-M 内核的芯片中,可以使用 NVIC_SystemReset() 系统复位函数进行软件强制复位操作,这样更便于同类型内核芯片间的复用和移植。STM32L431 芯片的 NVIC_SystemReset() 系统复位函数具体如下所示:

```
void __NVIC_SystemReset(void)
{
    __DSB();          //重置之前,确保所有未完成的内存访问(包括缓冲写入)均已完成
    SCB->AIRCR = (uint32_t)((0x5FAUL << SCB_AIRCR_VECTKEY_Pos) |
    (SCB->AIRCR & SCB_AIRCR_PRIGROUP_Msk) |
    SCB_AIRCR_SYSRESETREQ_Msk);      //保持优先级组不变
    __DSB();          //确保完成内存访问
    for(;;)           //等待直到重启
    {
        __NOP();
    }
}
```

其中,__DSB() 为 ARM 内核中自带的数据同步隔离汇编指令。在实际应用中,设定定时重启

时间为 n 小时，即每过 n 个小时完成一次终端重启。需要注意的是，只有在没有重要任务运行的情况下重启才是合适的。

7.1.3　临界区的处理

一般来说，临界资源主要分硬件和软件两种，硬件临界资源如串行通信接口等，软件临界资源如消息缓冲队列、变量、数组、缓冲区等，访问临界资源的那段代码称为临界区（Critical Section）。临界区也称为代码临界段，指处理时不可分割的代码，一旦这部分代码开始执行，则不允许被任何情况扰。

在 NOS 下，为确保临界段代码的执行，在进入临界段之前要关中断，且临界段代码执行完后应立即开中断。在串口中断组帧函数内，用到了临界区的概念，设串口中用于接收数据的数组 gcRecvBuf [ ] 为全局变量，为了防止在中断过程中串口接收中断被更高级别的中断所抢占，从而有可能改变全局变量 gcRecvBuf [ ] 的数据，影响程序的正确性，因此在串口接收中断中引入临界区的概念，将组帧函数放置于临界区内以确保程序的正确执行。

在 RTOS 下，为确保临界段代码的执行，可以利用信号量或互斥量来保证进程对临界资源的互斥访问。进程在进入临界区之前，应先对欲访问的临界资源进行检查，看它是否正被访问。如果此刻该临界资源未被访问，进程便可进入临界区对该资源进行访问，并设置它正被访问的标志；如果此刻该临界资源正被某线程访问，则本线程不能进入临界区。有一些如 RT-Thread 的操作系统中，对系统临界代码段的保护采用关闭中断方式进行。

7.2　ISR 设计、线程划分及优先级安排问题

ISR 与线程是 RTOS 不可缺少的部分，本节对这两方面的相关问题做简要介绍。

7.2.1　ISR 设计的基本问题

中断服务程序（ISR）是 RTOS 的重要组成部分，很多时候都会遇到 ISR 与线程之间的优先关系问题。不同操作系统对 ISR 与线程优先级的处理不同，例如在 MQX 中对线程优先级和中断优先级的关系进行了处理，线程能屏蔽优先级比它低两级的硬件中断；而在 RT-Thread 中，则是默认线程优先级与中断优先级不做关联，无论线程优先级设置为多少，对中断不造成影响，无法屏蔽任何中断。

线程对中断的屏蔽是依靠相应的寄存器来实现的，在 ARM Cortex-M 内核的微处理器中，提供了用于中断屏蔽的 PRIMASK、FAULTMASK 和 BASEPRI 特殊功能寄存器。当 PRIMASK 寄存器为 1 时，将屏蔽所有可编程优先级的中断；当 FAULTMASK 为 1 时，屏蔽了优先级低于 -1 级的所有中断；BASEPRI 寄存器用于屏蔽低于某一阈值优先级的中断，该寄存器可以灵活用于屏蔽低于线程优先级的一些中断，从而为线程的运行提供相对安静的空间，减少对实时线程和紧急线程的干扰，当该寄存器的值设置为 0 时，不屏蔽任何中断。故用户可以合理使用相应的寄存器来进行中断屏蔽，满足自身的功能需要。

RTOS 使用 ISR 来处理硬件中断和异常。用户 ISR 并不是一个线程，而是一个能快速响应硬件中断和异常的高速短例程，通常是用 C 语言编写，功能主要包括：服务设备、清除错误状况、给线程发信号等。通常情况下，用户 ISR 用于告知线程已经就绪，有多种方法使得线程处于就绪状态，例如设置一个事件位或向消息队列发送一个消息等。而线程的优先级决定了对来

自中断源信息的处理速度，故一般与中断关联的线程优先级尽可能高，这样能保证及时处理中断送来的信息。ISR 程序设计的基本要求是短小精悍。

7.2.2　线程划分的简明方法

普通线程的概念是相对中断服务程序而言的，其中，硬件驱动线程直接干预硬件，硬件驱动是不可重入的，只能由一个线程所控制，如串口实际发送数据的线程在工作时，其他线程不能进行直接干预，否则会出现二义性，如果需调用串口实际发送数据的线程，必须要通过同步手段，互斥调用，这些线程优先级不必设置过高。还有部分紧急线程，这类线程必须在指定时间内得到执行，否则会出现重大影响，这类线程需要设置高优先级，甚至可以放到中断服务程序中。对于线程的划分标准有多种，没有哪一种标准是最好的，只能选取最适合操作系统的一种，下面给出线程划分的几个简明原则。

1）功能集中原则。对于功能联系较紧密的工作可以作为一个线程来实现，但如果都以一个线程来进行相互间的数据通信，会影响系统效率，所以可在线程中安排多个独立的模块来完成。

2）时间紧迫原则。对于实时性要求较高的线程，应分配较高的优先级，这样可以确保事件的实时响应。例如，在具有帧通信的系统中，接收数据在 ISR 中，解帧在线程中，此时解帧线程优先级设定应高于其他线程，一般使接收到的数据得到及时解帧。不同线程的优先级可根据线程的紧迫性在线程模板列表中予以修改。

3）周期执行原则。对于一个需周期性执行的线程，可以将所等待的信号量置于线程循环体之前。

7.2.3　线程优先级安排问题

大多数 RTOS 操作系统均支持优先级的抢占，当某个高优先级的线程处于就绪状态时，就可以马上获得 CPU 资源得以运行。合理的设置线程的优先级可以减少内存的损耗、有利于提高线程的调度速度和提高系统的实时性，所以线程优先级的安排非常重要。

在 RT-Thread 中，就绪列表中每个不同优先级对应的索引下都有着各自的就绪链表，线程优先级值设置过大，将会增加内存的损耗，使线程就绪列表的距离拉大，增加线程调度查询就绪线程的时间。所以用户线程优先级的最大值，应根据系统的线程数合理设置，不宜过大。

线程的调度主要是基于优先级的，好的线程优先级安排可以大大提高操作系统的执行效率，在优先级的安排上，线程越紧急，安排的优先级越高；还有一些要在指定时间内被执行的线程，这些线程所指定的时间越短，线程的优先级被安排得越高；线程的执行频率越低，耗时越短，其优先级越高，这样会使系统中线程的平均响应时间最短。具体来说，线程优先级的安排要点可以总结如下几点：

1）自启动线程优先级最高。初始自启动线程是 RTOS 启动时运行的第一个线程，一般用于创建其他的线程，当其他线程创建好后，直接进入阻塞状态不再执行。该线程优先级应该设置为最高，否则一旦有更高优先级的线程创建后，自启动线程会被抢占，导致还有一些线程无法被创建的情况。

2）紧迫性线程优先级安排。对于紧迫性、关键性线程，一般与中断服务程序（ISR）关联，优先级要尽可能高，有利于系统的实时性和数据信息处理的完整性。对于有时间要求的周期性或者无周期性线程，按照执行时间的紧迫程度排序，越紧迫安排的优先级越高。

3）同优先级线程的安排。对于没有特殊优先执行的几个线程，可以将优先级设置成同一级，这样可降低优先级使用的最大值，有利于减少就绪列表的个数，降低内存的开销，提高线程调度查询的速度。

4）有执行顺序要求的安排。有执行顺序的线程，根据信息传递的顺序，上游线程安排高的优先级，下游线程安排低的优先级。

5）低优先级的安排。运行时间较长的线程往往是用于数据处理，需要花费很长的时间，所以此类线程应该分配较低的优先级，一直可以处于就绪的线程优先级应设为最低，以免其长期占用 CPU 资源。

总之，合理设置线程的优先级可以减少内存的损耗、有利于提高线程的调度速度、提高系统可靠性和信息处理的完整性。但要注意的是，优先级安排要考虑到消息、信号量等线程间通信方式的使用，避免造成死锁，在软件设计时应尽量使互斥资源在相同优先级的线程中使用，若必须在不同优先级的线程中使用，则要注意对死锁的解锁处理。

7.3　利用信号量解决并发与资源共享的问题

7.3.1　并发与资源共享的问题

1. 银行取钱问题

银行取钱可以分为以下 4 个步骤：

1）用户输入账户密码，系统判断账户密码是否匹配。

2）用户输入取钱金额。

3）系统判断账户余额是否大于取钱金额。

4）如果账户余额大于取钱金额，则取钱成功，如果余额小于取钱金额，则取钱失败。

对于上述过程进行编程，可以先定义一个账户类，该账户类封装了账户编号和余额两个实例变量，接下来，进行取钱操作，判断账户是否正确，若正确则进行取钱操作，当余额不足时不能取出现金，当余额足够时，取出现金且余额减少。

现有一账户余额 1000 元，同时有两个取钱线程（A 和 B）对账户同时取 800 元，有可能会导致取出 1600 元，余额-600 元的结果。

在并发线程中，线程 A 会在何时转去执行线程 B 是不可预知的，那么就有可能出现下述的情况：当线程 A 判断完余额后就转去运行线程 B，由于此时的余额仍然是 1000 元，满足取钱的条件，线程 B 取走 800 元，余额为 200 元，再接着运行线程 A，由于之前已经对余额判断过了，满足条件，线程 A 取出 800 元，余额-600 元。

上述的问题主要是由多线程并发，以及对同一资源进行操作而引发的。

2. 并发的问题

现代操作系统是一个并发的系统，并发性是它的重要特征，操作系统的并发性指它具有处理和调度多个程序同时执行的能力。例如：多个 I/O 设备同时在输入输出；内存中同时有多个系统和用户程序被启动交替、穿插地执行等。

并发性虽然能有效改善系统资源的利用率，但也会引发一系列的问题，例如上述银行取钱的问题，由于 A 和 B 两个线程并发的执行，若不加"约束"，就会对结果造成很大的影响。

3. 共享缓冲区的问题

缓冲区（buffer）是内存空间的一部分。在内存空间中预留了一定的存储空间，这些存储空间用来缓冲输入或输出的数据，这部分预留的空间就是缓冲区。缓冲区的引入是为了解决高速设备与低速设备之间处理速度的不匹配的问题。例如操作系统 I/O 中的缓冲池，CPU 的处理速度是很快的，每秒钟百万条字节，而磁盘的输入输出的处理相对就慢很多，所以要有一个缓冲区用来缓和它们之间性能上的差异。

共享缓冲区有效解决了高速与低速设备之间速度不匹配的问题，但也带来了数据安全性等一些问题，例如同时读写文件的情况，由于文件是多个线程所共享的，若同时对文件进行读写，会出现数据读写不全或数据缺失等问题。

对于上述的问题，利用信号量中的生产者–消费者模型，就可以很好地解决。

7.3.2 应用实例

生产者–消费者的模型便是信号量的经典用法之一，该模型能很好地解决多线程并发以及共享缓冲区引发的一系列的问题。

1. 模型的描述

1）建立一个生产者线程，N 个消费者线程（N>1）。

2）生产者和消费者共用一个缓冲区，只能互斥访问缓冲区，并且缓冲区最多只能存放 Max 个资源。

3）生产者线程向缓冲区中写入 1 个资源，当存储空间满时，生产者不能向缓冲区写入资源，生产者线程阻塞。

4）消费者线程从缓冲区获取 1 个资源，当缓冲区中为空时，消费者不能从缓冲中获取资源，消费者线程阻塞。

2. 编程过程

这里将举例说明如何实现生产者–消费者模型，样例工程参见 "..\04-Software\CH07\CH7.3-Semaphore_RT-Thread_STM32L431"，通过串口输出生产者–消费者模型在某一阶段相应的提示信息，基本过程如下。

（1）定义相关信号量并赋初值

1）定义信号量以及全局变量。在 includes.h 文件中定义一个记录缓冲区中资源数的信号量（g_SPSource），一个记录缓冲区中空闲内存数的信号量（g_SPFree），一个记录缓冲区互斥量（g_Mutex），以及一个队列（g_Queue）代码如下：

```
G_VAR_PREFIX rt_mutex_t   g_Mutex;        //定义进入缓冲区的互斥量
G_VAR_PREFIX rt_sem_t   g_SPSource;        //定义缓冲区中资源数的信号量
G_VAR_PREFIX rt_sem_t   g_SPFree;          //定义缓冲区中空闲空间的信号量
G_VAR_PREFIX Queue_t   * g_Queue;          //声明队列
```

2）定义结构体变量。定义一个结构体类型数据，用于存放数据，并将此结构体类型放入队列中，其具体声明如下：

```
typedef struct BufferDate
{
    uint32_t   data;                        //数据
} BufferDate_t;                             //声明缓冲区结构体
```

3）给信号量赋初值：在本节样例程序中，在 07_AppPrg/threadauto_appinit.c 中给信号量以及队列赋初值，代码如下：

```
g_Mutex = rt_mutex_create("g_Mutex",RT_IPC_FLAG_PRIO);              //创建互斥量
g_SPFree = rt_sem_create("g_SPFree",10,RT_IPC_FLAG_FIFO);          //创建空闲空间的信号量
g_SPSource = rt_sem_create("g_SPSource",0,RT_IPC_FLAG_FIFO);       //创建资源数的信号量
g_Queue = queue_init(sizeof(BufferDate_t),QUE_MAXSIZE);           //初始化队列
```

其中，rt_sem_create(const char * name,uint32_t value,uint8_t flag)表示申请 value 个信号量，初始时系统拥有 value 个信号量。

（2）生产者线程

生产者线程在进入缓冲区之前，先等待空闲空间的信号量 g_SPFree，保证缓冲区中有空闲空间存放资源。若有该信号量，再等待缓冲区互斥量 g_Mutex，以保证某一时刻最多只能有一个线程进入缓冲区。当上述的条件都满足时，生产者进入缓冲区，将一个自定义的结构体数据放入队列中。生产者线程完成此线程以后，先释放缓冲区资源数的信号量 g_SPSource，以便"告知"消费者线程此时缓冲区有可供使用的资源，再释放缓冲区互斥量，能够让别的进程进入缓冲区，其具体代码如下：

```
#include "includes.h"
// ====================================================================
//函数名称:thread_producer
//函数返回:无
//参数说明:无
//功能概要:生产者线程,向共享缓冲区中放入一个资源
//内部调用:无
// ====================================================================
void thread_producer(void)
{
    //(1)=====声明局部变量 ===========================================
    uint32_t node_number;                         //记录队列中元素编号
    uint32_t  data;
    BufferDate_t  buffer_data;                    //缓冲区数据结构体
    Queue_node_t * indexnode;                     //声明队列索引结点
    BufferDate_t out_data;                        //声明读取队列结点的内容结构体变量
    data=1;                                       //资源数据初始化
    printf("第一次执行生产者线程\r\n");
    //(2)=====主循环(开始)===========================================
    while (1)
    {
        //(2.1)等待缓冲区中空闲空间
        printf("生产者等待空闲空间\n");
        rt_sem_take(g_SPFree,RT_WAITING_FOREVER);  //等待空闲空间信号量
        //(2.2)获得缓冲区中的空闲空间,等待进入缓冲区
        printf("生产者等待缓冲区\n");
        rt_mutex_take(g_Mutex,RT_WAITING_FOREVER); //等待缓冲区互斥量
        g_Thread_count++;                          //缓冲区中线程数加1
        //(2.3)进入缓冲区,存放一个资源
        printf("生产者进入缓冲区\n");
        printf("生产者生产一个资源\n");
        printf("队列中放入一个数据\n");
        buffer_data.data=data;                     //资源放入缓冲区中
        data++;                                    //资源内容更新
        queue_in(g_Queue,&buffer_data,QUE_MAXSIZE);//结构体进队列
```

```
        printf("入队完成！当前队列中有%d 个元素:\n",queue_count(g_Queue));
        indexnode=g_Queue->m_front;              //初始化索引结点为队首结点
        node_number=1;                           //初始化索引结点的标号
        while(indexnode!=NULL)                   //打印出队列中的数据
        {
            out_data= * (BufferDate_t * )indexnode->m_data;
            printf("第%d 个数据为:%d\n",node_number,out_data. data);
            indexnode=indexnode->m_next;
            node_number++;
        }
        rt_sem_release(g_SPSource);              //释放一个缓冲区中资源的信号量
        g_Free_count--;                          //缓冲区中空闲数减 1
        g_Source_count++;                        //缓冲区中资源数加 1
        printf("空闲数=%d\n",g_Free_count);
        //(2.4)离开缓冲区
        rt_mutex_release(g_Mutex);               //释放缓冲区
        //(2.5)延迟 2 s
    delay_ms(2000);                    //延时 2 s
}//(2)=====主循环(结束)===================================
}}
```

(3) 消费者线程

消费者线程在进入缓冲区之前，首先等待缓冲区资源数的信号量 g_SPSource，保证缓冲区中有可供使用的资源。若有该信号量，再区等待缓冲区互斥量 g_Mutex，保证某一时刻最多只能有一个线程使用缓冲区。当上述的条件都满足时，消费者可进入缓冲区，从队列中的一个数据出队。消费者线程完成线程以后，先释放空闲空间的信号量 g_SPFree，以便"告知"生产者线程此时缓冲区中有空闲空间存放资源，再释放缓冲区的信号量，能够让别的进程进入缓冲区。以消费者 1 线程为例，其他消费者线程类似，其具体代码如下：

```
#include "includes. h"
//================================================================
//函数名称:thread_consumer1
//函数返回:无
//参数说明:无
//功能概要:消费者线程,从公共缓冲区中取出一个资源
//内部调用:无
//================================================================
void thread_consumer1(void)
{
    //(1)=====声明局部变量===================================
    int    node_number;                          //记录队列中元素编号
    Queue_node_t * indexnode;                    //声明队列索引结点
    BufferDate_t out_data;                       //声明读取队列结点的内容结构体变量
    printf(" 第一次执行消费者 1 线程\r\n");
    //(2)=====主循环(开始)===================================
    while (1)
    {
        //(2.1)等待缓冲区中资源
        printf("消费者 1 等待资源\n");
        rt_sem_take(g_SPSource,RT_WAITING_FOREVER);  //等待缓冲区中的资源
        //(2.2)获得缓冲区中的资源,等待进入缓冲区
        printf("消费者 1 等待缓冲区\n");
```

```
        rt_mutex_take(g_Mutex,RT_WAITING_FOREVER);      //等待缓冲区互斥量
        //(2.3)进入缓冲区
        printf("消费者 1 进入缓冲区\n");
        printf("消费者 1 消耗一个资源\n");
        printf("队列中取出一个数据\n");
        queue_out(g_Queue);                              //出队一个结点
        indexnode=g_Queue->m_front;                      //初始化索引结点为队首结点
        node_number=1;                                   //初始化索引结点的标号
        printf("出队完成! 当前队列中有%d 个元素:\n",queue_count(g_Queue));
        while(indexnode!=NULL)                           //打印出队列中的数据
        {
            out_data = * (BufferDate_t * )indexnode->m_data;
            printf("第%d 个数据为:%d\n",node_number,out_data. data);
            indexnode=indexnode->m_next;
            node_number++;
        }
        rt_sem_release(g_SPFree);                        //释放一个缓冲区中空闲的信号量
        g_Free_count++;                                 //缓冲区中的空闲数加 1
        g_Source_count--;                               //缓冲区中的资源数减 1
        printf("资源数=%d\n",g_Source_count);
        //(2.4)释放缓冲区互斥量
        rt_mutex_release(g_Mutex);                       //释放缓冲区
        //(2.5)延迟 2 s
        delay_ms(2000);                                  //延时 2 s
    }//(2)======主循环(结束)==========================================
}
```

3. 程序执行流程分析与运行结果

　　每当生产者线程想要生产一个资源时，会经过以下流程：申请一个空闲空间信号量→申请进入缓冲区→进入缓冲区→生产一个资源（数据进队列）→释放一个缓冲区资源的信号量→离开缓冲区（释放缓冲区资源）。

　　每当消费者线程想要消费一个资源时，会经过以下流程：申请一个缓冲区资源的信号量→申请进入缓冲区→进入缓冲区→消耗一个资源（数据出队列）→释放一个空闲空间信号量→离开缓冲区（释放缓冲区资源）。

　　程序开始运行后，通过串口输出某一个线程（可能是消费者线程或者生产者线程）在某一时刻的运行情况，结果如图 7-2 所示。

图 7-2　"生产者-消费者"模型的运行结果

7.4 优先级反转问题

优先级反转问题是一个在操作系统下编程可能出现的错误，若运用不当可能引起严重问题，本节首先给出优先级反转问题的实例，再给出优先级反转问题的一般描述，并利用程序进行演示，以直观地描述出现优先级反转的场景，随后给出使用 RT-Thread 互斥量避免优先级反转问题的编程方法，第 12 章将对其原理进行剖析。

7.4.1 优先级反转问题的出现

1. 优先级反转问题实例——火星探路者问题

"火星探路者"于 1997 年 07 月 04 日在火星表面着陆。在开始的几天内工作稳定，并传回大量数据，但是几天后，"探路者"开始出现系统复位、数据丢失的现象。经过研究发现是发生了优先级反转问题。

其中有如下两个线程需要互斥访问共享资源"信息总线"：

T1：总线管理线程，高优先级（这里用 T1 表示），负责在总线上放入或者取出各种数据，频繁进行总线数据 I/O，它被设计为最重要的线程，并且要保证能够每隔一定的时间就可以操作总线。对总线的异步访问是通过互斥信号量来保证的。

T6：数据收集线程，优先级低（这里用 T6 表示），它运行频度不高，只向总线写数据，并通过互斥信号量将数据发布到"信息总线"。

如果"数据收集线程 T6"持有信号量期间，"总线管理线程 T1"就绪，并且也申请获取信号量，则总线管理线程阻塞，直到数据收集线程释放信号量。

这样看起来会工作很好，当数据收集线程很快完成后，高优先级的总线管理线程会很快得到运行。

但是，另有一个需要较长时间运行的通信线程（这里用 T3 表示），其优先级比 T6 高，比 T1 低，在很少情况下，如果通信线程被中断程序激活，并且刚好在总线管理线程（T1）等待数据收集线程（T6）完成期间就绪，这样 T3 将被系统调度，从而比它低优先级的数据收集线程 T6 得不到运行，因而使最高优先级的总线管理线程（T1）也无法运行，一直被阻塞在那里。在经历一定的时间后，看门狗观测到"总线"没有活动，将其解释为严重错误，并使系统复位。

2. 优先级反转问题的一般性描述

可从一般意义上描述优先级反转问题。当线程以独占方式使用共享资源时，可能出现低优先级线程先于高优先级线程被运行的现象，这就是线程优先级反转问题，可进行如下一般性描述。

假设有三个线程 Ta、Tb、Tc，其优先级分别记为 Pa、Pb、Pc，且有 Pa>Pb>Pc，Ta 和 Tc 需要使用一个共享资源 S，Tb 并不使用 S。

又假设用互斥型信号量 x(x=0,1)标识对 S 的独占访问，初始时 x=1。表 7-1 给出了一个运行时序。设 t0 时刻，Tc 开始运行并且获取信号量（即将 x 由 1 变为 0），使用 S。t1 时刻，Ta 被调度运行（因为 Pa>Pc，可以抢占 Tc），运行到 t2 时刻，需要访问 S，但 Tc 并没有释放 S（也就是 x 还是处于 0 状态，只有 Tc 把 x 返回为 1，Ta 才能使用 S），所以 Ta 只好进入阻塞列表，直到 x=1，才能出阻塞列表，进入就绪列表，被重新调度运行。若 t3 时刻，Tb 抢占 Tc 获得运行，这样就出现了 Tb 虽然优先级比 Ta 低，但比 Ta 先运行，不合理，这就是优先级反转问题。

表 7-1　优先级反转过程

时刻	线程 Ta（高优先级 Pa）	线程 Tb（中优先级 Pb）	线程 Tc（低优先级 Pc）
t0	阻塞	阻塞	运行并获取信号量
t1	抢占 Tc 并运行	阻塞	阻塞
t2	试图获取线程 Tc 的信号量，未获得，阻塞等待信号量释放	阻塞	重新获得 CPU 使用权，继续运行
t3	阻塞	抢占线程 Tc 并运行	阻塞

样例工程 ".. \04-Software\CH07\CH7.4.1-PrioReverseProblem_RT-Thread_STM32L431"，给出了其模拟演示，图 7-3 给出了演示结果，从中可以直观地了解优先级反转问题。但是这个问题必须得到解决，7.4.2 小节将阐述其解决方法。

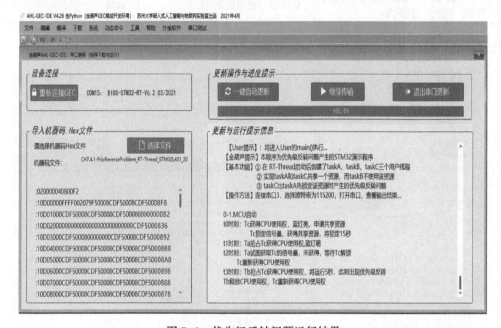

图 7-3　优先级反转问题运行结果

7.4.2　RT-Thread 中避免优先级反转问题的方法

上述分析可以看出，要解决优先级反转问题，可以在 Tc 获取共享资源 S 期间，将其优先级临时提高到 Pa，就不会出现 Tb 抢占，这就是所谓的优先级继承。一般表述如下。

设有两个线程 Ta、Tc，其优先级分别记为 Pa、Pc，且有 Pa>Pc，Ta 和 Tc 需要使用一个共享资源 S。优先级继承是指当 Tc 锁定一个同步量使用 S 期间，若 Ta 申请访问 S，则将 Pc 临时提高到 Pa，直到其释放同步量后，再恢复到原有的优先级 Pc，这样优先级介于 Pa 与 Pc 之间的线程就不会在 Tc 锁定 S 时抢占 Tc，避免了优先级反转问题。

RT-Thread 中的互斥量就具有此功能，因此使用互斥量作为同步量即可解决上述例子中的优先级反转问题。

此处给出使用互斥量的优先级继承方法解决优先级反转问题的例程，具体程序可参见

"..\04-Software\CH07\CH7.4.2-PrioReverseSolve_RT-Thread_STM32L431"。设置三个线程线程 taskA、taskB、taskC，优先级分别为 Pa、Pb、Pc，且 Pa>Pb>Pc。程序具体的一次运行过程如表 7-2 所示。

表 7-2　互斥量解决优先级反转问题运行过程

时刻	线程 taskA（高优先级 Pa）	线程 taskB（中优先级 Pb）	线程 taskC（低优先级 Pc）
0 s	处于延时阻塞列表	处于延时阻塞列表	获得 CPU 使用权，运行并获取互斥量
5 s	抢占 Tc 并运行，试图获取线程 Tc 的互斥量，未获得，临时提升线程 Tc 的优先级至 Pa，阻塞等待互斥量释放	试图获得 CPU 使用权，但优先级低于线程 Ta 和 Tc，阻塞	运行
15 s	获取互斥量和 CPU 使用权并运行	阻塞	释放互斥量，一次流程执行完毕，进入就绪列表，等待下一次执行
20 s	一次流程执行完毕，进入延时阻塞列表，等待下一次执行	获得 CPU 使用权并运行	就绪

程序烧录后运行结果如图 7-4 所示。

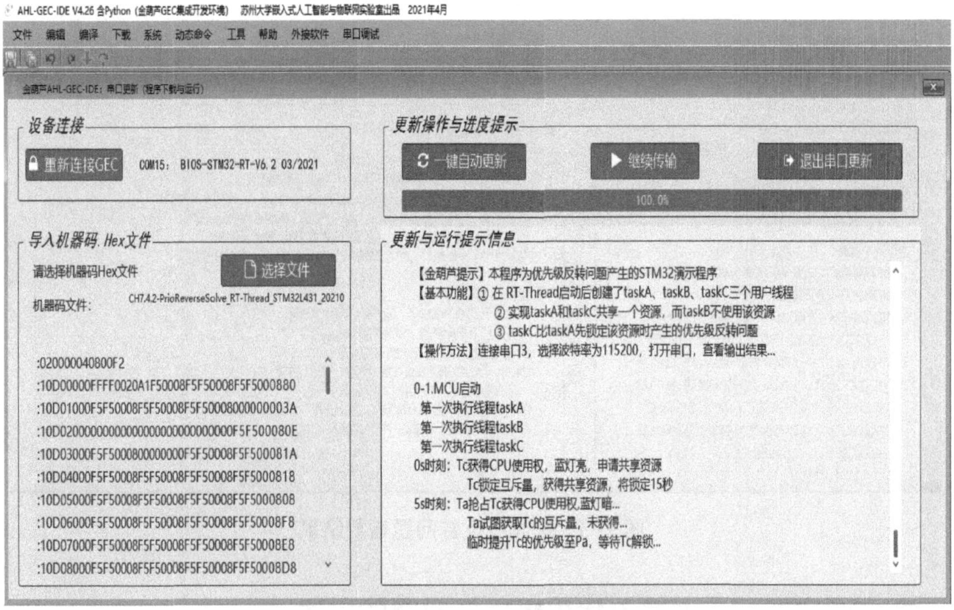

图 7-4　解决优先级反转问题运行结果

具体操作步骤如下。

1. 声明和初始化互斥量

在 includes.h 文件中对要使用的互斥量进行声明。

```
G_VAR_PREFIX rt_mutex_t mutex_S;
```

在 threadauto_appinit.c 文件中对该互斥量进行初始化。

```
mutex_S = rt_mutex_create("mutex_S",RT_IPC_FLAG_PRIO);//初始化互斥量
```

2. 声明和运行线程

在 includes.h 文件中声明三个线程函数。

```
void thread_taskA(void);              //taskA 线程函数声明
void thread_taskB(void);              //taskB 线程函数声明
void thread_taskC(void);              //taskC 线程函数声明
```

在 threadauto_appinit. c 文件中创建三个线程并启动它们开始运行。

```
thread_t thd_taskA;
thread_t thd_taskB;
thread_t thd_taskC;
//创建三个任务线程
thd_taskA = rt_thread_create("taskA", (void *)thread_taskA, 0, 512, 9, 10);
thd_taskB = rt_thread_create("taskB", (void *)thread_taskB, 0, 512, 10, 10);
thd_taskC = rt_thread_create("taskC", (void *)thread_taskC, 0, 512, 11, 10);
//启动三个任务线程
rt_thread_startup(thd_taskA);         //启动任务线程 taskA
rt_thread_startup(thd_taskB);         //启动任务线程 taskB
rt_thread_startup(thd_taskC);         //启动任务线程 taskC
```

3. 编写线程代码

（1）线程 taskC

```
#include "includes. h"
//=================================================================
//函数名称:thread_taskC
//函数返回:无
//参数说明:无
//功能概要:最低优先级线程
//内部调用:无
//=================================================================
void thread_taskC(void)
{
    //(1)=====声明局部变量=====================================
    int i,j,t,t0;
    gpio_init(LIGHT_BLUE,GPIO_OUTPUT,LIGHT_OFF);
    printf("第一次执行线程 taskC\r\n");
    //(2)=====主循环(开始)===================================
    while(1)
    {
        printf("0s 时刻;Tc 获得 CPU 使用权,蓝灯亮,申请共享资源\r\n");
        gpio_set(LIGHT_BLUE,LIGHT_ON);
        rt_mutex_take(mutex_S,RT_WAITING_FOREVER);        //Tc 申请互斥量
        printf("Tc 锁定信号量,获得共享资源,将锁定 15s\r\n");
        //模拟 Tc 处于运行状态
        t0=rt_tick_get();                                 //获取时间嘀嗒(ms)
        i=0;
        while(i<15)
        {
            for (j=0;j<100;j++) __asm("nop");             //空循环防止读取时间嘀嗒过快
            t=rt_tick_get();
            if (t-t0>=1000)                               //到达 1 s
            {
                t0=t;                                     //更新 t0
                i++;                                      //秒数加 1
            }
```

```
        }
        //到此 Tc 结束运行状态
        printf("15s 时刻:Tc 解锁互斥量,优先级降为 Pc,释放共享资源,蓝灯亮...\r\n");
        gpio_set(LIGHT_BLUE,LIGHT_ON);
        rt_mutex_release(mutex_S);                     //Tc 释放互斥量
    }//(2)======主循环(结束)========================================
}
```

(2) 线程 taskB

```
#include "includes.h"
//===================================================================
//函数名称:thread_taskB
//函数返回:无
//参数说明:无
//功能概要:中等优先级线程
//内部调用:无
//===================================================================
void thread_taskB(void)
{
    //(1)======声明局部变量========================================
    int i,j,t,t0;
    printf("第一次执行线程 taskB\r\n");
    //(2)======主循环(开始)========================================
    while(1)
    {
        //模拟 Tb 比 Tc 晚 5 s 到达
        delay_ms(5000);
        //实际上 Tb 会先执行完上行语句进入延时等待列表后,再将 CPU 使用权让给 Tc
        printf("Tb 获得 CPU 使用权,将运行 5 s,成功避免优先级反转...\r\n");
        //模拟 Tb 处于运行状态
        t0=rt_tick_get();                              //获取时间嘀嗒(ms)
        i=0;
        while(i<5)
        {
            for (j=0;j<100;j++) __asm("nop");          //空循环防止读取时间嘀嗒过快
            t=rt_tick_get();
            if (t-t0>=1000)                            //到达 1 s
            {
                t0=t;                                  //更新 t0
                i++;                                   //秒数加 1
            }
        }
        //到此 Tb 结束运行状态
        printf("Tb 释放 CPU 使用权...\r\n\n\n");
        //为了便于无限循环,重复上述过程,将 Tb 放入延时阻塞列表 15 s
        delay_ms(4000);
    }//(2)======主循环(结束)========================================
}
```

(3) 线程 taskA

```
#include "includes.h"
//===================================================================
//函数名称:thread_taskA
```

```
//函数返回:无
//参数说明:无
//功能概要:最高优先级线程
//内部调用:无
//==============================================================
void thread_taskA(void)
{
    //(1)=====声明局部变量=======================================
    int i,j,t,t0;
    gpio_init(LIGHT_BLUE,GPIO_OUTPUT,LIGHT_OFF);
    printf("第一次执行线程 taskA\r\n");
    //(2)=====主循环(开始)=======================================
    while(1)
    {
        //模拟 Ta 比 Tc 晚 5 s 到达
        delay_ms(5000);
        //实际上 Ta 会先执行完上行语句进入延时等待列表后,再将 CPU 使用权让给 Tc
        printf("5s 时刻:Ta 抢占 Tc 获得 CPU 使用权,蓝灯暗... \r\n");
        gpio_set(LIGHT_BLUE,LIGHT_OFF);
        printf("Ta 试图获取 Tc 的互斥量,未获得... \r\n");
        printf("临时提升 Tc 的优先级至 Pa,等待 Tc 解锁... \r\n");
        rt_mutex_take(mutex_S,RT_WAITING_FOREVER);
        printf("Ta 锁定互斥量,获得共享资源,将锁定 5s... \r\n");
        //模拟 Ta 处于运行状态
        t0=rt_tick_get();                       //获取时间嘀嗒(ms)
        i=0;
        while(i<5)
        {
            for (j=0;j<100;j++) __asm("nop");    //空循环防止读取时间嘀嗒过快
            t=rt_tick_get();
            if (t-t0>=1000)                      //到达 1 s
            {
                t0=t;                            //更新 t0
                i++;                             //秒数加 1
            }
        }
        //到此 Ta 结束运行状态
        printf("20s 时刻:Ta 解锁互斥量,释放共享资源,蓝灯暗... \r\n");
        gpio_set(LIGHT_BLUE,LIGHT_OFF);
        rt_mutex_release(mutex_S);              //Ta 释放互斥量
        //为了便于无限循环重复上述过程,将 taskA 放入延时阻塞列表 5 s
        delay_ms(5000);
    }//(2)=====主循环(结尾)=======================================
}
```

4. 运行流程分析

taskC 首先到来,获得 CPU 使用权开始运行,点亮小灯并锁定互斥量。5 s 后,taskA 到来,由于 Pa>Pc,所以抢占 taskC 获得 CPU 使用权并熄灭小灯,但是当 taskA 运行至请求锁定互斥量时,发现 taskC 此时已锁定互斥量,因此 RT-Thread 会临时提升 taskC 的优先级至与 taskA 相同(即 Pa),使得 taskC 重新获得 CPU 使用权,使 taskA 等待 taskC 解锁互斥量。而紧随着 taskA 到来的 taskB,由于 taskC 优先级的提升,也进入等待状态。taskC 执行完毕后解锁互斥量并点亮小灯,taskA 获得 CPU 使用权继续运行,锁定互斥量。taskA 运行完毕后释放 CPU 使用权并熄灭小灯，taskB 获得 CPU 使用权后开始运行。在 taskA 等待 taskC 释放互斥量期间，由于临时提升了 taskC 的优先级，因此当 taskB 到来时不会抢占 taskC 的 CPU 使用权导致 taskA 的等待时间更长。由此成功解决了优先级比 taskA 低的 taskB 先于 taskA 运行的优先级反转现象。

7.5 本章小结

本章讨论 RTOS 下程序设计若干问题，包括稳定性问题；ISR 设计、线程划分及优先级安排问题；利用信号量解决并发与资源共享的问题；优先级反转问题等。

稳定性是软件的基石，嵌入式软件设计要努力做到保证 CPU 运行的稳定、保证通信的稳定、保证物理信号输入的稳定、保证物理信号输出的稳定等。可以使用看门狗技术、定时复位技术、处理好临界区等手段增强软件运行的稳定性。

对于中断服务程序，其基本要求是短、小、精、悍。对线程划分，可以按照功能集中原则、时间紧迫原则、周期执行原则等进行编程。关于线程优先级安排问题，可做如下考虑：自启动线程优先级最高；紧迫性线程优先级安排；没有特殊优先执行的几个线程，可设置为同一优先级；有执行顺序的线程，根据信息传递的顺序，上游线程安排高的优先级，下游线程安排低的优先级；给进行数据处理运行时间较长的线程安排低优先级。

关于利用信号量解决并发与资源共享的问题属于应该掌握的编程技巧，而优先级反转问题是一个在操作系统下编程可能出现的错误，可以使用互斥量来避免这种错误。

Part II

第8章　理解 RT-Thread 的启动过程

本章是全书的重点和难点，详细地剖析了 RT-Thread 的整个启动过程，采用分段剖析、流程图、代码注释等形式对启动过程涉及的 C 语言程序代码和汇编程序代码进行了细致的分析，以期帮助读者深入理解。由于本章内容涉及面广、知识点多且触及硬件底层编程，因此，在学习过程中必须有足够的耐心，才能更好地理解复杂的启动过程。本章学习好了，后续章节就会更容易理解与学习。本章分析样例"..\04-Software\CH08\CH8.1-RT-Thread_StartAnalysis_STM32L431"中的部分程序已经添加二次注释，可利用该样例充分理解 RT-Thread 的启动过程。

8.1　芯片启动到 main 函数之前的运行过程

不论是否有 RTOS，芯片的启动过程是一致的，均是要从复位向量处取得上电复位后要执行的第一个语句，接下来进行系统时钟初始化等工作，随后跳转到 main 处。

8.1.1　寻找第一条被执行指令的存放处

寻找第一条被执行指令的存放在哪里，是理解芯片启动的重要一环。要能在源程序中找到第一条被执行指令存放处，需要了解源程序生成机器码的基本过程及链接文件的作用，在此基础上可定位到第一条指令。

1. 源程序生成机器码的基本过程

要将 C 语言源程序变成可以下载到 MCU 中运行的机器码，需要经过预编译、编译、汇编、链接等基本过程，这一切都是通过开发环境自动完成的，如图 8-1 所示。

预编译是将源文件和头文件进行预处理，预处理过程中主要处理那些源代码文件中以"#"开始的预编译指令，比如将所有的宏定义（#define）展开，处理所有条件预编译指令（如#if、#ifdef、#elif、#else 等），处理所有包含指令

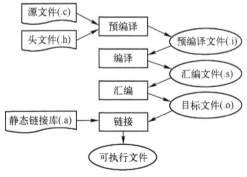

图 8-1　源程序生成机器码过程

（即#include 指令，将被包含的文件插入到语句的位置，该过程是递归执行的，因为一个文件可能又包含其他文件。）等。预编译生成 .i 文件。

编译是将高级语言（此处为 C 语言）翻译成汇编语言的过程，编译生成汇编语言文件（.s 为扩展名）。

汇编是将汇编代码转为机器可以直接执行的机器码。每条汇编指令基本都对应于一条或多条机器指令，根据汇编指令和机器指令的对照表翻译完成，汇编生成目标代码文件（.o 为扩展名）。但它们中的有关存储器的地址是相对的，绝对地址没有确定，需要参考链接文件（.ld）才能将各个 .o 文件"链接"在一起。

链接是将生成的目标文件（.o）和静态链接库（.a）等，在链接文件（.ld）的指引下，生成机器码文件（.hex 及 .elf 等）。

2. 链接文件（.ld）的作用

脚本是指表演戏剧、拍摄电影等所依据的底本又或者书稿的底本，也可以说是故事的发展大纲，是用来确定故事到底是在什么地点，什么时间，有哪些角色，角色的对白、动作、情绪的变化等。而在计算机中，脚本（Script）是一种批处理文件的延伸，是一种纯文本保存的程序，是确定的一系列控制计算机进行运算操作动作的组合，在其中可以实现一定的逻辑分支等。链接脚本文件，简称链接文件，用于控制链接的过程，规定了如何把输入的中间文件中的 section 映射到最终目标文件内，并控制目标文件内各部分的地址分配。它为链接器提供链接脚本，是以 .ld 或 .lds 为扩展名的文件。实际上，集成开发环境均使用一个名为 makefile 的文本文件进行自动编译，其中会使用到链接脚本文件，通过它完成整个编译链接过程，但在集成开发环境中一般只以"编译"菜单指示。

3. 在链接文件中找到中断向量表存放在 Flash 中的起始地址

中断向量表是一个连续的存储区域，它按照中断向量号从小到大的顺序填写中断服务程序（ISR）的首地址。中断向量表一般存放在 Flash 中，需要在链接文件中定义出一块区域用来存放。例如，在样例工程"..\03_MCU\Linker_file"文件夹下的 STM32L431RCTX_FLASH.ld 文件，就是一个链接文件，该文件中的 MEMORY 命令段，有个"INTVEC（rx）：……"语句，确定了一个名为 INTVEC 的存储区域，（rx）表示该区域存放可读取的代码，其中，r 代表 readable，x 代表 executable。例如，确定起始地址为 0x0800d000，长度为 2048 字节。

接下来的 SECTIONS 命令分出一个区域给标号".isr_vector"使用，且 8 字节对齐。

```
.isr_vector :
  {
    . = ALIGN(8);
    KEEP( * (.isr_vector))      /* Startup code */
    . = ALIGN(8);
  } >INTVEC
```

4. 芯片启动文件使用链接文件确定的中断向量表首地址

在芯片启动文件"..\startup\startup_stm32l431rctx.s"中，找到标号".isr_vector"，由此地址放入中断向量表。编译后，可在"..\Debug"文件夹下的 .map 文件中找到 .isr_vector，就是 0x0800d000，这就是中断向量表的起始地址。下面接着由启动文件 startup_stm32l431rctx.s 理解芯片启动过程。

8.1.2　从启动文件 startup_stm32l431rctx.s 理解芯片启动过程

在启动文件"..\startup\ startup_stm32l431rctx.s"中，包含了中断向量表及启动代码。中断向量表按照中断向量号的顺序存放中断服务程序入口地址，每个中断服务程序入口地址占用 4 字节地址单元，本书所采用的 MCU 在存储区 0x0800_d000~0x0800_d800 地址范围存放中断向量表，每 4 字节存放一个中断服务程序的入口地址。中断服务程序的入口地址又称为中断向量或中断向量指针，它指向中断服务程序在存储器中的位置。例如，中断向量表中第 1 个表项标识"_estack"，硬件上确定其为初始 SP 值。第 2 个表项，硬件上确定其功能为存放复位后执行代码的地址，所以俗称"复位向量"。这里为"Reset_Handler："，那么复位后，程序就从此开始执行了，可以看到第 1 个可执行指令就是一个汇编语句，把链接文件中给出的栈初值_estack 又给 SP 寄存器赋值一次。

```
Reset_Handler:
    ldr    sp, =_estack           /* Atollic update: set stack pointer */
    movsr1, #0
```

下面对 startup_stm32l431rctx.s 文件部分内容进行剖析,如表 8-1 所示。

表 8-1　启动文件 startup_stm32l431rctx.s 剖析

内　容	剖　析

/* Reset_Handler 入口 */
.section   .text.Reset_Handler
.weak   Reset_Handler
.type   Reset_Handler, %function
Reset_Handler:
    ldr   sp, =_estack
......
    /* 把数据从 ROM 复制到 RAM 中 */
    /* 给未初始化的变量赋初值"0" */
......
bl   SystemInit
bl   Vectors_Init
bl   __libc_init_array
	(1) 复位处理程序 Reset_Handler 的实现。内容包括:把数据从 Flash 复制到 RAM 中(因为 RAM 的数据段中所定义变量的初值在芯片上电时存在 Flash 中,故需要将它复制到 RAM 中)、给未初始化的 bss 段变量赋初值 0、调用 SystemInit 函数初始化系统时钟、调用 Vectors_Init 继承 BIOS 中断向量表、调用静态构造函数 __libc_init_array 初始化标准库函数

bl main	(2) 调用 main 函数(即转到 ..\main.c 函数运行,由它完成操作系统的启动)

.section   .text.Default_Handler,"ax",%progbits
Default_Handler:
Infinite_Loop:
    b   Infinite_Loop
    .size   Default_Handler, .-Default_Handler
	(3) 实现一个默认处理函数 DefaultISR,一些芯片厂商给出的样例其内容为一个永久循环。实际应用程序可以修改这个内容,以便进行特殊处理(如改为直接返回更为合适,因为误中断直接返回原处更好)

.section .isr_vector,"a",%progbits .type g_pfnVectors, %object .size g_pfnVectors, .-g_pfnVectors	(4) 定义中断向量表全局数组名 .isr_vector,与链接文件 STM32L431RCTX_FLASH.ld 中指定区域 .isr_vector 关联。这里标号".isr_vector:"就是 STM32L431RCTX_FLASH.ld 中".isr_vector"[①],也就是地址:0x0800_d000
.word _estack /* Top of Stack */ .word Reset_Handler /* Reset Handler */ .word NMI_Handler /* NMI Handler */ .... .word UART2_IRQHandler /* UART2 */ .... .long PORTD_IRQHandler /* PORTD Pin */ .size __isr_vector, . - __isr_vector	(5) 为中断向量表的所有表项填入默认值,即以中断向量所对应外设的英文名作为中断服务程序的函数名。0x0800_d000 ~ 0x0800_d003 地址填写的 __StackTop(栈顶)[②],0x0800_d004 ~ 0x0800_d007 地址填写 Reset_Handler(复位处理程序函数名),这两个区域属于特殊用途。随后各区域填写对应的默认中断处理函数的函数名。例如,在串口 2 模块的中断向量表项里填入 UART2_IRQHandler[③]
.weak NMI_Handler .thumb_set NMI_Handler,Default_Handler .weak HardFault_Handler .thumb_set HardFault_Handler,Default_Handler ...... .weak USART2_IRQHandler .thumb_set USART2_IRQHandler,Default_Handler	(6) 以弱符号[④]的方式,将默认中断处理函数的函数名指向默认处理函数 DefaultISR。实际使用时,只需在中断服务程序文件 isr.c 再定义一个与所需中断处理函数的函数名同名函数即可。例如,UART2_IRQHandler{ };其中函数名 UART2_IRQHandler 与此处相同,此时编译器默认将其识别为强符号,在编译时会覆盖掉这里的以弱符号定义的默认值。到此,中断向量表得以实现

① 可以在 map 文件找到 .isr_vector,它指向 0x0800_d000 地址;在 lst 文件找到 .isr_vector,它也指向 0x0800_d000 地址。
② 是堆栈栈顶,是芯片内 RAM 最大地址 +1 = 0x2000FFFF + 1 = 0x20010000。该芯片栈是从大地址向小地址方向使用的,进栈时 SP 先减 1,因此,栈顶设在 RAM 最大地址 +1。堆空间是临时变量的空间,从小地址向大地址顺序使用,这样两头向中间使用,符合使用规则。
③ 这里把 Handler 翻译成"处理程序",有的文献翻译成"句柄",就是中断服务程序的入口地址,也就是中断服务程序的函数名。
④ 弱符号可被同名强符号覆盖,C 语言中编译器默认函数和初始化了的全局变量为强符号。

这里对弱符号进行一些说明，例如下列语句：

```
.weak       USART2_IRQHandler
```

使用弱定义 ".weak" 来定义 "handler_name"，当用户重写了 "handler_name" 对应的中断服务程序，将会覆盖这里给出的对应默认中断服务程序，若不使用 "弱定义 .weak" 重写对应中断服务程序，编译器会认为是重复定义，将会报错，灵活使用 "弱定义 .weak"，能减轻不少烦琐。

接下来是一系列宏定义，例如下列语句：

```
.thumb_set  USART2_IRQHandler,Default_Handler
…..
```

这一系列中断处理被宏定义为 Default_Handler，大大缩减了代码量，当用户在 isr.c 文件中重新实现后，会覆盖相应的中断服务程序，提高了程序的健壮性和可复用性。

经过初始化工作跳到 main 函数后，若不需要启动操作系统，就在 main 中编程，若启动操作系统就调用 OS_start(app_init)，启动 RTOS 并执行主线程，由主线程 app_init 初始化外设模块、初始化全局变量、使能中断模块、创建并启动其他用户线程等。

8.2　RT-Thread 启动流程概要

本节首先给出 RT-Thread 启动过程用到的结构体，随后概要给出启动过程的大致流程：时间嘀嗒、堆空间、延时阻塞列表、调度器初始化；创建主线程及空闲线程；启动调度器，详细分析分别在 8.3~8.5 节阐述。

8.2.1　相关宏定义及结构体

程序进入 main 后，开始进行 RT-Thread 的启动。在 RT-Thread 中存在许多宏定义、枚举值和结构体，为了便于读者更好地理解与使用，这里给出常用的宏定义、枚举值和结构体简要介绍。

1. 线程状态宏定义

线程的状态用来标识线程当前所处的状态。在 "rtdef.h" 文件中可查看线程状态的定义。

```
#define   RT_THREAD_INIT       0x00                //初始化状态
#define   RT_THREAD_READY      0x01                //就绪状态
#define   RT_THREAD_SUSPEND    0x02                //挂起状态
#define   RT_THREAD_RUNNING    0x03                //运行状态
#define   RT_THREAD_BLOCK      RT_THREAD_SUSPEND   //阻塞状态
#define   RT_THREAD_CLOSE      0x04                //关闭状态
```

2. 函数返回的状态代码值

根据函数的执行情况，返回相应的状态代码值。函数返回的状态代码值的定义可在 "rtdef.h" 文件中可查看。

```
#define   RT_EOK         0      //返回正确
#define   RT_ERROR       1      //返回错误
#define   RT_ETIMEOUT    2      //返回超时
#define   RT_EFULL       3      //返回资源为满
#define   RT_EEMPTY      4      //返回资源为空
#define   RT_ENOMEM      5      //返回内存不足
```

```
#define      RT_ENOSYS      6          //返回无系统
#define      RT_EBUSY       7          //返回系统繁忙
#define      RT_EIO         8          //返回读写错误
#define      RT_EINTR       9          //返回系统中断
#define      RT_EINVAL      10         //非法参数
```

3. 对象标识符

对象标识符主要是用于区别不同的对象，当创建某一类对象时，会将该类的标识符赋给对象，以表示对象是属于这类的。对象标识符的定义可查看文件"rtdef. h"。

4. rt_list_t 结构体

在 RT-Thread 中，无论是就绪列表、阻塞列表还是延时阻塞列表等，其形式都为双向链表，双向链表结点结构体 rt_list_t，在 rtdef. h 中定义。

```
struct rt_list_node
{
    struct rt_list_node * next;          //指向后继结点的指针
    struct rt_list_node * prev;          //指向前驱结点的指针
};
typedef struct rt_list_node rt_list_t;
```

5. 内核对象结构体

内核对象主要用于创建一个对象时，需要进行分配内存空间，当分配成功时，将所创建的内核对象进行返回。内核对象结构体的定义可查看文件"rtdef. h"。

```
struct rt_object
{
    char       name[RT_NAME_MAX];        //内核对象的名称
    rt_uint8_t type;                     //内核对象的类型
    rt_uint8_t flag;                     //内核对象的标志
    #ifdef RT_USING_MODULE
        void * module_id;                //应用模式的 ID
    #endif
    rt_list_t list;                      //内核对象的链表节点
};
```

6. 内核对象信息结构体

当创建一个内核对象时，需要再创建一个内核对象信息结构体用于存储对象的信息。内核对象信息结构体的定义可查看文件"rtdef. h"。

```
struct rt_object_information
{
    enum rt_object_class_type type;      //所创建的类型
    rt_list_t                 object_list;  //对象链表
    rt_size_t                 object_size;  //对象的大小
};
```

7. heap_mem 结构体

heap_mem 用于动态内存分配标记，与静态内存的前 4 字节内容一样，用于保存内存块的信息；内存管理器能根据它进行内存的释放与回收，该结构体在文件".. \RT-Thread_Src \src \mem. c"文件中定义。

```
structheap_mem
{
```

```
        rt_uint16_t magic;          //成员变量 magic 用于标记一个内存块是内存管理用的数据块
        rt_uint16_t used;           //成员变量 used 指示当前内存块是否已分配
        rt_size_t next, prev;       //两个指针,用于将内存块形成双链表,便于管理
    };
```

8. rt_thread_t 结构体

第 1 章中谈到,一个函数要想成为可以被操作系统调度的线程,首先要给它一个"身份证",这就是线程控制块(Thread Control Block,TCB),RTOS 就是通过这些"身份证"来管理线程的,RT-Thread 中线程控制块结构体类型为 rt_thread_t,在"....\RT-Thread_Src\include\rtdef. h"文件给出。主要成员变量有:线程入口地址、线程运行时所需栈空间信息、线程优先级、线程状态等。

```
struct rt_thread
{
    //对象相关
    char    name[RT_NAME_MAX];              //对象的名字
    rt_uint8_t  type;                       //对象类型
    rt_uint8_t  flags                       //对象的状态标志位
    rt_list_t   list;                       //对象的链表结点
    //线程相关
    rt_list_t   tlist;                      //线程链表结点
    void    * sp;                           //堆栈指针
    void    * entry;                        //入口函数
    void    * parameter;                    //函数参数
    void    * stack_addr;                   //堆栈首地址
    rt_uint32_t stack_size;                 //堆栈大小
    rt_err_t    error;                      //错误代码
    rt_uint8_t  stat;                       //状态
    rt_uint8_t  current_priority;           //当前优先级
    rt_uint8_t  init_priority;              //初始优先级
    rt_uint32_t number_mask;                //优先级组下标索引
#if defined(RT_USING_EVENT)                 // RT_USING_EVENT 在 rtconfig. h 中定义
    rt_uint32_t     event_set;              //事件标志位
    rt_uint8_t      event_info;             //事件信息
#endif
    rt_ubase_t      init_tick;              //初始时间(嘀嗒),rt_ubase_t 是无符号长整型
    rt_ubase_t      remaining_tick;         //剩余时间(嘀嗒)
    struct rt_timer thread_timer;           //内部调用延时函数时使用
    void ( * cleanup)(struct rt_thread tid);    //退出时清理函数
    rt_uint32_t     user_data;              //私有用户数据
};
typedef struct rt_thread * rt_thread_t;
```

每个线程必须有一个线程控制块,系统通过它管理线程,线程控制块成员的基本含义及一般取值如表 8-2 所示。

表 8-2　线程控制块(TCB)成员变量特征值

成 员 名 称	含　　义	一 般 取 值
name[RT_NAME_MAX]	线程名	用户给出,本例最大字节数为 8
type	内核对象类型	RT_Object_Class_Thread
flags	对象的状态标志位	0

（续）

成 员 名 称	含 义	一 般 取 值
list	对象列表结点	接入系统对象容器中的线程列表
tlist	线程列表结点	就绪、延时和阻塞列表等
* sp	线程堆栈指针	堆栈空间基地址+堆栈大小-68
* entry	线程入口地址	线程函数的入口地址
* parameter	线程参数指针	RT_NULL，即（0）
* stack_addr	线程堆栈首地址	
stack_size	线程堆栈大小，单位为字节	指定堆栈大小，通常设为 512 B
error	错误码	一般状态为 RT_EOK(0)
stat	线程状态	-1：错误；0：非活跃态；1：就绪态；2：激活态；3：阻塞态；4：终止态。
current_priority	当前优先级	0~31，标号小对应高优先级。
init_priority	初始优先级	
number_mask	当前优先级掩码	0
event_set	线程等待的事件集合	0
event_info	线程等待的事件标志	使用 RT_EVENT_FLAG_x 宏常数
init_tick	时间片：单位（嘀嗒）	用户自定义的线程时间
remaining_tick	剩余时间：单位（嘀嗒）	剩余的线程时间
thread_timer	延时阻塞相关信息	内部调用延时函数时使用
(* cleanup)(struct rt_thread * tid)	线程退出时的清理回调函数	NULL
user_data	线程私有用户数据	NULL

9. rt_timer_t 结构体

调用延时函数后阻塞的线程，使用延时阻塞列表来管理，其结构体为 rt_timer_t，在 rtdef. h 中定义。

```
struct rt_timer
{
    struct rt_object parent;                              //内核对象类型的成员
    rt_list_t row[RT_TIMER_SKIP_LIST_LEVEL];             //结点,通过该结点可插入延时阻塞列表
    void ( * timeout_func)(void * parameter);            //延时函数
    void * parameter;                                    //延时函数形参
    rt_tick_t        init_tick;                          //初始延时时间,单位(嘀嗒)
    rt_tick_t        timeout_tick;                       //已经延时的时间,单位(嘀嗒)
};
typedef struct rt_timer * rt_timer_t;
```

8.2.2 栈和堆的配置

1. 栈与堆的使用问题

2.3.1 小节给出了栈与堆的一般基本知识，这里在回顾栈与堆的基本概念基础上，分析栈与堆的使用问题。

（1）栈的使用问题

初始设置栈时，栈顶（Top）与栈底（Bottom）是重合的，随后只能从一端进行存取，当

将数据进栈时，栈顶开始变动。在 ARM Cortex-M 中，栈是从 RAM 的高端（大地址）向低端（小地址）生长，有一个专门的寄存器 SP 来指示栈顶，栈通常按字进行操作。当进栈操作时 SP 的值减小，出栈时 SP 的值增加，SP 的增加与减小由硬件完成。

对于 RT-Thread 而言，内核代码和中断服务程序需要使用主栈（使用 MSP 指针）才能正常运行，而线程则使用自己的线程堆栈（使用 PSP 指针）。栈的作用通常是用来存放局部变量、参数、函数调用时的返回地址、发生中断（异常）时需要保存的寄存器内容。在设置栈时需要充分考虑栈空间的使用情况，以防止使用的栈空间超出了分配给栈的空间大小，这种情况称为栈溢出，栈溢出会覆盖栈外的空间内容，产生不可预测的情况。

从应用程序员角度来看，一旦程序框架确定，栈的地址空间是确定的，编程阶段不再涉及申请与释放空间问题。运行时，栈操作对内存的使用是自动获取与释放的。栈一般对基本类型数据进行操作。

（2）堆的使用问题

在 C 语言中，堆存储空间是由 new 运算符或 malloc 函数动态分配的内存区域，使用灵活方便。但是需要用户进行分配和释放，一旦分配了区域，若用户在使用结束后不释放，则其他人或者程序也无法使用该区域直至程序结束（有些操作系统可以回收程序结束后未释放的堆空间）。在实际使用中，堆是 RAM 中的存储单元，堆空间分配方式类似于链表，堆地址是向上（由低地址向高地址）扩展的，它需要自己去申请。

编译链接时，需要判断用户申请的堆区使用是否大于堆的大小，如果超过堆大小则为堆溢出，会出现编译错误，如果不大于则申请成功。

编程时要严格规定栈和堆的大小，并且在每次申请使用时判断是否发生溢出，这样才会避免交叉使用，否则会导致程序出错。

2. 线程堆栈空间的分配原则

每个线程都需要有一段独立的 RAM 空间，用来存放线程上下文，在 ARM Cortex-M 处理器中，具体是指 R0~R12、R14（LR）、R15（PC）、xPSR 这 16 个寄存器，以及线程内部局部变量、调用函数时上下文等。一般采用栈这种数据结构进行保存，此栈也称作线程堆栈。创建一个线程时，必须要分配线程堆栈空间，它是线程三要素（即线程函数、线程堆栈和线程描述符）之一。

在基于 RTOS 的嵌入式程序设计中，必须考虑到 MCU 的资源有限性。如果给线程堆栈分配空间太大，则会造成空间浪费；如果给线程堆栈分配空间太小，又有可能造成栈溢出，产生不可预测的效果。同时不提倡使用函数递归调用方法，因为递归调用很容易产生栈溢出。

分配线程堆栈空间，一般要遵循最小分配原则、对齐和倍数原则。

（1）最小分配原则

最小分配原则就是必须知道给一个线程分配的栈空间最小是多少？MCU 的 RAM 大小有限，在线程较多情况下，一般给一个线程分配的栈空间最小应该为：CPU 基本寄存器数×寄存器字长×2。例如，STM32 中 CPU 基本寄存器 19 个，寄存器字长 4 字节，则 19×4×2 字节＝152 字节，故给线程分配的最小栈空间为 152 字节，但这样只能满足最基本的运行，不能含有内部调用子程序（函数），因此，通常要大于这个值。

（2）对齐和倍数原则

对齐和倍数原则就是线程堆栈的栈起始设置应该按照 8 字节对齐，大小应该为 8 的倍数。基于 ARM 架构处理器的 C 语言程序设计遵循 ARM-THUMB 过程调用标准（ARM-THUMB procedure call standard，ATPCS）和 ARM 架构过程调用标准（ARM Archtecture Procedure Call

Standard，AAPCS）。ATPCS 规定数据栈为满递减（Full Decrease，FD）类型[⊖]，浮点数 double 是 8 字节的，在进行浮点数运算时，可能非 8 字节对齐的栈会导致运算出错，故要求栈空间必须对齐到双字地址。

3. RT-Thread 中堆配置代码剖析

在 mem. c 文件中定义了堆空间初始化函数 rt_system_heap_init( )，其主要任务是进行堆的起始位置和大小的配置，为 RT-Thread 内核的初始化提供基础。

```
//================================================================
//函数名称：rt_system_heap_init
//函数返回:无
//参数说明:begin_addr-堆起始地址,end_addr-堆结束地址
//功能概要:根据堆的起始地址和结束地址进行堆的初始化
//================================================================
void rt_system_heap_init(void * begin_addr, void * end_addr)
{
    struct heap_mem * mem;
    //(1)地址对齐
    //(1.1)起始地址按 4 字节对齐,其地址要能被 4 整除,如果不对齐会向下进行对齐,
    //         例如 RT_ALIGN(13,4)会将其地址改为 16
    rt_uint32_t begin_align = RT_ALIGN((rt_uint32_t)begin_addr, RT_ALIGN_SIZE);
    //(1.2)结束地址按 4 字节对齐,其地址要能被 4 整除,如果不对齐会向上进行对齐,
    //         例如 RT_ALIGN_DOWN(13,4)会将其地址改为 12
    rt_uint32_t end_align = RT_ALIGN_DOWN((rt_uint32_t)end_addr, RT_ALIGN_SIZE);
    RT_DEBUG_NOT_IN_INTERRUPT;

    //(2)计算对齐后的内存大小
    //如果对齐后的内存大于两个数据头,则此内存是有效的,可以进行初始化内存
    if ((end_align > (2 * SIZEOF_STRUCT_MEM)) &&
        ((end_align - 2 * SIZEOF_STRUCT_MEM) >= begin_align))
    {
        //计算对齐后的内存大小
        mem_size_aligned = end_align - begin_align - 2 * SIZEOF_STRUCT_MEM;
    }
    else
    {
        //内存无效,堆初始化失败,直接返回
        rt_kprintf("mem init, error begin address 0x%x, and end address 0x%x\n",
                    (rt_uint32_t)begin_addr, (rt_uint32_t)end_addr);
        return;
    }

    //(3)初始化 heap_ptr 指针,指向堆的起始地址
    heap_ptr = (rt_uint8_t * )begin_align;
    RT_DEBUG_LOG(RT_DEBUG_MEM, ("mem init, heap begin address 0x%x, size %d\n",
                    (rt_uint32_t)heap_ptr, mem_size_aligned));

    //(4)初始化起始地址数据头
    //(4.1)将 heap_ptr 指向的地址初始成堆的起始地址数据头
    mem = (struct heap_mem * )heap_ptr;
```

⊖　满递减堆栈：堆栈指针指向栈顶元素，且堆栈由高地址向低地址方向增长

```
//(4.2)magic 初始化成 0x1ea0(即英文单词 heap)
//       标记这个内存块是一个内存管理用的内存数据块
mem->magic = HEAP_MAGIC;
//(4.3)mem->next 指向下一个内存块,初始时指向结束地址的数据头
mem->next   = mem_size_aligned + SIZEOF_STRUCT_MEM;
//(4.4)起始地址数据头,无前驱
mem->prev   = 0;
//(4.5)初始时堆空间未分配使用,used=0 指示当前内存块未分配,
mem->used   = 0;

//(5)初始化结束地址数据头
//(5.1)将 heap_end 指向的地址初始成堆的结束地址数据头
heap_end         = (struct heap_mem *)&heap_ptr[mem->next];
//(5.2)magic 初始化成 0x1ea0(即英文单词 heap)
//       标记这个内存块是一个内存管理用的内存数据块
heap_end->magic = HEAP_MAGIC;
//(5.3)结束地址之后无可分配内存,故 used=1
heap_end->used   = 1;
//(5.4)heap_end->next 指向下一个内存块,作为结束地址的数据头,这里指向自身
heap_end->next   = mem_size_aligned + SIZEOF_STRUCT_MEM;
// (5.5)heap_end->pre 指向前一个内存块,作为结束地址的数据头,这里指向自身
heap_end->prev   = mem_size_aligned + SIZEOF_STRUCT_MEM;

//(6)初始化一个二值信号量,申请内存时进行资源保护
rt_sem_init(&heap_sem, "heap", 1, RT_IPC_FLAG_FIFO);

//(7)lfree 指向堆的最低可分配空闲块,初始时指向堆起始数据头
lfree = (struct heap_mem *)heap_ptr;
}
```

RT-Thread 启动时会调用 rt_system_heap_init()来初始化操作系统使用的堆。

```
rt_system_heap_init(rt_heap_begin_get(), rt_heap_end_get());   //初始化堆空间
RT_WEAK void *rt_heap_begin_get(void)                          //获取堆的起始地址
{

    return rt_heap;

}
RT_WEAK void *rt_heap_end_get(void)                           //获取堆的结束地址
{

    return rt_heap + RT_HEAP_SIZE;

}
```

rt_heap_begin_get()获取堆的起始地址,rt_heap_end_get()获取堆的结束地址,堆空间大小是由 board.c 文件中定义的静态堆数组决定的。默认 RT_HEAP_SIZE 值为 1024,以字为单位,即实际堆的大小为 1024×4 字节。可以通过修改 RT_HEAP_SIZE 来修改初始的堆大小,例如本书样例使用的芯片 STM32L431 有 64 KB 的 RAM 空间,可以划出 12 KB(约 1/5 的 RAM 空间)作为操作系统的堆空间使用:

```
#define RT_HEAP_SIZE3072        //修改堆的大小为:12K(3072×4)
static uint32_t rt_heap[RT_HEAP_SIZE];
```

可从 map 或 lst 文件中找到 rt_heap 初始地址为 0x2000_314C(User 程序中 RAM 的起始地址为 0x2000_3000),即为链接后堆的起始地址;堆的大小为静态数组长度 0x3000 字节,即 12 KB,

故堆空间区域对应为 0x2000_314C～0x2000_614C。

8.2.3 启动过程总流程概述

芯片上电后开始启动，执行到 main 函数后，接着从 main 函数调用 OS_start 函数开始 RT-Thread 的启动。OS_start 函数位于 OsFunc.c 文件中，OsFunc.c 是为了收拢启动相关函数而由自定义的一个文件。为了方便用户自主决定主线程函数的名称，在该文件中定义了 OS_start 函数，由 OS_start 来调用实际的总启动函数 rtthread_startup。rtthread_startup 中给出的具体启动流程，如图 8-2 所示。

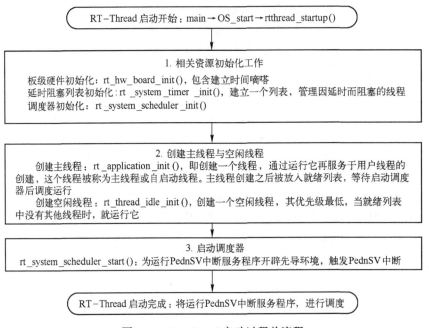

图 8-2　RT-Thread 启动过程总流程

启动过程主要工作有：时间嘀嗒、堆空间、延时阻塞列表、调度器初始化；创建主线程及空闲线程；启动调度器等。在本章提供的样例工程，当调度器启动后，主线程会首先被调度运行，即运行用户自定义的主线程函数 app_init()。app_init 函数进行初始化外设、初始化全局变量、使能中断、创建并启动其他用户线程。app_init 函数运行完成后，系统会调用函数 rt_thread_exit() 关闭主线程[⊖]，之后的线程运行和切换都由调度完成。

1. 相关资源初始化工作

板级硬件初始化：board.c 文件中给出了的函数 rt_hw_board_init() 来进行板级相关的硬件初始化，主要是 Systick 初始化和堆空间初始化两方面。

延时阻塞列表初始化：timer.c 文件中给出了延时阻塞列表初始化函数 rt_system_timer_init()，在初始化调度器前需要先初始化延时阻塞列表 rt_timer_list，它是一个全局的管理延时等待线程的列表。

调度器初始化：scheduler.c 文件中给出了系统调度器初始化函数 rt_system_scheduler_init()。

⊖　由于 app_init 函数内部没有永久循环，是一次性线程，RT-Thread 中，线程退出时会执行 rt_thread_exit() 函数，关闭该线程。一般线程内部含有永久性循环，与 NOS 下 main 函数一样，不会退出，就不会运行 rt_thread_exit() 函数。

调度器是操作系统的核心，其主要功能就是实现线程的切换，即从就绪列表里找到优先级最高的线程，然后去执行该线程。调度器在使用之前必须先初始化，初始化操作先初始化线程就绪列表为空，然后初始化当前线程控制块指针为空。

2. 创建主线程与空闲线程

RT-Thread 启动时先创建一个主线程，等调度器启动之后，在这个主线程里创建各种应用线程，当所有应用线程都成功创建好后，主线程就把自己关闭。该主线程通过 rt_application_init( ) 调用 rt_thread_create 来创建，主线程属性主要包括主线程名、堆栈大小、优先级等，它的优先级设置为 10，堆栈大小为 512 字节，对应主线程的函数是 app_init( )。

RT-Thread 启动时会调用 rt_thread_idle_init( ) 创建一个空闲线程。空闲线程优先级默认是最低的 31，即排在就绪列表的最后面，其职责就是在内核无用户线程可执行的时候被内核执行，使 CPU 保持运行状态，同时可以对终止的无效线程进行资源回收的工作。

3. 启动调度器

在创建主线程和空闲线程之后，调用调度器启动函数 rt_system_scheduler_start( ) 来启动调度器。调度器启动过程中，会从线程就绪列表中找到优先级最高的线程（此时，线程就绪列表中有主线程和空闲线程，因此优先级最高的就绪线程即为主线程），然后通过函数 rt_hw_context_switch_to( ) 为实现第一次线程切换做准备，设置并触发 PendSV 中断，在 PendSV 中断服务程序中调度主线程开始运行。至此，就可以认为操作系统 RT-Thread 启动成功了。

8.2.4　启动过程总流程源码

进入 main 后即运行 OS_start(app_init)，函数 OS_start( ) 与函数 rtthread_startup( ) 源码可在 OsFunc. c 文件中查看，源码如下：

```
//================================================================
//函数名称:OS_start
//函数返回:无
//参数说明:
//功能概要:启动 RTOS 并执行主线程 app_init
//================================================================
void OS_start(void ( * func)(void))
{
    rtthread_startup((void * )func);         //启动 RTOS 并执行主线程 app_init
}
//================================================================
//函数名称:rtthread_startup
//函数返回:无
//参数说明:无
//功能概要:设置堆栈区,初始化 Systick、延时阻塞列表、调度器,创建主线程、
//          空闲线程,启动调度器
//================================================================
int rtthread_startup(void ( * func)(void))
{
    rt_hw_interrupt_disable();                //关中断
    //(1)板级硬件初始化
    rt_hw_board_init();
    //(2)延时阻塞列表初始化
    rt_system_timer_init();
```

```
    //(3)调度器初始化
    rt_system_scheduler_init();
    //(4)创建初始线程(主线程)
    rt_application_init((void *)func);
    //(5)创建空闲线程
    rt_thread_idle_init();
    //(6)启动调度器
    rt_system_scheduler_start();
    return 0;
}
```

8.3 深入理解启动过程：相关资源初始化工作

启动过程相关资源初始化工作分为：板级硬件初始化（board. c 文件）、延时阻塞列表初始化（timer. c 文件）、调度器初始化（scheduler. c 文件）。

8.3.1 时间嘀嗒及堆初始化

board. c 文件中函数 rt_hw_board_init()来进行板级相关的硬件初始化，具体包括系统时钟 Systick 初始化及堆空间初始化等。板级初始化过程中调用堆空间初始化函数 rt_system_heap_init()来初始化操作系统使用的堆。

1. Systick 初始化

SysTick 是 RT-Thread 整个系统的时钟基准，系统通过每次时间"嘀嗒"进入中断服务程序对任务状态进行管理。程序启动时会调用 _ SysTick _ Config ( ) 来初始化 Systick, SystemCoreClock 为系统时钟频率 48 MHz, RT_TICK_PER_SECOND 为 rtconfig. h 设置的嘀嗒频率，默认为 1000 Hz，因此系统 Systick 调度的频率被设置为 1 ms 一次。

2. 堆空间初始化

堆是操作系统中一种常用的数据结构，通常用于存放临时变量，由程序员动态分配和释放，它一般采用链表的方式来管理变量。堆在内存中一般位于 bss 区和栈之间，从 RAM 的低地址向高地址方向使用。但在 RT-Thread 中，系统使用的堆空间是自定义的一个静态数组 rt_heap，在内存中属于 bss 区。

3. rt_hw_board_init( )源码剖析

```
void rt_hw_board_init()
{
    //(1)更新系统时钟
    SystemCoreClockUpdate();
    //(2)SysTick 初始化,RT_TICK_PER_SECOND 为 rtconfig. h 设置的嘀嗒频率
    _SysTick_Config(SystemCoreClock / RT_TICK_PER_SECOND);
#ifdef RT_USING_COMPONENTS_INIT
    //(3)调用组件初始化函数,实际未用到(可以在用户的 app_init 中板级硬件初始化)
    rt_components_board_init();
#endif
    //如果同时定义了 RT_USING_USER_MAIN 和 RT_USING_HEAP 这两个宏,
    //表示 RT-Thread 里面创建内核对象时使用动态内存分配方案
#if defined(RT_USING_USER_MAIN) && defined(RT_USING_HEAP)
```

```
//(4)堆空间初始化
    rt_system_heap_init(rt_heap_begin_get(), rt_heap_end_get());
#endif
}
```

程序中调用的时间嘀嗒配置函数_SysTick_Config()将在第 9 章中阐述。堆空间初始化函数 rt_system_heap_init()已经在 8.2 节中给出。

8.3.2　初始化延时阻塞列表

一般情况下，RTOS 会设置一个列表来管理因调用延时函数而阻塞的线程，在 RT-Thread 中，这个列表名称为 rt_timer_list，可称为延时阻塞列表，它是一个双向链表，链表中每个结点代表正在延时的线程，结点按照延时时间大小升序排列。每次 SysTick 中断，会查看该列表的第一个线程的延时时间是否结束，若已结束，则将该线程从延时阻塞列表中取出加入就绪列表中，若延时时间未结束，则退出。由于列表中是按照延时时间升序排列的，所以只要看第一个表项即可，这种方法有效缩短了寻找延时结束线程的时间。rt_list_t rt_timer_list 的定义在 timer.c 文件中：

```
static rt_list_t rt_timer_list[RT_TIMER_SKIP_LIST_LEVEL];   //定义延时阻塞列表
```

该列表是一个 rt_list_t 类型的数组，大小由 rtdef.h 文件中定义的宏 RT_TIMER_SKIP_LIST_ LEVEL 决定，默认值为 1，即只有一个延时阻塞列表，初始化代码如下：

```
//================================================================
//函数名称:rt_system_timer_init
//函数返回:无
//参数说明:无
//功能概要:初始化延时阻塞列表
//================================================================
void rt_system_timer_init(void)
{
    int i;
    //延时阻塞列表是一个双向链表
    for (i = 0; i < sizeof(rt_timer_list) / sizeof(rt_timer_list[0]); i++)
    {
        rt_list_init(rt_timer_list + i);
    }
}
```

由于延时阻塞列表只有一个，所以通过链表初始化函数 rt_list_init()将该结点指向自身，形成一个只有根结点的双链表。

```
//================================================================
//函数名称:rt_list_init
//函数返回:无
//参数说明:l: 要初始化的列表
//功能概要:初始化一条双向链表
//================================================================
rt_inline void rt_list_init(rt_list_t  *l)
{
    //初始化结点,即初始化结点的 next 和 prev 这两个指针指向结点本身
    l->next = l->prev = l;
}
```

8.3.3 调度器初始化

完成延时阻塞列表初始化后，接着对调度器进行初始化。调度器是操作系统的核心，负责实现对线程的调度运行。调度器初始化是由函数 rt_system_scheduler_init() 实现的，主要是对线程的就绪列表、当前线程优先级、当前线程控制块指针、线程就绪优先级组等进行初始化。

1. 线程就绪列表初始化

线程就绪列表 rt_thread_priority_table 是一个 rt_list_t 类型的数组，大小由 rtconfig.h 文件中定义的宏 RT_TIMER_SKIP_LIST_LEVEL 决定，默认值为 32。在该数组中，每个数组索引号对应线程的一种优先级，每个索引下维护着一条双向链表，当线程就绪时，就会根据其优先级插入到对应索引的链表中，同一个优先级的线程都会被插入到同一条链表。初始时，没有任何就绪线程，因此将该就绪列表初始化为空，每个索引初始化成对应优先级的双向链表根结点。

2. 当前线程优先级初始化

当前线程优先级 rt_current_priority，是在 scheduler.c 文件中定义的全局变量，初始化时将其设为最低的优先级（即被赋值为 31）。

3. 当前线程控制块指针初始化

当前线程控制块指针 rt_current_thread 是在 scheduler.c 文件中定义的全局指针，指向当前正在运行的线程控制块。初始化时，尚未有线程运行，因此将当前线程控制块指针初始化为空。

4. 线程就绪优先级组初始化

线程就绪优先级组 rt_thread_ready_priority_group 是在 scheduler.c 文件中定义的一个 32 位整型数，每一个位对应一个优先级，其作用是为了更快地找到线程在就绪列表中的插入和移除的位置。比如，当优先级为 10 的线程已经准备好，那么就将线程就绪优先级组的第 10 位置 1，表示线程已经就绪，然后根据 10 这个索引值，在线程就绪列表 rt_thread_priority_table[10] 的位置插入该线程。初始时，并没有任何线程就绪，因此将线程就绪优先级组 rt_thread_ready_priority_group 的值设为 0。

5. 调度器初始化函数剖析

调度器初始化函数 rt_system_scheduler_init() 的源码可在 scheduler.c 文件中查看。

```
//================================================================
//函数名称:rt_system_scheduler_init
//函数返回:无
//参数说明:无
//功能概要:初始化系统调度器
//================================================================
void rt_system_scheduler_init( void)
{
    register rt_base_t offset;
    rt_scheduler_lock_nest = 0;
    RT_DEBUG_LOG(RT_DEBUG_SCHEDULER, ("start scheduler: max priority 0x%02x\n",
                            RT_THREAD_PRIORITY_MAX));
    //(1)线程就绪列表(线程优先级表)初始化,整个就绪列表为空
    for ( offset = 0; offset < RT_THREAD_PRIORITY_MAX; offset ++)
    {
        rt_list_init(&rt_thread_priority_table[ offset]);
```

```
    }
    //(2)初始化当前线程优先级为空闲线程的优先级(最大优先数,即 31)
    rt_current_priority = RT_THREAD_PRIORITY_MAX - 1;
    //(3)初始化当前线程控制块指针,当前线程控制块指针为空
    rt_current_thread = RT_NULL;
    //(4)初始化线程就绪优先级组为 0
    rt_thread_ready_priority_group = 0;
    //(5)初始化失效线程列表
    rt_list_init(&rt_thread_defunct);
}
```

8.4　深入理解启动过程：创建主线程与空闲线程

延时阻塞列表和调度器初始化完成后,RT-Thread 需要创建主线程和空闲线程并将它们加入到就绪列表,在启动调度器后就立即进入运行主线程来创建用户程序,并让 CPU 在无任务时通过空闲线程保持运行。

8.4.1　创建线程相关函数

1. 线程创建函数 rt_thread_create( )

在 RT-Thread 中,提供了两种创建线程的方式,分别为 rt_thread_create( )和 rt_thread_init( )。rt_thread_create( )函数采用动态内存的方式创建线程,其 TCB 和线程堆栈的内存都从堆内存中申请分配,如果堆内存不足,内存就会分配失败,那么整个线程也就创建失败。创建成功后,若线程不再运行也可主动删除线程来释放对应的内存资源。而 rt_thread_init( )创建的是静态线程对象,所谓静态是指其 TCB 和线程堆栈的空间在编译之后就已经确定,申请后不可释放,一般用于长期使用的线程对象。

嵌入式环境下的内存资源十分有限,主线程在执行完必要的任务后可以释放其资源,所以我们选择 rt_thread_create( )函数来创建主线程。具体执行流程可分为下面两个步骤。

第一步:为线程分配最基础的内存资源。首先调用内核对象分配函数 rt_object_allocate( )来创建线程控制块 TCB,然后调用内核内存分配函数 RT_KERNEL_MALLOC( )来开辟线程堆栈空间。RT_KERNEL_MALLOC 为 rt_malloc 函数的宏定义,相当于 C 语言中的 malloc 或 new 运算符,用于动态分配堆内存。

第二步:线程初始化,调用线程实际初始化函数_rt_thread_init 来初始化线程控制块 TCB 的各项属性。

线程创建函数 rt_thread_create( )源码可在 thread.c 文件中查看。

```
//========================================================================
//函数名称:rt_thread_create
//函数返回:返回线程控制块
//参数说明:name-线程名;
//          void (*entry)(void *parameter):线程入口函数指针
//          parameter-线程入口函数传入参数
// stack_size-线程堆栈大小
//          priority-线程优先级
//          tick-线程时间片
//功能概要:使用动态内存创建线程
//========================================================================
```

```
rt_thread_t rt_thread_create(const char * name, void ( * entry)(void * parameter), void    * parameter,
                             rt_uint32_t stack_size, rt_uint8_t   priority, rt_uint32_t tick)
{
    struct rt_thread * thread;        //TCB 指针
    void * stack_start;               //线程堆栈内存指针

    //(1)基础内存分配
    //(1.1)调用 rt_object_allocate 从内核对象容器创建 TCB 对象
    thread = (struct rt_thread * )rt_object_allocate(RT_Object_Class_Thread,name);
    if (thread == RT_NULL)
        return RT_NULL;
    //(1.2)使用内核内存管理系统为栈空间分配内存
    stack_start = (void * )RT_KERNEL_MALLOC(stack_size);
    if (stack_start == RT_NULL)
    {
        //回收已经为 TCB 分配的内存
        rt_object_delete((rt_object_t)thread);
        return RT_NULL;
    }

    //(2)线程初始化函数
    _rt_thread_init(thread, name,entry, parameter,stack_start, stack_size,priority,tick);
    return thread;
}
```

（1）内核对象分配函数 rt_object_allocate()

在 RT-Thread 中，所有的数据结构都称为对象，例如线程对象，对应的数据结构体即为线程控制块。这些控制块的开头都会包含一个内核对象结构体，或者直接将对象结构体的成员放在对象控制块结构体的开头，比如线程控制块的开头放置的就是对象结构体的成员，具体可参见表 8-2。每当用户创建一个对象，系统都需要将这个对象放到系统内的对象容器中，线程对象也是如此。对象容器本质是一个全局数组，在 object. c 文件中定义。在该数组中有着不同对象的容器列表，比如线程对象容器列表、信号量对象容器列表等。

根据动态和静态空间的不同，创建对象的方式也分两种：对象分配函数 rt_object_allocate() 是从堆空间中动态申请分配对象控制块并进行初始化；对象初始化函数 rt_object_init() 是通过静态内存直接初始化的对象。在线程创建函数 rt_thread_create() 中，采用动态内存的对象分配函数 rt_object_allocate()。其主要实现：先获取对象信息并从内核堆空间中动态申请一个对象控制块，然后对该对象进行初始化，最后插入到对象容器中对应的对象列表。下面对该函数进行具体分析。

1）获取对象信息，即从对象容器里拿到对应对象列表头指针。获取对象信息函数 rt_object_get_information() 能根据传入的参数即对象类型来找到系统对象容器中相应的对象列表头指针，方便对象的插入。

```
information = rt_object_get_information(type);        //获取对象信息
```

这里传给 type 的实际参数是 RT_Object_Class_Thread，即线程对象。RT-Thread 在 rtdef. h 文件里定义了一个对象类型枚举，存放系统内所有的对象类型，如下所示：

```
enum rt_object_class_type
{
```

```
    RT_Object_Class_Null = 0,                    //对象为空
    RT_Object_Class_Thread,                      //对象是线程
    RT_Object_Class_Semaphore,                   //对象是信号量
    RT_Object_Class_Mutex,                       //对象是互斥量
    RT_Object_Class_Event,                       //对象是事件
    RT_Object_Class_MailBox,                     //对象是邮箱
    RT_Object_Class_MessageQueue,                //对象是消息队列
    RT_Object_Class_MemHeap,                     //对象是内存堆
    RT_Object_Class_MemPool,                     //对象是内存池
    RT_Object_Class_Device,                      //对象是设备
    RT_Object_Class_Timer,                       //对象是定时器
    RT_Object_Class_Module,                      //对象是模块
    RT_Object_Class_Unknown,                     //对象未知
    RT_Object_Class_Static = 0x80                //对象是静态对象
};
```

2）初始化对象。申请到对象控制块后，对该对象进行初始化，包括对象类型、标志位和名字等。

```
//(3.1)对申请到的对象控制块所在内存进行清 0
rt_memset(object, 0x0, information->object_size);
//(3.2)初始化对象类型
object->type = type;
//(3.3)初始化对象标志位为 0
object->flag = 0;
//(3.4)设置对象的名字
rt_strncpy(object->name, name, RT_NAME_MAX);
```

3）将对象插入系统对象容器的对象列表。调用 rt_list_insert_after()将对象控制块插入系统对象容器，即通过控制块的 list 结点接入容器中的对象列表。这里是将线程控制块接入系统对象容器中的线程对象列表中。

```
rt_list_insert_after(&(information->object_list), &(object->list));
```

对象分配函数 rt_object_allocate()的源码可在 object.c 文件中查看。

```
//========================================================================
//函数名称:rt_object_allocate
//函数返回:返回对应的对象控制块
//参数说明:type-对象的类型
//        name-对象的名字,在整个系统中,对象的名字必须是唯一的
//功能概要:从堆空间中动态申请一个对象控制块进行初始化,并插入对象容器
//========================================================================
rt_object_t rt_object_allocate(enum rt_object_class_type type, const char * name)
{
    struct rt_object * object;
    register rt_base_t temp;
    struct rt_object_information * information;

    RT_DEBUG_NOT_IN_INTERRUPT;

    //(1)获取对象信息,即从容器里拿到对应对象列表头指针
    information = rt_object_get_information(type);
    RT_ASSERT(information != RT_NULL);
```

```
//(2)分配对象控制块
//(2.1)从内核堆空间中动态申请一个对象控制块
object = (struct rt_object * )RT_KERNEL_MALLOC(information->object_size);
//(2.2)若对象控制块申请失败,返回 RT_NULL
if (object == RT_NULL)
{
    return RT_NULL;
}

//(3)初始化对象
//(3.1)对申请到的对象控制块所在内存进行清 0
rt_memset(object, 0x0, information->object_size);
//(3.2)初始化对象类型
object->type = type;
//(3.3)初始化对象标志位为 0
object->flag = 0;
//(3.4)设置对象的名字
rt_strncpy(object->name, name, RT_NAME_MAX);
RT_OBJECT_HOOK_CALL(rt_object_attach_hook, (object));

//(4)将对象插入对象容器中对应的对象列表
//(4.1)关中断
temp = rt_hw_interrupt_disable();
//(4.2)将对象插入容器的对应列表中,不同类型的对象所在的列表不一样
rt_list_insert_after(&(information->object_list), &(object->list));
//(4.3)开中断
rt_hw_interrupt_enable(temp);
return object;
}
```

（2）从内核堆空间中动态申请一个对象控制块

调用堆内存分配函数 RT_KERNEL_MALLOC 从堆中申请相应对象控制块大小的空间，若堆空间不足则返回 RT_NULL，这里申请的是线程控制块。

```
object = (struct rt_object * )RT_KERNEL_MALLOC(information->object_size)
```

2. 线程初始化函数_rt_thread_init()

申请成功对应 TCB 以及栈空间，说明有足够内存用于线程运行，这时调用函数_rt_thread_init()对线程进行实际初始化。该函数主要实现：初始化线程 TCB 的各项属性，然后初始化线程堆栈并获取堆栈指针，最后初始化延时阻塞列表。线程初始化函数_rt_thread_init()源码可在 thread.c 文件中查看。

```
//===================================================================
//函数名称:_rt_thread_init
//函数返回:错误码
//参数说明:thread-线程控制块
//            name-线程名字
//            (*entry)(void *parameter):线程入口函数
//parameter-线程入口函数参数
//stack_start-线程堆栈内存起始地址
//            stack_size-线程堆栈大小
```

```
//            priority-线程优先级
//            tick-线程时间片
//功能概要:初始化线程 TCB 的各项属性,对线程进行实际初始化
// ====================================================================
static rt_err_t _rt_thread_init(struct rt_thread * thread, const char * name,
                        void ( * entry)(void * parameter), void * parameter, void * stack_start,
                        rt_uint32_t stack_size, rt_uint8_t priority, rt_uint32_t tick)
{
    //(1)初始化线程链表结点、指定线程入口函数
    //(1.1)初始化线程链表结点
    rt_list_init(&(thread->tlist));
    //(1.2)指定线程的入口函数和参数
    thread->entry = (void *)entry;
    thread->parameter = parameter;

    //(2)指定线程堆栈的地址、大小和 sp 指针,并使用'#'填充线程堆栈内存
    //(2.1)初始化线程堆栈起始地址
    thread->stack_addr = stack_start;
    //(2.2)初始化线程堆栈大小
    thread->stack_size = stack_size;
    //(2.3)初始化线程堆栈空间值为#
    rt_memset(thread->stack_addr, '#', thread->stack_size);
    //(2.4)初始化线程堆栈并返回 sp 指针
    thread->sp = (void *)rt_hw_stack_init(thread->entry, thread->parameter,
        (void *)((char *)thread->stack_addr + thread->stack_size - 4), (void *)rt_thread_exit);
    RT_ASSERT(priority < RT_THREAD_PRIORITY_MAX);

    //(3)初始化线程优先级、开始延时时间等信息
    //(3.1)设置线程初始优先级
    thread->init_priority = priority;
    //(3.2)设置线程当前优先级
    thread->current_priority = priority;
    //(3.3)初始化线程优先级组下标索引(掩码值),用于快速搜索优先级最高的线程
    thread->number_mask = 0;
    //(3.4)初始化开始延时时间和剩余延时时间的嘀嗒值
    thread->init_tick      = tick;
    thread->remaining_tick = tick;
    //(3.5)设置线程错误码为 RT_EOK
    thread->error = RT_EOK;
    //(3.4)设置线程状态为初始态
    thread->stat    = RT_THREAD_INIT;
    //(3.7)将线程清理函数和用户数据设为 NULL
    thread->cleanup    = 0;
    thread->user_data = 0;

    //(4)初始化延时阻塞列表
    //     thread:将线程控制块 TCB 作为输入参数传递到延时阻塞列表中
    //     0:初次运行超时时间设为 0
    //     RT_TIMER_FLAG_ONE_SHOT:单触发模式,一次有效
    rt_timer_init(&(thread->thread_timer), thread->name, rt_thread_timeout, thread,
                0, RT_TIMER_FLAG_ONE_SHOT);
    //保留函数未用到
    RT_OBJECT_HOOK_CALL(rt_thread_inited_hook, (thread));
```

```
    return RT_EOK;
}
```

（1）线程堆栈初始化函数 rt_hw_stack_init( )

在线程初始化函数_rt_thread_init( )中会调用 rt_hw_stack_init( )函数来初始化线程堆栈，并返回栈顶指针。线程堆栈空间可根据功能划分为两个部分：用于存储栈帧结构体 stack_frame 的内存空间和用于存放调用函数时产生的临时变量和形参等数据的空闲栈空间，如图 8-3 所示。

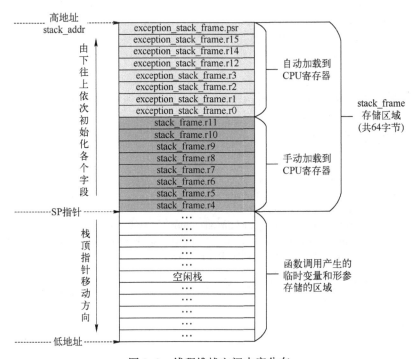

图 8-3　线程堆栈空间内容分布

线程堆栈初始化函数 rt_hw_stack_init( )对整个线程堆栈空间进行初始化的具体过程如下。

1）获取栈顶指针。由于 rt_hw_stack_init( )在调用时传入的栈顶地址减去了 4 字节，故加上 sizeof(rt_uint32_t)来获取初始的栈顶地址[注]，将栈指针指向该地址并进行 8 字节对齐后，向下移动一个栈帧位置。

```
//(1)获取栈顶指针位置
//(1.1)获取栈顶地址,rt_hw_stack_init 在调用的时候,传给 stack_addr 的是(栈顶指针-4),
//所以要 sizeof(rt_uint32_t)加回来
stk    = stack_addr + sizeof(rt_uint32_t);
//(1.2)因为浮点运算要求栈是 8 字节对齐的,且栈底在高地址,所以需要向下 8 字节对齐
stk    = (rt_uint8_t *)RT_ALIGN_DOWN((rt_uint32_t)stk, 8);
//(1.3)栈顶指针 stk 指针继续向下移动 sizeof(struct stack_frame)个偏移,即移动一个栈帧大小
stk    -= sizeof(struct stack_frame);
//(1.4)将 stk 指针强制转化为 stack_frame 类型,得到 stack_frame 指针
stack_frame = (struct stack_frame *)stk;
```

⊖　这里源码如此，为了兼容特殊情况。

2）初始化栈帧。栈帧 stack_frame 是在 cpuport.c 文件中定义的结构体，包含 R0 ~ R12、R14、R15、xPSR 等 16 个寄存器，还有未使用到的 FPU 标志位 flag。属性如下：

```
struct stack_frame
{
#if USE_FPU
    rt_uint32_t flag;
#endif
    rt_uint32_t r4;
    rt_uint32_t r5;
    rt_uint32_t r6;
    rt_uint32_t r7;
    rt_uint32_t r8;
    rt_uint32_t r9;
    rt_uint32_t r10;
    rt_uint32_t r11;
    struct exception_stack_frame exception_stack_frame;
};

struct exception_stack_frame
{
    rt_uint32_t r0;
    rt_uint32_t r1;
    rt_uint32_t r2;
    rt_uint32_t r3;
    rt_uint32_t r12;
    rt_uint32_t lr;
    rt_uint32_t pc;
    rt_uint32_t psr;
};
```

初始化栈帧时将 stack_frame 中所有寄存器值初始化为 0xdeadbeef[⊖]。

```
//（2）将栈空间里面的 stack_frame 结构体内存初始化为 0xdeadbeef
for (i = 0; i < sizeof(struct stack_frame) / sizeof(rt_uint32_t); i ++)
{
    ((rt_uint32_t *)stack_frame)[i] = 0xdeadbeef;
}
```

栈帧用于保存异常、中断、线程切换时的上下文数据，初始化结束后成员，如表 8-3 所示。

表 8-3　栈帧结构体成员列表

结　构　体	成　员	用　途	默　认　值
stack_frame	r4 ~ r11	保存局部变量	0xdeadbeef
exception_stack_frame	r0	传递函数参数	入口函数参数指针（parameter）
	r1 ~ r3	保存局部变量	0x00
	r12	保存局部变量	0x00
	lr（r14）	保存函数返回地址	线程退出函数指针 texit
	pc（r15）	保存当前指令地址	线程入口函数指针 tentry
	psr（xPSR）	保存程序状态信息	0x01000000L

⊖　一个随意的默认值，随后会被改变。

3）初始化异常发生时自动保存的寄存器。对于异常发生时自动保存的寄存器，根据相应参数进行初始化，主要是将寄存器 LR（R14）指向线程退出函数，PC（R15）指向线程的入口地址，R0 设为线程形参，xPSR 初始化赋值为 0x01000000L（位 24 必须是 1 表明当前运行的是 Thumb 指令）。

```
//（3）初始化异常发生时自动保存的寄存器
stack_frame->exception_stack_frame.r0   = (unsigned long)parameter;       //r0:线程入口函数参数
stack_frame->exception_stack_frame.r1   = 0;
stack_frame->exception_stack_frame.r2   = 0;
stack_frame->exception_stack_frame.r3   = 0;
stack_frame->exception_stack_frame.r12  = 0;
stack_frame->exception_stack_frame.lr   = (unsigned long)texit;           //退出函数指针
stack_frame->exception_stack_frame.pc   = (unsigned long)tentry;          //入口函数指针
stack_frame->exception_stack_frame.psr  = 0x01000000L;                    //PSR 寄存器第 24 位必须为 1
```

4）返回当前栈顶指针。栈空间初始化结束后，返回当前的栈顶指针 stk 给 TCB 中的 sp，即线程堆栈指针 sp 初始化结束。

```
//（4）返回当前的栈顶指针
return stk;
```

线程堆栈初始化函数 rt_hw_stack_init() 源码可在 cpuport.c 文件中查看。

```
//==================================================================
//函数名称:rt_hw_stack_init
//函数返回:线程当前的栈顶指针
//参数说明:tentry-线程入口函数指针
//          parameter-线程入口函数参数指针
//          stack_addr-栈顶元素指针
//texit-线程终止函数指针
//功能概要:线程堆栈初始化
//==================================================================
rt_uint8_t * rt_hw_stack_init( void * tentry,void * parameter, rt_uint8_t * stack_addr,void * texit)
{
    struct stack_frame * stack_frame;
    rt_uint8_t          * stk;
    unsigned long         i;
    //（1）获取栈顶指针位置
    //（1.1）获取栈顶地址,rt_hw_stack_init 在调用的时候,传给 stack_addr 的是(栈顶指针-4),
    //所以要 sizeof(rt_uint32_t)加回来
    stk  = stack_addr + sizeof(rt_uint32_t);
    //（1.2）因为浮点运算要求栈是 8 字节对齐的,且栈底在高地址,所以需要向下 8 字节对齐
    stk  = (rt_uint8_t *)RT_ALIGN_DOWN((rt_uint32_t)stk, 8);
    //（1.3）栈顶指针 stk 继续向下移动 sizeof(struct stack_frame)个偏移,即移动一个栈帧大小
    stk -= sizeof(struct stack_frame);
    //（1.4）将 stk 指针强制转化为 stack_frame 类型,得到 stack_frame 指针
    stack_frame = (struct stack_frame * )stk;

    //（2）将栈空间里面的 stack_frame 结构体内存初始化为 0xdeadbeef
    for (i = 0; i < sizeof(struct stack_frame) / sizeof(rt_uint32_t); i ++)
    {
        ((rt_uint32_t * )stack_frame)[i] = 0xdeadbeef;
    }
```

```
//(3)初始化异常发生时自动保存的寄存器
stack_frame->exception_stack_frame.r0  = (unsigned long)parameter;       //r0:线程入口函数参数
stack_frame->exception_stack_frame.r1  = 0;
stack_frame->exception_stack_frame.r2  = 0;
stack_frame->exception_stack_frame.r3  = 0;
stack_frame->exception_stack_frame.r12 = 0;
stack_frame->exception_stack_frame.lr  = (unsigned long)texit;           //退出函数指针
stack_frame->exception_stack_frame.pc  = (unsigned long)tentry;          //入口函数指针
stack_frame->exception_stack_frame.psr = 0x01000000L;                    //PSR 的第 24 位须为 1
//(4)返回当前的栈顶指针
return stk;
}
```

（2）rt_timer_t 结点初始化函数 rt_timer_init( )

延时阻塞列表中的成员是 rt_timer_t 类型的结点，线程是通过自身控制块中 rt_timer_t 类型的结点 thread_timer 来进入延时阻塞列表的。

```
struct rt_timer  thread_timer;    //内部调用延时函数时使用
```

线程创建时，结点 thread_timer 通过 rt_timer_init( ) 函数初始化。在该函数中，首先调用 rt_object_init( )⊖初始化 thread_timer 对象，并插入系统对象容器的对象列表中，然后调用 _rt_timer_init( ) 对 thread_timer 的相关属性进行实际初始化。

rt_timer_init( ) 的源码可在 timer.c 中查看。

```
//==================================================================
//函数名称:rt_timer_init
//函数返回:无
//参数说明:timer-静态对象;name-名字;timeout-等待时间;
//         parameter-延时函数的参数;time-延时时间;flag-延时标志
//功能概要:延时阻塞列表结点初始化
//==================================================================
void rt_timer_init(rt_timer_t  timer, const char * name, void ( * timeout)(void * parameter),
                   void * parameter, rt_tick_t time, rt_uint8_t flag)
{
    RT_ASSERT(timer != RT_NULL);
    //(1)将 thread_timer 结点插入系统对象容器列表
    rt_object_init((rt_object_t)timer, RT_Object_Class_Timer, name);
    //(2)thread_timer 结点实际初始化工作
    _rt_timer_init(timer, timeout, parameter, time, flag);
}
```

_rt_timer_init( ) 对 thread_timer 结点初始化的过程分两部分：第一部分为相关属性的初始化，即标志位、状态和延时时间等；第二部分为链表结点的初始化，即将结点的 next 和 prev 这两个指针指向结点本身，以便通过该结点将自身插入延时阻塞列表 rt_timer_list 中。

_rt_timer_init( ) 函数的源码可在 timer.c 文件中查看。

```
//==================================================================
//函数名称:_rt_timer_init
//函数返回:无
```

⊖ thread_timer 为 TCB 中的成员，TCB 已分配的情况下，由 rt_object_init( ) 直接初始化，不需要再通过 rt_object_allocate( ) 动态申请。

```
//参数说明:timer-rt_timer_t 类型结点;timeout-等待时间;
//         parameter-延时函数的参数;time-实际的延时时间;
//         flag-延时标志,取值在 rtdef.h 中定义
//功能概要:初始化延时阻塞列表结点属性
// ====================================================================
static void _rt_timer_init(rt_timer_t timer, void ( * timeout)(void * parameter),
                           void * parameter, rt_tick_t time,
                           rt_uint8_t flag)
{
    int i;
    //(1)属性初始化
    //(1.1)设置标志位,具体描述可见头文件".. \include\rtdef.h"
    timer->parent.flag   = flag;
    //(1.2)先设置为非激活态
    timer->parent.flag &= ~RT_TIMER_FLAG_ACTIVATED;
    //(1.3)设置超时函数
    timer->timeout_func = timeout;
    //(1.4)设置超时函数形参
    timer->parameter = parameter;
    //(1.5)初始化实际延时的系统节拍数
    timer->timeout_tick = 0;
    //(1.6)初始化需要延时的节拍数
    timer->init_tick     = time;
    //(2)初始化链表结点,即将结点的 next 和 prev 这两个指针指向结点本身。
    //当需要延时阻塞时,通过该结点接入 rt_timer_list 中
    for (i = 0; i < RT_TIMER_SKIP_LIST_LEVEL; i++)
    {
        rt_list_init(&(timer->row[i]));
    }
}
```

3. 线程启动函数 rt_thread_startup( )

线程创建并初始化结束后，调用线程启动函数 rt_thread_startup( )启动该线程。注意这里"启动"两字的含义，并不是真正的启动运行线程，而是为了调度器的调度运行，进行相应的初始化。线程启动的具体过程如下。

1）设置线程当前优先级及掩码值[⊖]。线程优先级的大小决定了该线程在就绪列表中的位置，为了方便调度，启动时需要初始化该线程的当前优先级以及对应的掩码值（即线程就绪优先级组的索引）。

```
//(1)设置当前优先级为初始优先级
thread->current_priority = thread->init_priority;
//(2)根据优先级计算线程就绪优先级组的掩码值,调度器可以通过该属性快速查找
//就绪列表中优先级最高的线程
thread->number_mask = 1L << thread->current_priority;
```

2）将线程插入就绪列表中。线程被调度运行之前需要进入就绪列表表示准备就绪，这里先将线程状态设置为挂起态，再调用线程恢复函数 rt_thread_resume 将该线程插入就绪列表中（挂起态是为了满足使用 rt_thread_resume 函数的使用条件）。rt_thread_resume 函数将在第 10 章进行剖析。

⊖ 这里为默认值，方便后续位运算，屏蔽有关需要保留的位。

```
//(3)将线程插入就绪列表中
//(3.1)先设置线程的状态为挂起态,等下会恢复
thread->stat = RT_THREAD_SUSPEND;
//(3.2)恢复线程,即将线程插入就绪列表中
rt_thread_resume(thread);
```

3) 判断是否进行一次调度。由于此时还处于 RT-Thread 启动过程中,调度器还未启动,所以当前线程 rt_thread_self() 为 NULL,不进行调度。

```
//(4)因为调度器还未启动,所以当前线程 rt_thread_self() 为 NULL,不进行调度
if(rt_thread_self()!= RT_NULL)
{
    //做一次系统调度
    rt_schedule();
}
```

线程启动函数 rt_thread_startup() 源码可在 thread. c 文件中查看。

```
//==================================================================
//函数名称:rt_thread_startup
//函数返回:错误码
//参数说明:thread:线程控制块;
//功能概要:启动线程,为了调度器的调度运行,进行相应的初始化设置
//==================================================================
rt_err_t rt_thread_startup(rt_thread_t thread)
{
    //RT_ASSERT 为保留函数,未用到
    RT_ASSERT(thread != RT_NULL);
    RT_ASSERT((thread->stat & RT_THREAD_STAT_MASK) == RT_THREAD_INIT);
    RT_ASSERT(rt_object_get_type((rt_object_t)thread) == RT_Object_Class_Thread);
    //(1)设置当前优先级为初始优先级
    thread->current_priority = thread->init_priority;
    //(2)根据优先级计算线程就绪优先级组的掩码值,调度器可以通过该属性快速查找
    //    就绪列表中优先级最高的线程
    thread->number_mask = 1L << thread->current_priority;

    RT_DEBUG_LOG(RT_DEBUG_THREAD, ("startup a thread:%s with priority:%d\n",
                                   thread->name, thread->init_priority));
    //(3)将线程插入就绪列表
    //(3.1)先设置线程的状态为挂起态,等下会恢复
    thread->stat = RT_THREAD_SUSPEND;
    //(3.2)恢复线程,即将线程插入就绪列表
    rt_thread_resume(thread);
    //(4)因为调度器还未启动,所以当前线程 rt_thread_self() 为 NULL,不进行调度
    if(rt_thread_self() != RT_NULL)
    {
        //做一次系统调度
        rt_schedule();
    }
    return RT_EOK;
}
```

8.4.2 创建主线程与空闲线程

1. 创建主线程

从用户的角度来看，主线程扮演了用户程序"入口"的角色，入口函数为 app_init()，通过该函数来创建用户线程，这个函数由用户自行编写。这里给出的是如何把 app_init() 这个函数变成线程，即创建主线程。这项工作由函数 rt_application_init() 完成，整个过程由两部分组成：首先调用线程创建函数 rt_thread_create() 创建并初始化主线程，然后调用线程启动函数 rt_thread_startup() 启动主线程。事实上，主线程启动后，并没有立刻运行，而是被挂载到 RT-Thread 中的线程就绪列表上。直到调度器启动后才会进行第一次线程切换，执行主线程。

创建主线程函数 rt_application_init() 源码可在 OsFunc.c 中查看。

```
//================================================================
//函数名称:rt_application_init
//函数返回:无
//参数说明:入口为指向函数的指针,这里指向用户函数 app_init()
//功能概要:创建主线程,并将其加入线程就绪列表,等待调度器启动后调度主线程运行
//================================================================
void rt_application_init( void ( * func)( void) )
{
    rt_thread_t tid;
    //(1)创建主线程,并为其分配运行所需资源
    //RT_MAIN_THREAD_STACK_SIZE 为线程堆栈大小 512B
    //RT_MAIN_THREAD_PRIORITY 为主线程优先级 10
    //20 为主线程的时间片
    tid = rt_thread_create("main", (void * )func, RT_NULL,RT_MAIN_THREAD_STACK_SIZE,
                    RT_MAIN_THREAD_PRIORITY, 20);
    //RT_ASSERT 为保留函数,内容为空
    RT_ASSERT(tid != RT_NULL);
    //(2)将主线程加入线程就绪列表,等待调度器启动后运行
    rt_thread_startup(tid);
}
```

2. 创建空闲线程

在 .. \src\idle.c"文件中，rt_thread_idle_entry 函数会调用 rt_thread_idle_excute() 函数，其功能是：使 CPU 保持运行状态，同时对终止的无效线程进行资源回收。

创建空闲线程就是把 rt_thread_idle_entry 函数变成线程，称为空闲线程。这项工作由函数 rt_thread_idle_init() 完成，整个过程由两部分组成：首先调用 rt_thread_init() 初始化空闲线程，然后调用 rt_thread_startup() 启动空闲线程。设置空闲线程的目的是在无用户线程运行时，使 CPU 持续处于运行状态，空闲线程使用静态内存来创建，其控制块和堆栈空间都是已经提前定义好的静态全局变量，所以直接调用 rt_thread_init() 函数初始化该线程。空闲线程初始化结束之后，同样需要调用 rt_thread_startup 函数启动该线程，将其插入就绪列表中。

rt_thread_idle_init() 函数的源代码可在 ".. \src\idle.c"文件中查看。

```
//================================================================
//函数名称:rt_thread_idle_init
//函数返回:无
//参数说明:无
//功能概要:创建空闲线程,并将其加入线程就绪列表,等待调度器启动后调度
```

```
//============================================================
void rt_thread_idle_init(void)
{
    //(1)初始化空闲线程
    //    idle 是静态的全局 TCB 结构体,用于空闲线程
    //    rt_thread_stack 是静态的全局数组,大小为 256B,作为空闲线程的线程堆栈来使用
    //    优先级为 RT_THREAD_PRIORITY_MAX - 1,即为最低的 31
    rt_thread_init(&idle, "tidle", rt_thread_idle_entry, RT_NULL,&rt_thread_stack[0],
                sizeof(rt_thread_stack), RT_THREAD_PRIORITY_MAX - 1,32);
    //(2)启动空闲线程,插入线程就绪列表中
    rt_thread_startup(&idle);
}
```

（1）线程初始化函数 rt_thread_init()

线程初始化函数 rt_thread_init() 和线程创建函数 rt_thread_create() 不同的地方在于：rt_thread_init() 不会动态申请 TCB 和线程堆栈，而是直接初始化已经分配好的 TCB 和线程堆栈。例如空闲线程的线程控制块 idle 和线程堆栈 rt_thread_stack，是在 idle.c 文件中已经定义好的静态变量：

```
//空闲线程控制块
static struct rt_thread idle;
//空闲线程的线程堆栈,IDLE_THREAD_STACK_SIZE 大小为 256B
static rt_uint8_t rt_thread_stack[IDLE_THREAD_STACK_SIZE];
```

所以对已分配的 TCB 对象初始化时，会调用对象初始化函数 rt_object_init() 完成。但之后对线程进行实际初始化时，和 rt_thread_create() 一样都是调用了_rt_thread_init() 函数，此处不做重复说明。

线程初始化函数 rt_thread_init() 源码可在 thread.c 文件中查看。

```
//============================================================
//函数名称:rt_thread_init
//函数返回:返回错误码
//参数说明:thread-线程控制块
//        name-线程名字
//        entry-线程入口函数
//        parameter-线程入口函数参数
//        stack_start-线程堆栈起始地址
//        stack_size-线程堆栈大小
//        priority-线程优先级
//        tick-线程时间片
//功能概要:使用静态内存初始化线程
//============================================================
rt_err_t rt_thread_init(struct rt_thread * thread, const char * name, void ( * entry)(void * parameter),
                void * parameter, void * stack_start, rt_uint32_t stack_size, rt_uint8_t priority,
                rt_uint32_t tick)
{
    RT_ASSERT(thread != RT_NULL);
    RT_ASSERT(stack_start != RT_NULL);
    //(1)初始化线程控制块对象,加入内核对象容器中
    rt_object_init((rt_object_t)thread, RT_Object_Class_Thread, name);
    //(2)对线程进行实际初始化
```

```
        return _rt_thread_init(thread, name, entry, parameter, stack_start, stack_size, priority, tick);
    }
```

（2）内核对象初始化函数 rt_object_init()

内核对象初始化函数 rt_object_init() 是通过已经分配好的静态内存直接初始化对象。该函数主要功能如下：获取对象信息，初始化静态对象并将该对象插入对象容器中对应的对象列表。下面对该函数实现过程进行具体分析。

1）获取对象信息。也就是需要从对象容器里拿到对应对象列表头指针。调用 rt_object_get_information() 函数，根据传入的对象类型来找到系统对象容器中相应的对象列表头指针，方便对象的插入。

```
information = rt_object_get_information(type);
```

这里传给 type 的参数也是 RT_Object_Class_Thread，即代表线程对象。

2）初始化静态对象。对该对象进行初始化，设置对象类型为静态类型并设置对象的名字。

```
//(2)初始化静态对象
//(2.1)设置对象类型为静态类型
object->type = type | RT_Object_Class_Static;
//(2.2)设置对象的名字
rt_strncpy(object->name, name, RT_NAME_MAX);
```

3）将对象插入系统对象容器的对象列表。调用 rt_list_insert_after 将对象控制块插入系统对象容器，即通过控制块的 list 结点接入容器中的对象列表。这里是将线程控制块接入系统对象容器中的线程对象列表中。

```
//(3.2)将对象插入容器的对应列表中
rt_list_insert_after(&(information->object_list), &(object->list));
```

内核对象初始化函数 rt_object_init() 的源码可在 object. c 文件中查看。

```
//=================================================================
//函数名称:rt_object_init
//函数返回:返回对应的对象控制块
//参数说明:object-要初始化的对象
//         type-对象的类型
//         name-对象的名字,在整个系统中,对象的名字必须是唯一的
//功能概要:使用静态内存初始化对象,并插入对象容器
//=================================================================
void rt_object_init(struct rt_object * object, enum rt_object_class_type type, const char * name)
{
    register rt_base_t temp;
    struct rt_object_information  * information;

    //(1)获取对象信息,即从容器里拿到对应对象列表头指针
    information = rt_object_get_information(type);
    RT_ASSERT(information != RT_NULL);

    //(2)初始化静态对象
    //(2.1)设置对象类型为静态类型
    object->type = type | RT_Object_Class_Static;
    //(2.2)设置对象的名字
    rt_strncpy(object->name, name, RT_NAME_MAX);
```

```
    RT_OBJECT_HOOK_CALL(rt_object_attach_hook, (object));

    //(3)将对象插入对象容器中对应的对象列表
    //(3.1)关中断
    temp = rt_hw_interrupt_disable();
    {
    //(3.2)将对象插入容器的对应列表中,不同类型的对象所在的列表不一样
        rt_list_insert_after(&(information->object_list), &(object->list));
    }
    //(3.3)开中断
    rt_hw_interrupt_enable(temp);
}
```

8.5　深入理解启动过程：启动调度器

在延时阻塞列表、调度器初始化后,创建了主线程与空闲线程,但此时 RT-Thread 还未真正开始运行,需要启动调度器来主动进行第一次线程切换,实现 RT-Thread 的启动与运转。启动调度器是由调度器启动函数 rt_system_scheduler_start() 来实现的。

8.5.1　调度器启动函数 rt_system_scheduler_start()

调度器启动函数 rt_system_scheduler_start() 的源码在 scheduler.c 文件中,基本运行流程如下:首先找到系统当前就绪列表中最高优先级的线程 (即主线程),然后通过线程切换准备函数 rt_hw_context_switch_to 为实现第一次线程切换做准备工作。

```
//=================================================================
//函数名称:rt_system_scheduler_start
//函数返回:无
//参数说明:无
//功能概要:启动调度器,实现第一次线程切换
//=================================================================
void rt_system_scheduler_start(void)
{
    register   struct rt_thread   * to_thread;
    register   rt_ubase_t highest_ready_priority;

    //(1)寻找就绪列表中最高优先级的线程
    //(1.1)从就绪列表寻找最高优先级(32 位的整型数,每一位对应一个优先级)
    highest_ready_priority = __rt_ffs(rt_thread_ready_priority_group) - 1;
    //(1.2)从就绪列表中找出 highest_ready_priority 对应的线程控制块(主线程)①
    to_thread = rt_list_entry(rt_thread_priority_table[highest_ready_priority].next, struct rt_thread,tlist);
    //(2)主动指定第一个运行的线程,即优先级最高的主线程
    rt_current_thread = to_thread;
    //(3)为切换到主线程运行做准备工作,通过 rt_hw_context_switch_to 函数实现②
    rt_hw_context_switch_to((rt_uint32_t)&to_thread->sp);
}
/*
注:① rt_list_entry()是一个根据已知结构体中的成员地址来反推出该结构体的首地址的宏,由于线程通过 tlist 结点接入就绪列表,故通过该函数可以找到该线程控制块的首地址。
② 接下来关键问题是理解如何切换到主线程运行,这样启动过程就清晰了。
*/
```

接下来剖析 rt_hw_context_switch_to 这个为线程切换做准备的汇编函数。

8.5.2 第一次线程切换准备函数 rt_hw_context_switch_to

线程切换准备函数 rt_hw_context_switch_to 是一段汇编代码，位于 context_gcc.s 文件中。给该函数传入主线程的栈指针 SP⊖，其主要功能是：为触发 PednSV 中断进行第一次线程切换做准备工作，如设置 SP 指针、中断标志位、配置 PendSV 优先级和状态位、恢复主堆栈指针 MSP 并使能总中断等。这段程序运行后，将自动执行 PendSV 中断服务程序，开始线程切换，PendSV 中断服务程序如何实现线程切换将在第 10 章进行深入剖析。

1. rt_hw_context_switch_to 函数流程

rt_hw_context_switch_to 函数功能流程如图 8-4 所示，该函数执行结束后，PendSV 中断立刻被触发，执行 PendSV 中断服务程序 PendSV_Handler 进行线程的真正切换。

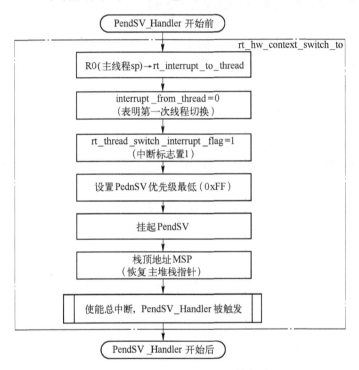

图 8-4　rt_hw_context_switch_to 执行流程

2. rt_hw_context_switch_to 函数用到的变量及宏常数

rt_hw_context_switch_to 函数用到了三个在 cpuport.c 文件中定义的全局变量：

```
rt_uint32_t rt_interrupt_from_thread;        //用于存储上一个线程堆栈指针
rt_uint32_t rt_interrupt_to_thread;          //用于存储下一个将要运行线程的栈指针
rt_uint32_t rt_thread_switch_interrupt_flag;  //PendSV 中断服务程序执行标志
```

在 context_gcc.s 文件中，对相关的映像寄存器地址、数值进行了宏定义，这样编程时就可以使用这些英文标识。

⊖ 当一个汇编函数在 C 文件中调用的时候，如果有一个形参，则执行的时候会将这个形参传到 CPU 寄存器 r0，如果有两个形参，第二个则传到 CPU 寄存器 r1。

```
.equ    SCB_VTOR,           0xE000ED08          //向量表偏移寄存器
.equ    NVIC_INT_CTRL,      0xE000ED04          //中断控制状态寄存器
.equ    NVIC_SYSPRI2,       0xE000ED20          //系统优先级寄存器(2)
.equ    NVIC_PENDSV_PRI,    0x00FF0000          // PendSV 优先级值（lowest）
.equ    NVIC_PENDSVSET,     0x10000000          //触发 PendSV 中断的值
```

3. rt_hw_context_switch_to 完整源码注释

第一次线程切换准备函数 rt_hw_context_switch_to 的源码可在 context_gcc.s 文件中查看。

```
rt_hw_context_switch_to:
    //(1)将下一个将要运行的线程的栈的栈指针存放到 rt_interrupt_to_thread
    LDR r1, =rt_interrupt_to_thread
    STR r0, [r1]
#if defined (__VFP_FP__) && !defined(__SOFTFP__)①
    MRS  r2, CONTROL                   //读
    BIC  r2, #0x04                     //改
    MSR  CONTROL, r2                   //写回
#endif
    //(2)设置 rt_interrupt_from_thread 的值为 0,表示启动第一次线程切换
    LDR r1, =rt_interrupt_from_thread
    MOV r0, #0x0
    STR r0, [r1]
    //(3)设置中断标志位 rt_thread_switch_interrupt_flag 的值为 1
    LDR r1, =rt_thread_switch_interrupt_flag
    MOV r0, #1
    STR r0, [r1]
    //(4)设置 PendSV 异常的优先级
    LDR r0, =NVIC_SYSPRI2
    LDR r1, =NVIC_PENDSV_PRI
    LDR.W r2, [r0,#0x00]               //读,(LDR.W 为 32 位指令)
    ORR r1,r1,r2                       //改,将 r1 与 r2 进行"或"运算并返回到 r1
    STR r1, [r0]                       //写,将 r1 值存储到系统优先级寄存器 2
    //(5)配置 PendSV 中断注②
    LDR r0, =NVIC_INT_CTRL
    LDR r1, =NVIC_PENDSVSET            //即更新设置 PendSV 优先级值为最低
    STR r1, [r0]                       //更新中断控制状态寄存器
    //(6)恢复主堆栈指针 MSP
    LDR r0, =SCB_VTOR                  //将中断向量表偏移寄存器地址加载到 r0
    LDR r0, [r0]                       //中断向量表地址加载到 r0
    LDR r0, [r0]                       //中断向量表第一项内容(栈顶)加载到 r0
    NOP
    MSR msp, r0                        //将栈顶放入 MSP 中
    //(7)开放中断,PendSV 中断服务程序将开始执行,在那里将会完成首个线程切换
    CPSIE   F                          //开放 F 标志中断
    CPSIE   I                          //开放 I 标志中断
/*
注:① Cortex-M4F 中除了以上 D1、D0 位外,还定义了 D2 位、D2(FPCA)浮点上下文活跃位。FPCA 会在执
行浮点指令时自动置位,当 FPCA=1 且发生了异常时,处理器的异常处理机制就认为当前上下文使用了
浮点指令,这时就需要保存浮点寄存器,浮点寄存器的保存方式分多种,这里不再详细叙述,详细内容请参
考《CM3/4 权威指南》《ARMv7-M 参考手册》。处理器硬件会在异常入口处清除 FPCA 位。
② 这里配置后,待本程序最后开放总中断,就会立即进入运行 PendSV 中断服务程序
*/
```

8.6 函数调用关系总结及存储空间分析

至此，RT-Thread 启动完成，线程切换到主线程函数 app_init() 进行执行，由主线程函数负责启动各个用户线程，当用户线程启动后，主线程结束并释放所占有的资源，接着由 RT-Thread 开始对用户线程进行调度。

通过以上各节的描述，读者应该对 RT-Thread 启动过程有一个基本的轮廓，为了更好地帮助读者理解各个函数之间的调用关系，现对各主要函数之间的调用关系做一个总结。

8.6.1 启动过程函数调用关系总结

1. 启动过程函数调用关系一览

从芯片上电复位到 RT-Thread 启动完成涉及的各函数之间的调用关系如图 8-5 所示。

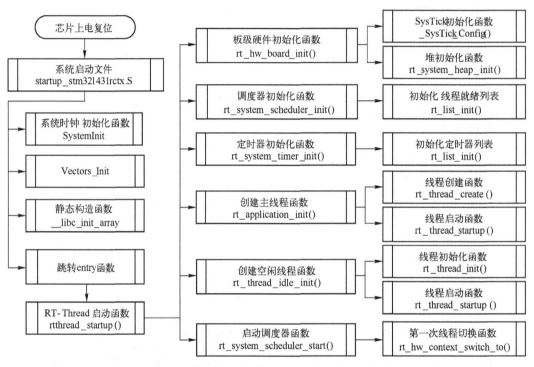

图 8-5 RT-Thread 启动过程函数调用关系一览图

2. 线程创建函数调用关系

在 RT-Thread 中，线程由其对应的线程控制块（TCB）来表示，每个线程都需要有自己的栈空间，创建线程需要对栈空间进行分配。因此线程创建函数 rt_thread_create() 主要涉及线程控制块对象分配函数 rt_object_allocate()、线程堆栈空间分配函数 RT_KERNEL_MALLOC()、线程实际初始化函数_rt_thread_init()。它们之间的调用关系如图 8-6 所示。

3. 线程初始化函数调用关系

在 RT-Thread 中，若使用静态内存来创建线程需要使用线程初始化函数 rt_thread_init()，主要涉及线程控制块对象初始化函数 rt_object_init()、线程实际初始化函数_rt_thread_init()。它们之间的调用关系如图 8-7 所示。

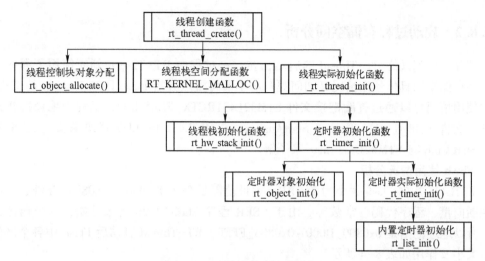

图 8-6　线程创建函数调用关系

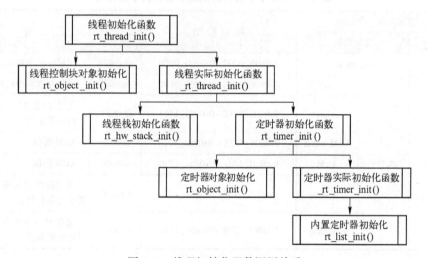

图 8-7　线程初始化函数调用关系

4. 线程启动函数调用关系

线程启动函数主要涉及线程恢复函数 rt_thread_resume ( ) 和系统调度函数 rt_schedule ( )（RT-Thread 启动过程中 rt_schedule 未执行），它们之间的调用关系如图 8-8 所示。

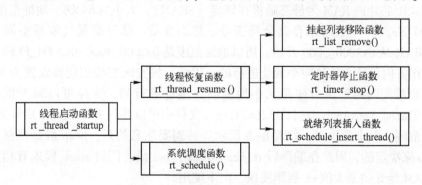

图 8-8　线程启动函数调用关系

8.6.2 启动过程存储空间分析

从芯片上电到最终 RT-Thread 的启动，在这一过程中 RT-Thread 到底使用了哪些存储空间，这些存储空间具体使用情况又如何呢？本小节将重点分析 Flash 区和 RAM 区的使用情况，它们的使用情况可以通过查阅链接文件 STM32L431RCTX_FLASH.ld、工程中编译链接过程产生的列表文件 CH8.6-RT-Thread_StartAnalysis_STM32L431.lst 和存储映像文件 CH8.6-RT-Thread_StartAnalysis_STM32L431.map 来了解。

1. Flash 使用情况分析

STM32L431 片内 Flash 大小为 256 KB，地址范围是 0x0800_0000~0x0803_FFFF，一般用来存放中断向量、程序代码、常数等。由于 USER 程序 Flash 从 26 扇区开始，一个扇区大小为 2 KB，所以地址范围是 0x0800_D000~0x0803_FFFF，RT-Thread 启动后 Flash 中各个区的地址范围、大小及作用如表 8-4 所示。

表 8-4　Flash 中的各区地址范围、大小及作用

Flash 区		地址范围	大小/B	作 用
中文名称	英文名称			
中断向量区	isr_vector	0x0800_D000~0x0800_D800	0x0800	用于存放中断向量
代码及常数区	m_text	text	0x0800_D800~0x0801_0E40	0x3640	用于存放程序代码
		rodata	0x0801_0E40~0x0801_1724	0x08E4	用于存放只读数据（const）、字符串常量等
		ARM.extab	0x0801_1728~0x0801_1728	0x0000	ARM 保留
		ARM	0x0801_1728~0x0801_1730	0x0008	ARM 保留
		init_array	0x0801_1730~0x0801_1738	0x0008	保存程序或共享对象加载时的初始化函数指针
		fini_array	0x0801_1738~0x0801_1740	0x0008	保存程序或共享对象退出时的退出函数地址

具体如何查看相关地址可以通过 CH8.6-RT-Thread_StartAnalysis_STM32L431.map 文件来了解，直接搜索相关关键字即可找到。下面的 RAM 地址也可用同样方法查看。

2. RAM 使用情况分析

（1）RT-Thread 启动后 RAM 使用情况分析

STM32L431 芯片内 RAM 为静态随机存储器（SRAM），大小为 64 KB，地址范围是 0x2000_0000-0x2000_FFFF，一般用来存储全局变量、静态变量、临时变量（堆栈空间）等。由于 USER 程序 RAM 从 0x2000_3000 开始，所以地址范围是 0x2000_3000-0x2000_FFFF。该芯片的栈空间的使用方向是从大地址向小地址进行的，因此，栈空间的栈顶应该设置为 RAM 地址的最大值+1。而堆空间的使用方向是从小地址向大地址进行的，这样可以减少重叠错误。在 CH8.6-RT-Thread_StartAnalysis_STM32L431.map 文件中可以找到 RT-Thread 启动后 RAM 中各个段的地址范围、大小及作用，如表 8-5 所示。特别要注意的是，heap 段是根据定义的静态数组 rt_heap 来决定的，因此在编译后 rt_heap 也属于 bss 段；同时 stack 段未有相关的初始操作，默认 RAM 地址的最大值+1 当作栈顶，向下使用。

表 8-5　RAM 中的各段地址范围、大小及作用

各段名称	地址范围	大小/B	作　用
data 段	0x2000_3000~0x2000_3098	0x0098	存放已初始化且值不为 0 的全局变量和静态变量
bss 段	0x2000_3098~0x2000_642C	0x3394	存放未初始化或已初始化且值为 0 的全局变量和静态变量
heap 段	0x2000_314C~0x2000_614C	0x3000	用于操作系统动态申请空间
stack 段	~0x2000_FFFF		保存函数中的局部变量和参数

其中，初始化的数据段、未初始化的数据段、堆区、栈区的大小和地址范围会因程序不同而不同。

（2）各线程 RAM 分配情况分析

在 RT-Thread 的启动过程中，系统先后建立了主线程 main、空闲线程 idle，这两个线程的 RAM 分配情况如表 8-6 所示。表中的成员名来源于线程控制块结构体，数据采用十六进制表示，可以通过对程序进行单步调试获得。这些数据会因每次程序的运行而有所变化，sp 的值等于 stack_addr+ stack_size-68。栈帧大小为 68 字节，其中 64 字节的固定区域用于在线程进行上下文切换时，保存线程的上下文，即 R0~R12、R14、R15、xPSR 等 16 个寄存器，还有 4 字节为未使用到的 FPU 标志位 flag。

表 8-6　系统线程的 RAM 分配情况表

线程名 成员名	主线程	空闲线程
cb_mem（TCB 地址）	0x2000_3158	0x2000_614C
cb_size（TCB 大小）	0x80	0x80
stack_addr（栈内存首地址+4）	0x2000_31E4	0x2000_61CC
stack_size（栈大小）	0x200	0x100
current_priority（优先级）	0xA	0x1F
SP（当前栈指针）	0x2000_339C	0x2000_6284

上列表格中地址可以通过 printf 语句打印出来进行查看，这里以主线程为例，只需要在 threadauto_appinit.c 文件中添加如下语句即可（详见 CH8.6 – RT – Thread _ StartAnalysis _ STM32L431 工程）：

```
printf("主线程控制块=(%x)\n",rt_thread_self());
printf("主线程控制块大小=(%x)\n",sizeof(*rt_thread_self()));
printf("主线程堆栈空间首地址=(%x)\n",rt_thread_self()->stack_addr);
printf("主线程堆栈空间大小=(%x)\n",rt_thread_self()->stack_size);
printf("主线程当前优先级=(%x)\n",rt_thread_self()->current_priority);
printf("主线程SP=(%x)\n",rt_thread_self()->sp);
```

在主线程函数 app_init() 中分别建立了红灯线程 thd_redlight、蓝灯线程 thd_bluelight 和绿灯线程 thd_greenlight 三个用户线程。当这三个用户线程启动完后，主线程进入终止状态。此时，系统中有 4 个线程，分别是空闲线程、红灯线程、蓝灯线程和绿灯线程，这 4 个线程的 RAM 分配如表 8-7 所示。表中的成员名来源于线程控制块结构体和线程属性结构体。

表 8-7 主线程终止后线程的 RAM 分配情况表

线程名 成员名	空 闲 线 程	红 灯 线 程	蓝 灯 线 程	绿 灯 线 程
cb_mem	0x2000_614C	0x2000_33F0	0x2000_3920	0x2000_3688
cb_size	0x80	0x80	0x80	0x80
stack_addr	0x2000_61CC	0x2000_347C	0x2000_39AC	0x2000_3714
stack_size	0x100	0x200	0x200	0x200
current_priority	0x1F	0xA	0xA	0xA
SP	0x2000_6284	0x2000_35EC	0x2000_3B24	0x2000_388C

上列表格中地址可以还可以通过 printf 语句打印出来进行查看，这里以红灯线程为例，只需要在 thread_redlight. c 文件中添加如下语句即可（详见 CH8. 6 - RT - Thread_StartAnalysis_STM32L431 工程）：

```
printf("红灯线程 SP=(%x)\n",rt_thread_self()->sp);
printf("红灯线程控制块=(%x)\n",rt_thread_self());
printf("红灯线程控制块大小=(%x)\n",sizeof(*rt_thread_self()));
printf("红灯线程堆栈空间首地址=(%x)\n",rt_thread_self()->stack_addr);
printf("红灯线程堆栈空间大小=(%x)\n",rt_thread_self()->stack_size);
printf("红灯线程当前优先级=(%x)\n",rt_thread_self()->current_priority);
```

RT-Thread 启动后，空闲线程、红灯线程、蓝灯线程和绿灯线程这 4 个线程之间的指向关系如图 8-9 所示。在 RT-Thread 中就绪列表的每个优先级对应一条双向链表，即 31 优先级的空闲线程处于一个链表，10 优先级的红灯线程、蓝灯线程和绿灯线程处于一个链表。此处以 10 优先级对应的链表为例，可在最先启动的红灯线程中输出就绪列表中 10 优先级的链表状况（详见 CH8. 6 - RT-Thread_StartAnalysis_STM32L431 工程），输出结果为：

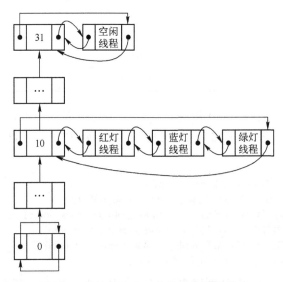

图 8-9 就绪列表中用户线程之间的关系

就绪列表为:(20006360)<=>(20003404)<=>(2000369C)<=>(20003934)<=>(20006360)

其中，0x2000_6360 地址为就绪列表中 10 优先级对应的双链表根结点，即 0x2000_3404、

0x2000_369C、0x2000_3934 分别对应红灯线程、绿灯线程和蓝灯线程。由于线程是通过自身控制块的 tlist 结点成员接入就绪列表中，故与 TCB 地址有着 0x14 的偏移，以红灯线程为例，即 0x2000_3404 = 0x2000_33F0 + 0x14。

8.7 本章小结

芯片复位开始执行的第一个指令在 ".. \startup \startup_stm32l431rctx. s" 文件中的 Reset_Handler 标号处，主要完成了系统时钟的初始化工作。转向 main 之后，开始 RT-Thread 的启动工作。

RT-Thread 的启动主要过程有：完成时间嘀嗒、堆空间、延时阻塞列表、初始化工作；完成线程就绪列表、当前线程优先级、当前线程控制块指针、线程就绪优先级组等初始化工作；创建主线程与空闲线程，设置主线程优先级为 10，堆栈大小为 512 字节，对应主线程函数是 app_init( )；创建空闲线程，优先级为 31（最低），职责是无其他线程需要运行时就运行它，使 CPU 保持运行状态，同时对无效线程进行资源回收工作；在创建完主线程和空闲线程后，启动调度器，即从就绪列表中找到主线程控制块，设置并触发 PendSV 中断，在 PendSV 中断服务程序中调度主线程开始运行。

第 9 章　理解时间嘀嗒

时间嘀嗒是实时操作系统内核的重要组成部分，没有时间嘀嗒，调度就难以进行。理解时间嘀嗒是理解实时操作系统下线程被调度运行的重要一环。本章阐述时间嘀嗒的产生、实时操作系统下的延时函数运行机制等，并给出原理剖析。

9.1　时间嘀嗒的建立与使用

ARM Cortex-M 内核中包含了一个简单的定时器 SysTick，又称为"嘀嗒"定时器。凡是使用该内核的 MCU 均含有 SysTick，因此使用这个定时器的程序方便在 MCU 间移植。在使用实时操作系统时，一般可用该定时器作为操作系统的时间嘀嗒，可简化实时操作系统在以 ARM Cortex-M 为内核的 MCU 间移植工作。

RT-Thread 使用 SysTick 作为"嘀嗒"定时器，在 SysTick 中断服务程序 SysTick_Handler 中对线程状态进行管理。

9.1.1　SysTick 定时器的寄存器

SysTick 定时器是一个 24 位倒计时计数器，它以系统内核时钟作为基准，在一个时钟周期中进行一个递减操作，初值通过编程设定，采用减 1 计数的方式工作，当减 1 计数到 0 时，可产生 SysTick 中断。

1. SysTick 定时器的寄存器地址

SysTick 定时器中有 4 个 32 位寄存器，基地址为 0xE000E010，其偏移地址及简明功能如表 9-1 所示。

表 9-1　Systick 定时器的寄存器偏移地址及简明功能

偏移地址	寄存器名	简　称	简 明 功 能
0x0	控制及状态寄存器	CTRL	配置功能及状态标志
0x4	重载寄存器	LORD	低 24 位有效，计数器到 0，用该寄存器的值重载
0x8	计数器	VAL	低 24 位有效，计数器的当前值，减 1 计数
0xC	校准寄存器	CALIB	针对不同 MCU，校准恒定中断频率

2. 控制及状态寄存器

控制及状态寄存器的 31~17 位、15~3 位为保留位，4 个位有实际含义，如表 9-2 所示，这 4 位分别是溢出标志位、时钟源选择位、中断使能控制位和该定时器使能位，复位时，若未设置参考时钟，则为 0x00000004，即其第 2 位为 1，默认使用内核时钟。

表 9-2　控制及状态寄存器

位	英文含义	中文含义	R/W	功 能 说 明
16	COUNTFLAG	溢出标志位	R	计数器减 1 计数到 0，则该位为 1，读取该位清 0

（续）

位	英文含义	中文含义	R/W	功能说明
2	CLKSOURCE	时钟源选择位	R/W	0：外部时钟；1：内核时钟（默认）
1	TICKINT	中断使能控制位	R/W	0：禁止中断；1：允许中断
0	ENABLE	SysTick 使能位	R/W	0：关闭；1：使能

3. 重载寄存器及计数器

SysTick 模块的计数器 STCVR 保存当前计数值，这个寄存器是由芯片硬件自行维护，用户无须干预，系统可通过读取该寄存器的值得到更精细的时间表示。

SysTick 定时器的重载寄存器 LORD 的低 24 位 D23~D0 有效，其值是计数器的初值及重载值。SysTick 定时器的计数器 VAL 保存当前计数值，这个寄存器是由芯片硬件自行维护，用户无须干预，用户程序可通过读取该寄存器的值得到更精细的时间表示。

4. ARM Cortex-M 内核优先级设置寄存器

Systick 定时器的初始化程序时，还需用到 ARM Cortex-M 内核的系统处理程序优先级寄存器（System Handler Priority Register，SHPR），用于设定 Systick 定时器中断的优先级。SHPR 位于系统控制块（System Control Block，SCB）中。在 ARM Cortex-M 中，只有 SysTick、SVC（系统服务调用）和 PendSV（可挂起系统调用）等内部异常可以设置其中断优先级，其他内核异常的优先级是固定的。编程时，使用 SCB->SHP[n] 进行书写，SVC 的优先级在 SHP[7] 寄存器中设置，PendSV 的优先级在 SHP[10] 寄存器中设置，SysTick 的优先级在 SHP[11] 寄存器中设置，具体位置如表 9-3 所示。对于 STM32L431 芯片，SHP[n] 寄存器的有效位数是高 4 位，优先级可以设置为 0~15 级，一般设置 SysTick 的优先级为 15，SVC 及 PendSV 主要用于实时操作系统中。

表 9-3　优先级设置寄存器

地　址	名　称	类　型	复位值	描　述
0xE000_ED23	SHP[11]	R/W	0（8位）	SysTick 的优先级
0xE000_ED22	SHP[10]	R/W	0（8位）	PendSV 的优先级
0xE000_ED1F	SHP[7]	R/W	0（8位）	SVC 的优先级

下面以 SHP[11] 的设置为例进行说明。首先查找地址，可在 ···/02_CPU/core_cm4.h 文件中找到 SCB 的基地址为 0xE000_ED00，SHP[12] 的偏移量为 0x018，由此可计算出 SHP[11]、SHP[10]、SHP[7] 的地址分别为 0xE000_ED23、0xE000_ED22、0xE000_ED1F；然后设置优先级，可以在 systick.c 中调用函数 NVIC_SetPriority 来调整优先级，方法为 NVIC_SetPriority（SysTick_IRQn，(1UL << __NVIC_PRIO_BITS) - 1UL)，通过查中断向量表得到函数中第 1 参数为 0xFFFF_FFFF（补码表示，真值为-1），计算可得到第 2 参数为 0xF（即优先级为 15），并在 core_cm4.h 中找到其对应的函数，通过 if 语句计算出 SHP[n] 中的 n 为 11，SHP[11]=0XF0，其中 __NVIC_PRIO_BITS 已被宏定义为 4。

9.1.2　SysTick 定时器的初始化

1. SysTick 定时器初始化过程分析

RT-Thread 在板级硬件初始化函数 rt_hw_board_init() 中调用 SysTick 配置函数 _SysTick_Config() 完成 SysTick 初始化（也就是时间嘀嗒初始化）。

```
//(2)SysTick 初始化,RT_TICK_PER_SECOND 为 rtconfig. h 设置的嘀嗒频率
_SysTick_Config(SystemCoreClock / RT_TICK_PER_SECOND);
```

_SysTick_Config 函数的参数为时间嘀嗒的周期,是由系统时钟除以内核嘀嗒定时器频率得到的 (SystemCoreClock/RT_TICK_PER_SECOND)。系统时钟为 48 MHz, 即 48000000 Hz, 宏常数 RT_TICK_PER_SECOND 的实际值是 1000, 表示内核嘀嗒定时器频率为 1000 Hz, 对应重载寄存器 LOAD 的值=48000000/1000-1, 即 47999, 当这个值减至 0 时, 时间刚好为 1 ms, 故也可以说在 RT-Thread 中的 1 个时间嘀嗒为 1 ms, RT_TICK_PER_SECOND 的定义可在 rtconfig. h 文件中查看。

```
#define RT_TICK_PER_SECOND   1000
```

需要注意的是, RT_TICK_PER_SECOND 值越大, 时间嘀嗒的周期越短, 反之 RT_TICK_PER_SECOND 值越小, 时间嘀嗒的周期越长。如果设置 2 ms 的时间嘀嗒周期, 则 RT_TICK_PER_SECOND=500, 实际时间嘀嗒大小的设置需要考虑实时性与 CPU 运行效率之间平衡。

SysTick 定时器初始化的步骤。实现 SysTick 配置函数_SysTick_Config()的具体步骤如下:(1) 判断重载寄存器值是否合法;(2) 根据 RT-Thread 的时间嘀嗒 (1 ms), 设置重载寄存器的值, 即 SysTick 中断周期;(3) 设置 SysTick 中断优先级;(4) 加载 SysTick 计数值;(5) 使能 SysTick 定时器中断。

2. SysTick 定时器初始化的源码

SysTick 配置函数_SysTick_Config()的源码可在 board. c 文件中查看。

```
// ================================================================
//函数名称:_SysTick_Config(SysTick 配置)
//函数返回:0:成功;1:失败
//参数说明:ticks-时间嘀嗒
//功能概要:根据 RT-Thread 时间嘀嗒,设置重载寄存器的值,设置 SysTick 中断优先级
//使能中断
// ================================================================
static uint32_t _SysTick_Config(uint32_t ticks)
{
    //(1)判断计数值是否非法
    if ((ticks - 1) > 0xFFFFFF)
    {
        return 1;
    }
    //(2)设置重载寄存器的值
    _SYSTICK_LOAD = ticks - 1;
    //(3)设置 SysTick 的中断优先级为最低
    _SYSTICK_PRI = 0xFF;
    //(4)设置 SysTick 计数器值初值为 0
    _SYSTICK_VAL  = 0;
    //(5)设置系统定时器的时钟源为 AHBCLK,并且使能 SysTick 定时器中断
    _SYSTICK_CTRL = 0x07;
    return 0;
}
```

9.1.3 SysTick 中断服务程序概要

每一个嘀嗒中断, 执行一次中断服务程序 SysTick_Handler, 该程序的主要功能是:系统计

时；从延时阻塞列表移出到期线程，加入就绪列表中并进行调度；对优先级相同的线程进行轮询调度，令时间片已到的线程让出处理器。

SysTick_Handler 源码在 board. c 文件中，它通过调用 rt_tick_increase( ) 函数完成对线程的处理。

```
//================================================================
//函数名称:SysTick_Handler
//函数参数:无
//函数返回:无
//功能概要:时间嘀嗒中断服务例程
//================================================================
void SysTick_Handler( void)
{
    //(1)进入 SysTick 中断,中断计数器 rt_interrupt_nest 加 1
    rt_interrupt_enter( );
    //(2)运行嘀嗒计数器加 1 函数
    rt_tick_increase( );
    //(3)离开 SysTick 中断,中断计数器 rt_interrupt_nest 减 1
    rt_interrupt_leave( );
}
```

下面进行具体分析。

1. 进入 SysTick 中断与离开 SysTick 中断函数

rt_interrupt_enter( ) 为进入 SysTick 中断函数，该函数主要功能是对中断计数器 rt_interrupt_nest 加 1，rt_interrupt_nest 是在 irq. c 文件中定义的一个全局变量，主要用于记录中断的嵌套次数。

```
//(1)关中断
level = rt_hw_interrupt_disable( );
//(2)中断计数器加 1
rt_interrupt_nest ++;
//(3)开中断
rt_hw_interrupt_enable( level);
```

rt_tick_leave( ) 为离开 SysTick 中断函数，该函数主要功能是对中断计数器 rt_interrupt_nest 减 1。

```
//(1)关中断
level = rt_hw_interrupt_disable( );
//(2)中断计数器减 1
rt_interrupt_nest --;
//(3)开中断
rt_hw_interrupt_enable( level);
```

2. 嘀嗒计数器加 1 函数 rt_tick_increase( )

该函数执行过程如下：首先内核嘀嗒计数器加 1；接着对同一优先级线程进行轮询调度：检查当前运行线程的剩余时间片是否耗尽，若耗尽则重置时间片并让出 CPU，切换到其他线程；然后扫描系统定时器列表，查询定时器的延时是否到期，如果到期则让对应的线程移出延时阻塞列表并加入就绪列表。其程序执行流程如图 9-1 所示。

嘀嗒计数器加 1 函数 rt_tick_increase( ) 的函数源码可在 clock. c 文件中查看。

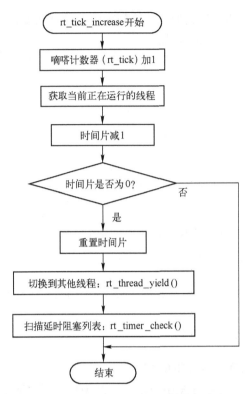

图 9-1 rt_tick_increase( ) 函数执行流程

```
//================================================================
//函数名称:rt_tick_increase
//函数返回:无
//参数说明:无
//功能概要:全局嘀嗒变量+1;扫描就绪列表中所有线程的时间片,进行系统调度
//================================================================
void rt_tick_increase(void)
{
    struct rt_thread  * thread;
    //(1)系统嘀嗒计数器加 1,rt_tick 是一个全局计数变量
    ++ rt_tick;
    //(2)获取当前正在运行的线程
    thread = rt_thread_self( );
    //(3)时间片递减
    -- thread->remaining_tick;
    //(4)如果时间片用完,则重置时间片,然后让出处理器
    if (thread->remaining_tick == 0)
    {
        //(4.1)重置时间片
        thread->remaining_tick = thread->init_tick;
        //(4.2)切换到其他线程
        rt_thread_yield( );
    }
    //(5)扫描延时阻塞列表,若有到期的线程则将其取出,插入就绪列表并发起调度
    rt_timer_check( );
}
```

（1）rt_thread_yield( )：线程切换函数

rt_thread_yield( )函数实现的功能是：将当前运行时间片已到的线程让出处理器，并对相同优先级的线程进行轮询调度。该函数源码可在 thread.c 文件中查看。

```
//===============================================================
//函数名称:rt_thread_yield
//函数返回:RT_EOK-线程正确码
//参数说明:无
//功能概要:让当前线程让出处理器,调度器选择最高优先级的线程运行
//===============================================================
rt_err_t rt_thread_yield(void)
{
    register rt_base_t level;
    struct rt_thread * thread;
    //(1)关中断
    level = rt_hw_interrupt_disable();
    //(2)获取当前线程
    thread = rt_current_thread;
    //(3)如果线程在就绪态,且同一优先级下不止一个线程,则执行以下操作
    if((thread->stat & RT_THREAD_STAT_MASK) == RT_THREAD_READY &&
        thread->tlist.next != thread->tlist.prev)
    {
        //(3.1)将时间片耗完的线程从就绪列表移除
        rt_list_remove(&(thread->tlist));
        //(3.2)将线程插入该优先级下的链表的尾部
        rt_list_insert_before(&(rt_thread_priority_table[thread->current_priority]),
                              &(thread->tlist));
        //(3.3)开中断
        rt_hw_interrupt_enable(level);
        //(3.4)执行调度
        rt_schedule();
        return RT_EOK;
    }
    //(4)开中断
    rt_hw_interrupt_enable(level);
    return RT_EOK;
}
```

（2）rt_timer_check( )：延时阻塞列表检查函数

rt_timer_check( )用于延时阻塞列表的检查，查询是否有延时已到的线程，若有，则取出放入就绪列表，该函数源码可在 timer.c 文件中查看。

```
//===============================================================
//函数名称:rt_timer_check
//函数返回:无
//参数说明:无
//功能概要:查询是否有延时已到的线程,若有,则取出放入就绪列表
//===============================================================
void rt_timer_check(void)
{
    struct rt_timer * t;
    rt_tick_t current_tick;
```

```
    register rt_base_t level;
    //(1)获取当前嘀嗒计数值
    current_tick = rt_tick_get();
    //(2)关中断
    level = rt_hw_interrupt_disable();
    //(3)若延时阻塞列表不为空,则查找
    while (!rt_list_isempty(&rt_timer_list[RT_TIMER_SKIP_LIST_LEVEL - 1]))
    {
        //(3.1)获取第一个结点的地址
        t = rt_list_entry(rt_timer_list[RT_TIMER_SKIP_LIST_LEVEL - 1].next,
                          struct rt_timer, row[RT_TIMER_SKIP_LIST_LEVEL - 1]);

        if ((current_tick - t->timeout_tick) < RT_TICK_MAX / 2)    //延时时间到
        {
            //(3.2)移除该结点
            _rt_timer_remove(t);
            //(3.3)将线程插入就绪列表,并进行一次调度
            t->timeout_func(t->parameter);
            //(3.4)重新获取嘀嗒计数值
            current_tick = rt_tick_get();
            //(3.5)如果是周期性延时
            if ((t->parent.flag & RT_TIMER_FLAG_PERIODIC) &&
                (t->parent.flag & RT_TIMER_FLAG_ACTIVATED))
            {
                //(3.5.1)重新启动
                t->parent.flag &= ~RT_TIMER_FLAG_ACTIVATED;
                rt_timer_start(t);
            }
            //(3.6)如果为单次延时
            else
            {
                //(3.6.1)延时标志修改为无效
                t->parent.flag &= ~RT_TIMER_FLAG_ACTIVATED;
            }
        }
        else
            break;
    }
    //(4)开中断
    rt_hw_interrupt_enable(level);
}
```

9.2 延时函数

 线程延时函数 rt_thread_sleep()供用户线程使用,但该延时函数与利用机器指令空跑延时不同,当用户线程调用该函数后,在该函数内部将根据传入的延时嘀嗒数,将该用户线程按照延时时间插入延时阻塞队列,让出 CPU 控制权。每次 SysTick 中断,SysTick 中断服务程序中就会查看延时阻塞队列是否有到时间的线程,有就取出放入就绪列表进行调度运行。本节对线程延时函数 rt_thread_sleep()工作机制进行剖析。

9.2.1　延时函数执行流程

rt_thread_sleep()函数的源码在 thread.c 文件中，执行流程如图 9-2 所示。基本过程为：关中断、获取当前正在运行的线程、阻塞当前线程、重置当前线程的延时时间、将当前线程加入线程延时阻塞列表、开中断、执行系统调度、修改当前线程的错误码。

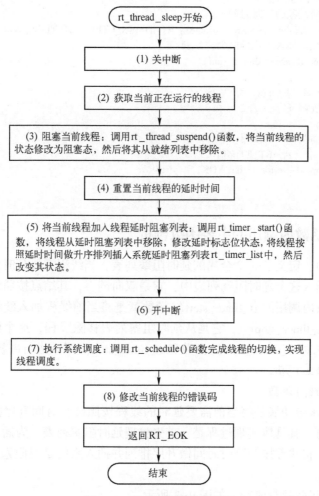

图 9-2　延时函数的执行流程

源码注释如下：

```
//=====================================================================
//函数名:rt_thread_sleep
//函数返回:RT_EOK-线程正确码
//参数说明:tick-延时时间嘀嗒数
//功能概要:调用函数 rt_thread_suspend,进入线程等待状态
//=====================================================================
rt_err_t rt_thread_sleep(rt_tick_t tick)
{
    register rt_base_t temp;
    struct rt_thread * thread;
    //(1)关中断
```

```
    temp = rt_hw_interrupt_disable();
    //(2)获取当前正在运行的线程
    thread = rt_current_thread;
    RT_ASSERT(thread != RT_NULL);
    RT_ASSERT(rt_object_get_type((rt_object_t)thread) == RT_Object_Class_Thread);
    //(3)阻塞当前线程
    rt_thread_suspend(thread);
    //(4)重置当前线程的延时时间
    rt_timer_control(&(thread->thread_timer), RT_TIMER_CTRL_SET_TIME, &tick);
    //(5)将当前线程加入线程延时阻塞列表
    rt_timer_start(&(thread->thread_timer));
    //(6)开中断
    rt_hw_interrupt_enable(tem;
    //(7)执行系统调度
    rt_schedule();
    //(8)修改当前线程的错误码
    if (thread->error == -RT_ETIMEOUT)
            thread->error = RT_EOK;
    return RT_EOK;
}
```

9.2.2 延时函数内调用的主要函数剖析

在 RT-Thread 中，定义了一个全局的延时阻塞列表，当线程需要延时的时候，就先把线程阻塞，然后将线程插入这个延时阻塞列表中，它是双向链表，其结点按照线程延时时间的大小升序排列。延时函数内调用的 rt_timer_start() 函数就是将当前线程加入线程延时阻塞列表，而与之功能相反的是 rt_timer_stop()，它是从延时阻塞列表移除线程，这个函数由 rt_thread_suspend() 调用，这里先对 rt_timer_start() 函数和 rt_timer_stop() 函数进行剖析，至于调度函数 rt_schedule() 则在第 10 章剖析。

1. rt_timer_start() 函数

rt_timer_start() 函数功能是将当前需要延时的线程按照延时时间升序排列，插入延时阻塞列表中，并开始计时。其具体实现过程是：首先整理延时阻塞列表，为插入新节点做准备，修改延时标志位状态，将线程按照延时时间做升序排列并插入系统延时阻塞列表 rt_timer_list 中，然后改变其状态。

rt_timer_start() 函数执行流程，如图 9-3 所示。

定时器启动函数 rt_timer_start 的源码可在 timer.c 文件中查看。

```
//=================================================================
//函数名称:rt_timer_start
//函数返回:RT_EOK
//参数说明:timer-将要延时的线程的一个时间参数
//功能概要:将线程插入延时阻塞列表
//=================================================================
rt_err_t rt_timer_start(rt_timer_t timer)
{
    unsigned int row_lvl;
    rt_list_t *timer_list;
    register rt_base_t level;
    rt_list_t *row_head[RT_TIMER_SKIP_LIST_LEVEL];
```

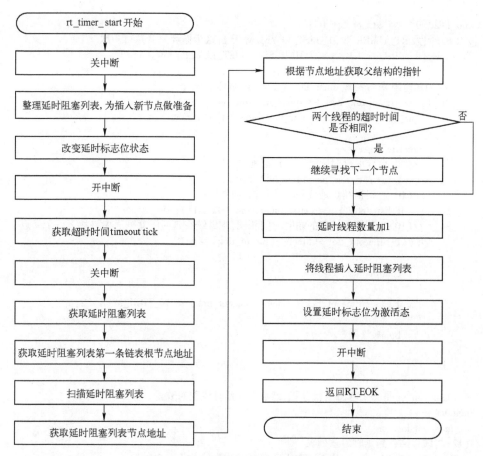

图 9-3 rt_timer_start( )函数执行流程

```
unsigned int tst_nr;
static unsigned int random_nr;
//(1)检查时钟
RT_ASSERT(timer != RT_NULL);
RT_ASSERT(rt_object_get_type(&timer->parent) = = RT_Object_Class_Timer);
//(2)关中断
level = rt_hw_interrupt_disable( );
//(3)整理延时阻塞列表,为插入新节点做准备
_rt_timer_remove(timer);
//(4)改变延时标志位状态为非 active 态
timer->parent. flag & = ~RT_TIMER_FLAG_ACTIVATED;
//(5)开中断
rt_hw_interrupt_enable(level);
RT_OBJECT_HOOK_CALL(rt_object_take_hook, (&(timer->parent)));
//(6)获取 timeout_tick,最大的 timeout _tick 不能大于 RT_TICK_MAX/2
RT_ASSERT(timer->init_tick < RT_TICK_MAX / 2);
timer->timeout_tick = rt_tick_get( ) + timer->init_tick;
//(7)关中断
level = rt_hw_interrupt_disable( );
//(8)获取延时阻塞列表
timer_list = rt_timer_list;
//(9)获取系统延时阻塞列表第一条链表根结点地址
```

```
        row_head[0]    = &timer_list[0];
        //(10)因为 RT_TIMER_SKIP_LIST_LEVEL 等于 1,这个循环只会执行一次
        for ( row_lvl = 0; row_lvl < RT_TIMER_SKIP_LIST_LEVEL; row_lvl++)
        {
            //当延时阻塞列表 rt_timer_list 为空时,该循环不执行
            for ( ; row_head[row_lvl] ! = timer_list[row_lvl]. prev;
                row_head[row_lvl]   = row_head[row_lvl]->next)
            {
                struct rt_timer  * t;
                //(10.1)获取延时阻塞列表结点地址
                rt_list_t  * p = row_head[row_lvl]->next;
                //(10.2)根据结点地址获取父结构的指针
                t = rt_list_entry(p, struct rt_timer, row[row_lvl]);
                //(10.3)若两个线程的超时时间相同,则继续在延时阻塞列表中寻找下一个结点
                if ((t->timeout_tick - timer->timeout_tick) = = 0)
                {
                    continue;
                }
                else if ((t->timeout_tick - timer->timeout_tick) < RT_TICK_MAX / 2)
                {
                    break;
                }
            }
        }
    //(11)random_nr 是一个静态变量,用于记录需要延时线程的数量
    random_nr++;
    tst_nr = random_nr;
    //(12)将线程插入到延时阻塞列表
    rt_list_insert_after(row_head[RT_TIMER_SKIP_LIST_LEVEL - 1],
            &(timer->row[RT_TIMER_SKIP_LIST_LEVEL - 1]));
    //(13)设置延时标志位状态为激活态
    timer->parent. flag | = RT_TIMER_FLAG_ACTIVATED;
    //(14)开中断
    rt_hw_interrupt_enable(level);
    return RT_EOK;
}
```

2. rt_timer_stop()函数

与延时阻塞列表插入线程函数功能相反的是延时阻塞列表删除线程函数 rt_timer_stop(),该函数在线程阻塞函数 rt_thread_suspend()中被调用,主要功能是将当前线程在延时阻塞列表中删除,然后改变延时状态标志位。

rt_timer_stop()函数执行流程如图 9-4 所示。

延时阻塞列表删除线程函数 rt_timer_stop()的源码可在 timer. c 文件中可查看。

```
// ================================================================
//函数名称:rt_timer_stop
//函数返回:成功则返回 RT_EOK;返回-RT_ERROR 时则说明已经处于停止状态
//参数说明:timer-线程内置定时器句柄,指向要停止的线程定时器控制块
//功能概要:将线程从延时阻塞列表移除
// ================================================================
rt_err_t rt_timer_stop(rt_timer_t timer)
{
```

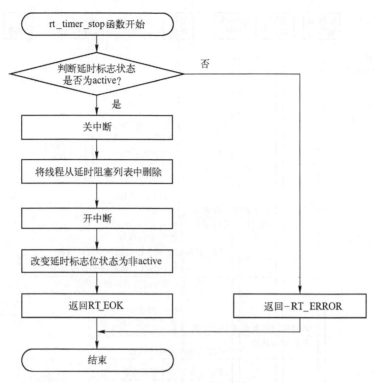

图 9-4　rt_timer_stop 函数执行流程

```
register rt_base_t level;

RT_ASSERT(timer != RT_NULL);
RT_ASSERT(rt_object_get_type(&timer->parent) == RT_Object_Class_Timer);
//(1)只有延时标志位状态为 active 的线程才能被停止,否则退出返回错误码
if (!(timer->parent.flag & RT_TIMER_FLAG_ACTIVATED))
    return -RT_ERROR;
RT_OBJECT_HOOK_CALL(rt_object_put_hook, (&(timer->parent)));
//(2)关中断
level = rt_hw_interrupt_disable();
//(3)将线程从延时阻塞列表中删除
_rt_timer_remove(timer);
//(4)开中断
rt_hw_interrupt_enable(level);
//(5)改变线程延时标志位状态为非 active
timer->parent.flag &= ~RT_TIMER_FLAG_ACTIVATED;
return RT_EOK;
}
```

9.3　延时函数调度过程实例分析

为了进一步理解线程之间是如何通过延时函数进行调度的,本节给出延时函数调度过程实例分析,样例工程详见 ".. \04-Software\CH09\CH9.3_Delay_Analysis_STM32L431",线程调度时序图如图 9-5 所示。

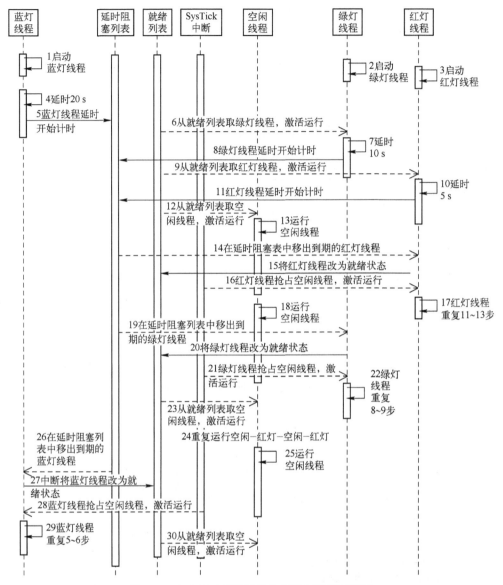

图 9-5 含有延时函数同优先级线程调度时序图

图中纵向表示运行时间，实线箭头表示线程进入列表，虚线箭头表示从列表取出线程。下面对线程调度过程进行分段剖析，程序中加入了 printf 输出函数给出运行过程的信息，可以清晰地看出延时函数的运行机制。

1. 蓝灯线程延时 20 s

芯片上电启动后会转到主线程的运行函数 app_init() 执行，在该函数中创建并先后启动了蓝灯、绿灯和红灯三个线程，然后终止函数 app_init() 的运行。创建的蓝灯线程、绿灯线程、红灯线程的优先级参数都为 10，时间片参数都设为 15。此时，就绪列表中按优先级高低和时间先后顺序依次是蓝灯线程、绿灯线程、红灯线程和空闲线程，接着由 RT-Thread 开始对这些线程进行调度。

第 1 步，启动蓝灯线程，即蓝灯线程进入就绪列表。

第 2 步，启动绿灯线程，即绿灯线程进入就绪列表。

第 3 步，启动红灯线程，即红灯线程进入就绪列表。

```
0-1. MCU 启动
0-2. 启动蓝灯线程
0-3. 启动绿灯线程
0-4. 启动红灯线程
```

2. 蓝灯线程进入延时 20 s 阻塞状态

第 4 步，从就绪列表中取出蓝灯线程，激活运行，蓝灯线程调用延时函数 thread_delay（20000）⊖延时 20 s。

第 5 步，蓝灯线程调用内部 rt_timer_start( ) 函数，延时开始。

```
------第一次进入蓝灯线程:20004924
1-1. 当前运行的线程 = 20004924,蓝灯延时 20 s(开始);
```

printf 输出的地址 20004924 表示蓝灯线程，地址 2000468C 表示绿灯线程，地址 200043F4 表示红灯线程。

3. 绿灯线程进入延时 10 s 阻塞状态

第 6 步，从就绪列表中取出绿灯线程，激活运行。

第 7 步，绿灯线程调用延时函数 delay_ms（10000）延时 10 s。

第 8 步，绿灯线程延时开始计时。

```
------第一次进入绿灯线程:2000468C。
2-1. 当前运行的线程 = 2000468C,绿灯延时 10 s(开始);
```

4. 红灯线程进入延时 5 s 阻塞状态

第 9 步，从就绪列表中取最高优先级的线程（此时为红灯线程）激活运行。

第 10 步，红灯线程调用延时函数 delay_ms（5000）延时 5 s。

第 11 步，红灯线程延时开始。

第 12 步，从就绪列表中取空闲线程，激活运行。

```
------第一次进入红灯线程:200043F4,
3-1. 当前运行的线程 = 200043F4,红灯延时 5 s(开始);
```

5. 运行空闲线程

至此，就绪列表中只有空闲线程，运行它。

第 13 步，运行空闲线程。

6. 红灯线程延时时间到，取出放入就绪列表

第 14 步，在延时阻塞表中移出到期的红灯线程。

第 15 步，将红灯线程改为就绪状态。

第 16 步，红灯线程的优先级大于空闲线程的优先级，则红灯线程抢占空闲线程，激活运行。红灯反转后开始下一轮的红灯延时。

第 17 步，红灯线程重复第 11~13 步。

```
3-2. 当前运行的线程 = 200043F4,红灯延时 5 s(结束),红灯反转。
3-1. 当前运行的线程 = 200043F4,红灯延时 5 s(开始);
```

⊖　在 Os_United_API. h 中将它封装成了 delay_ms，故之后都用 delay_ms 来代替使用。

7. 运行空闲线程

至此，就绪列表中只有空闲线程，运行它。

第 18 步，运行空闲线程。

8. 绿灯线程延时时间到，取出放入就绪列表

第 19 步，当空闲线程运行达到 10 s，此时绿灯线程延时结束，在延时阻塞列表中移出到期的绿灯线程。

第 20 步，将绿灯线程改为就绪状态。

第 21 步，绿灯线程的优先大于空闲线程的优先级，则绿灯线程会抢占空闲线程，并阻塞空闲线程，同时激活绿灯线程运行。绿灯反转后开始下一轮绿灯延时。

第 22 步，绿灯线程重复第 8~9 步。

```
2-2. 当前运行的线程=2000468C,绿灯延时 10 s(结束),绿灯反转。
2-1. 当前运行的线程=2000468C,绿灯延时 10 s(开始);
```

9. 运行空闲线程

至此，就绪列表中只有空闲线程，运行它。

第 23 步，运行空闲线程。

10. 调度红灯线程

第 24 步，重复运行空闲-红灯-空闲-红灯。

第 25 步，运行空闲线程。

```
3-2. 当前运行的线程=200043F4,红灯延时 5 s(结束),红灯反转。
3-1. 当前运行的线程=200043F4,红灯延时 5 s(开始);
3-2. 当前运行的线程=200043F4,红灯延时 5 s(结束),红灯反转。
3-1. 当前运行的线程=200043F4,红灯延时 5 s(开始);
```

11. 轮询调度激活蓝灯线程

第 26 步，在延时阻塞列表中移出到期的蓝灯线程。

第 27 步，当空闲线程运行达到 20 s，此时蓝灯线程延时结束，将蓝灯线程改为就绪状态。

第 28 步，蓝灯线程的优先级大于空闲线程的优先级，则蓝灯线程会抢占空闲线程，并阻塞空闲线程，同时激活蓝灯线程运行。蓝灯反转后开始下一轮蓝灯延时。

第 29 步，蓝灯线程重复第 5~6 步。

```
1-2. 当前运行的线程=20004924,蓝灯延时 20 s(结束),蓝灯反转。
1-1. 当前运行的线程=20004924,蓝灯延时 20 s(开始);
```

12. 运行空闲线程

至此，就绪列表中只有空闲线程，运行它。

第 30 步，运行空闲线程。

9.4　与时间相关的函数

本节给出 RT-Thread 提供的获取系统时间嘀嗒值函数、设置系统时间嘀嗒值函数、嘀嗒与转为毫秒函数，除此之外，为了方便应用，还自行编制了日期与时间戳的转换函数。

9.4.1　与时间嘀嗒相关的函数

RT-Thread 中还提供了其他几个时间嘀嗒函数，分别是获取系统时间嘀嗒值函数 rt_tick_

get()、设置系统时间嘀嗒值函数 rt_tick_set() 和毫秒转为嘀嗒数函数 rt_tick_from_millisecond()，其源码可在 clock.c 文件下查看。

1. 获取系统时间嘀嗒值

```
//================================================================
//函数名称:rt_tick_get
//函数返回:rt_tick:当前时间嘀嗒计数值
//参数说明:无
//功能概要:获取自操作系统启动以来到当前的系统时钟计数值
//参数说明:无
//================================================================
rt_tick_t rt_tick_get(void)
{
    return rt_tick;
}
```

2. 设置系统时间嘀嗒值

```
//================================================================
//函数名称:rt_tick_set
//函数返回:无
//参数说明:tick-时间嘀嗒值
//功能概要:设置当前系统时间嘀嗒计数值
//================================================================
void rt_tick_set(rt_tick_t tick)
{
    rt_base_t level;
    level = rt_hw_interrupt_disable();
    rt_tick = tick;
    rt_hw_interrupt_enable(level);
}
```

3. 毫秒转为嘀嗒数

```
//================================================================
//函数名称:rt_tick_from_millisecond
//函数返回:计算后的时间嘀嗒值
//参数说明:ms-时间(ms),为负永远等待,为 0 不等待即返回,最大值 0x7fffffff
//功能概要:把毫秒转换为系统时间嘀嗒计数值
//================================================================
rt_tick_t rt_tick_from_millisecond(rt_int32_t ms)
{
    rt_tick_t tick;
    if (ms< 0)                              //为负数时将永远等待
    {
        tick = (rt_tick_t)RT_WAITING_FOREVER;
    }
    else                                    //把毫秒转换为系统时间嘀嗒计数值
    {
        tick = RT_TICK_PER_SECOND * (ms / 1000);
        tick += (RT_TICK_PER_SECOND * (ms % 1000) + 999) / 1000;
    }
    return tick;                            //计算后的时间嘀嗒值
}
```

9.4.2　时间戳与日期时间格式的转换

时间戳是指格林尼治时间 1970 年 01 月 01 日 00 时 00 分 00 秒（北京时间 1970 年 01 月 01 日 08 时 00 分 00 秒）起至当前时刻的总秒数。由于 RT-Thread 没有提供实际日期转换成时间戳的函数，为方便使用，苏州大学嵌入式人工智能与物联网实验室封装了一个日期与时间戳之间转换的构件：DatetimeAndTimestamp，放于工程的"06_SoftComponent"文件夹中，样例工程见"..\CH09\CH9.4-time_STM32L431"。

1. 时间戳转日期函数执行流程

时间戳转日期函数执行流程，如图 9-6 所示。

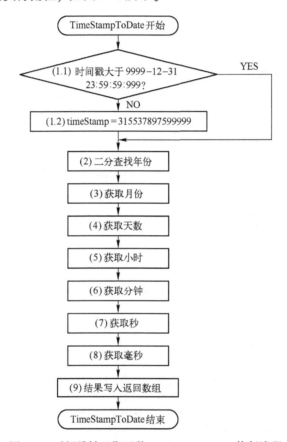

图 9-6　时间戳转日期函数 TimeStampToDate 执行流程

2. DatetimeAndTimestamp 函数源码解析

DatetimeAndTimestamp.h 文件内容如下：

```
#ifndef _TIMESTAMP_H
#define _TIMESTAMP_H

#include "time. h"
#include "gec. h"
#include <stdio. h>

//使用本构件的线程,栈空间建议 1024 以上
```

```
//所有闰年或非世纪闰年枚举变量
typedef enum {
    RTC_FULL_LEAP_YEAR_SUPPORT,
    RTC_4_YEAR_LEAP_YEAR_SUPPORT
} rt_leap_year_support_t;
//======================================================================
//函数名称:DateToTimeStamp
//函数返回:输入处于有效范围内,则日历时间为自 UNIX 纪元以来的秒数;否则输出-1
//参数说明:date-UNIX 时代以来的日历时间,用于计算的 tm 字段是:
//              tm_sec
//              tm_min
//              tm_hour
//              tm_mday
//              tm_mon
//              tm_year
//其中:有效的日历时间包括 1970 年 1 月 1 日 00:00:00 至 2106 年 2 月 7 日 06:28:15 之间
//功能概要:将 UNIX 时代以来的日历时间转换为秒数
//备注:不支持微秒;输出范围内的值从 0 到 INT_MAX;仅供 HAL 使用
//======================================================================
time_t DateToTimeStamp(struct tm * date);


//======================================================================
//函数名称:TimeStampToDate
//函数返回:无
//参数说明:timeStamp:时间戳(单位:毫秒)
//          date:解析后的日期,例:19700101080000(1970-01-01 08:00:00)
//功能概要:时间戳转成字符表示日期
//======================================================================
void TimeStampToDate(uint64_t timeStamp,uint8_t * date);
#endif
```

DatetimeAndTimestamp. c 文件内容如下:

```
#include "DatetimeAndTimestamp. h"

//时间相关常量定义
#define SECONDS_BY_MINUTES 60
#define MINUTES_BY_HOUR 60
#define SECONDS_BY_HOUR (SECONDS_BY_MINUTES * MINUTES_BY_HOUR)
#define HOURS_BY_DAY 24
#define SECONDS_BY_DAY (SECONDS_BY_HOUR * HOURS_BY_DAY)
#define LAST_VALID_YEAR 206

//标志是否在合法的范围内的变量值
#define EDGE_TIMESTAMP_FULL_LEAP_YEAR_SUPPORT 3220095   //7th of February 1970 at 06:28:15
#define EDGE_TIMESTAMP_4_YEAR_LEAP_YEAR_SUPPORT 3133695   //6th of February 1970 at 06:28:15

//包含每个月的秒数的二维数组,其中第一行为平年,第二行为闰年
static const uint32_t seconds_before_month[2][12] = {
    {
        0,
        31 * SECONDS_BY_DAY,
        (31 + 28) * SECONDS_BY_DAY,
        (31 + 28 + 31) * SECONDS_BY_DAY,
```

```
                (31 + 28 + 31 + 30) * SECONDS_BY_DAY,
                (31 + 28 + 31 + 30 + 31) * SECONDS_BY_DAY,
                (31 + 28 + 31 + 30 + 31 + 30) * SECONDS_BY_DAY,
                (31 + 28 + 31 + 30 + 31 + 30 + 31) * SECONDS_BY_DAY,
                (31 + 28 + 31 + 30 + 31 + 30 + 31 + 31) * SECONDS_BY_DAY,
                (31 + 28 + 31 + 30 + 31 + 30 + 31 + 31 + 30) * SECONDS_BY_DAY,
                (31 + 28 + 31 + 30 + 31 + 30 + 31 + 31 + 30 + 31) * SECONDS_BY_DAY,
                (31 + 28 + 31 + 30 + 31 + 30 + 31 + 31 + 30 + 31 + 30) * SECONDS_BY_DAY,
        },
        {
                0,
                31 * SECONDS_BY_DAY,
                (31 + 29) * SECONDS_BY_DAY,
                (31 + 29 + 31) * SECONDS_BY_DAY,
                (31 + 29 + 31 + 30) * SECONDS_BY_DAY,
                (31 + 29 + 31 + 30 + 31) * SECONDS_BY_DAY,
                (31 + 29 + 31 + 30 + 31 + 30) * SECONDS_BY_DAY,
                (31 + 29 + 31 + 30 + 31 + 30 + 31) * SECONDS_BY_DAY,
                (31 + 29 + 31 + 30 + 31 + 30 + 31 + 31) * SECONDS_BY_DAY,
                (31 + 29 + 31 + 30 + 31 + 30 + 31 + 31 + 30) * SECONDS_BY_DAY,
                (31 + 29 + 31 + 30 + 31 + 30 + 31 + 31 + 30 + 31) * SECONDS_BY_DAY,
                (31 + 29 + 31 + 30 + 31 + 30 + 31 + 31 + 30 + 31 + 30) * SECONDS_BY_DAY,
        }
};
//内部函数定义
uint8_t is_leap_year(int year, rt_leap_year_support_t leap_year_support);
uint8_t maketime(const struct tm * time, time_t * seconds, rt_leap_year_support_t leap_year_support);
void transformToDate(uint64_t timeStamp , uint64_t * * dateArry);
void transformToDateString(uint64_t timeStamp , uint8_t * dateString);


// ===================================================================
//函数名称:DateToTimeStamp
//函数返回:输入处于有效范围内,则日历时间为自 UNIX 纪元以来的秒数;否则输出-1
//参数说明:date:UNIX 时代以来的日历时间,用于计算的 tm 字段是:
//              tm_sec
//              tm_min
//              tm_hour
//              tm_mday
//              tm_mon
//              tm_year
//其中:有效的日历时间包括 1 年 1 月 1 日 00:00:00 至 9999 年 1 月 23 日 09:46:04 之间。
//功能概要:将 UNIX 时代以来的日历时间转换为秒数
//备注:不支持微秒;输出范围内的值从 0 到 INT_MAX;仅供 HAL 使用
// ===================================================================
time_t DateToTimeStamp(struct tm * date)
{
    //声明局部变量
    struct tm ss;
    rt_leap_year_support_t full_leap_year;
    //(1)设置 maketime 函数调用所需参数
    //(1.1)设置日历时间各项值
    ss.tm_year=date->tm_year-1900;
    ss.tm_mon=date->tm_mon-1;
```

```
ss. tm_mday = date->tm_mday;
ss. tm_hour = date->tm_hour;
ss. tm_min = date->tm_min;
ss. tm_sec = date->tm_sec;
//(1.2)设置枚举值为 RTC_FULL_LEAP_YEAR_SUPPORT,表示能正确检测所有闰年
full_leap_year = RTC_FULL_LEAP_YEAR_SUPPORT;
//(1.3)设置获取秒数
time_t seconds_tmp;
//(2)调用 maketime 函数将日期转换为时间戳
maketime(&ss,&seconds_tmp,full_leap_year);
//从 1970 年 1 月 1 日 08:00:00 开始计算时间戳,故需减去 8 个小时的秒数
return (seconds_tmp-28800);
}


//======================以下为内部函数============================//
//===================================================================
//函数名称:is_leap_year
//函数返回:是否转换成功。true-转换成功;false-转换失败
//参数说明:year-年份,范围为[70:206]
//        seconds-存放转换后的秒数。time 的输入处于有效范围内,则日历时间为自 UNIX 纪元以来的
秒数;否则为-1
//        leap_year_support:是否支持所有闰年枚举值。
//               0 表示 RTC 设备能够正确地检测到 1~9999 年之间的所有闰年
//               1 表示 RTC 设备只能正确地检测到 1~9999 年之间的非世纪闰年
//功能概要:将 UNIX 时代以来的日历时间转换为秒数
//备注:不支持微秒;输出范围内的值从 0 到 INT_MAX;仅供 HAL 使用
//===================================================================
uint8_t is_leap_year(int year, rt_leap_year_support_t leap_year_support)
{
    if (leap_year_support == RTC_FULL_LEAP_YEAR_SUPPORT && year == 200) {
        return 0; // 2100 is not a leap year
    }

    return (year) % 4 ? 0 : 1;
}


//===================================================================
//函数名称:mktime
//函数返回:是否转换成功。true:转换成功;false:转换失败
//参数说明:time-UNIX 时代以来的日历时间,用于计算的 tm 字段是:
//               tm_sec:秒
//               tm_min:分
//               tm_hour:时
//               tm_mday:日
//               tm_mon:传参时月份要减 1
//               tm_year:年
//其中:有效的日历时间包括 1 年 1 月 1 日 00:00:00 至 9999 年 1 月 23 日 09:46:04 之间。
//               seconds-存放转换后的秒数。time 的输入处于有效范围内,则日历时间为自 UNIX 纪元以来
的秒数;否则为-1
//               leap_year_support-是否支持所有闰年枚举值。
//                      0 表示 RTC 设备能够正确地检测到 1~9999 年之间的所有闰年
//                      1 表示 RTC 设备只能正确地检测到 1~9999 年之间的非世纪闰年
//功能概要:将 UNIX 时代以来的日历时间转换为秒数
```

```
//备注:不支持微秒;输出范围内的值从 0 到 INT_MAX;仅供 HAL 使用
//========================================================================
uint8_t maketime(const struct tm * time, time_t * seconds, rt_leap_year_support_t leap_year_support)
{
    //(1)若秒数或日期为空,返回失败
    if (seconds == NULL || time == NULL)
    {
        return 0;
    }

    /* Partial check for the upper bound of the range - check years only. Full check will be performed after the
     * elapsed time since the beginning of the year is calculated.
     */
    //(2)若不在合理年份范围内,返回失败
    if ((time->tm_year < 70) || (time->tm_year > LAST_VALID_YEAR))
    {
        return 0;
    }

    uint32_t result = time->tm_sec;
    result += time->tm_min * SECONDS_BY_MINUTES;
    result += time->tm_hour * SECONDS_BY_HOUR;
    result += (time->tm_mday - 1) * SECONDS_BY_DAY;
    result += seconds_before_month[is_leap_year(time->tm_year, leap_year_support)][time->tm_mon];

    //(3)若刚好为 2106 年,检查是否超过 2 月 7 日 06:28:15
    if (time->tm_year == LAST_VALID_YEAR)
    {
        if ((leap_year_support == RTC_FULL_LEAP_YEAR_SUPPORT && result > EDGE_TIMESTAMP_
FULL_LEAP_YEAR_SUPPORT) ||
                (leap_year_support == RTC_4_YEAR_LEAP_YEAR_SUPPORT && result > EDGE_TIME-
STAMP_4_YEAR_LEAP_YEAR_SUPPORT))
        {
            return 0;
        }
    }
    //(4)若年份范围合理且年份大于 1970 年,针对闰年和非闰年做详细处理
    if (time->tm_year > 70)
    {
        //(4.1)计算 1970 年至当前年份的闰年数
        uint32_t count_of_leap_days = ((time->tm_year - 1) / 4) - (70 / 4);
        //(4.2)若选择完整地检测所有闰年且年份大于 2100 年,则闰年数需减去 1
        if (leap_year_support == RTC_FULL_LEAP_YEAR_SUPPORT)
        {
            if (time->tm_year > 200)
            {
                count_of_leap_days--; // 2100 不是闰年
            }
        }
        //(4.3)根据闰年数和非闰年数计算所有天数的总秒数
        result += (((time->tm_year - 70) * 365) + count_of_leap_days) * SECONDS_BY_DAY;
    }
```

```
    * seconds = result;

    return 1;
}


//============================================================
//函数名称:TimeStampToDate
//函数返回:无
//参数说明:timeStamp-时间戳(单位:毫秒)
//         date-解析后的日期,例:19700101080000( 1970-01-01 08:00:00)
//功能概要:时间戳转成字符表示日期
//============================================================
void TimeStampToDate( uint64_t timeStamp ,uint8_t * date)
{
    uint8_t i;
    //62135625600000 是 1970 年之前的毫秒数
    transformToDateString( timeStamp+62135625600000 ,date) ;
    for( i = 0;i < 14;i++)
        date[ i] -= '0';
}


//以下是内部函数
//============================================================
//函数名称:transformToDate
//函数返回:无
//参数说明:timeStamp-时长(单位:毫秒)
//         dateArry-解析后的日期
//功能概要:将 64 位时长转化为时间数组,从 0 年 0 月 0 时 0 分 0 秒开始转换
//备注:内部函数
//============================================================
void transformToDate( uint64_t timeStamp ,uint64_t * * dateArry)
{
    //定义局部变量
    uint64_t low ,high ,mid ,t;
    uint64_t year ,month ,day ,hour ,minute ,second ,milliSecond;
    //记录每个月开始时的天数
    uint64_t daySum[] = {0 ,31 ,59 ,90 ,120 ,151 ,181 ,212 ,243 ,273 ,304 ,334 ,365};
    uint64_t milOfDay = 24 * 3600 * 1000;     //一天的时间戳
    uint64_t milOfHour = 3600 * 1000;         //一小时的时间戳

    //(1)防止时间戳超过 9999-12-31 23:59:59:999
    if( timeStamp > 315537897599999)
    {
        timeStamp = 315537897599999;
    }

    low = 1;
    high = 9999;

    //(2)使用二分法查找年份
    while( low <= high)
    {
        mid = ( low+high)/2;
```

```
//(mid-1)＊365 表示假设都为平年时的总天数
//(mid-1)/4 - (mid-1)/100 + (mid-1)/400 表示闰年天数
t = ((mid-1) ＊ 365 + (mid-1)/4 - (mid-1)/100 + (mid-1)/400) ＊ milOfDay;   //计算总时
                                                                             间戳

    if(t == timeStamp)        //若找到对应年份
    {
        low = mid;            //low←年份+1
        break;
    }
    else if(t < timeStamp)
        low = mid + 1;
    else
        high = mid - 1;
}
year = low-1;                //获取年份
uint64_t cc;
cc = (year-1) ＊ 365 + (year-1)/4 - (year-1)/100 + (year-1)/400;
timeStamp -= cc ＊ milOfDay;

int isLeapYear = ((year%4) == 0 && year%100!=0) || year%400 == 0;//闰年标志位。=0,非闰
年;=1,闰年
//(3)获取月份
for(month = 1 ;(daySum[month] + ((isLeapYear && month > 1) ? 1 : 0)) ＊ milOfDay <= timeStamp
&& month < 13 ;month ++)
{
    if(isLeapYear && month > 1)        //若当前年份是闰年且当前月份不为一月
        ++daySum[month];               //对应当前月份天数加 1
}
timeStamp -= daySum[month-1] ＊ milOfDay;
//(4)获取天数
day = timeStamp / milOfDay;
timeStamp -= day ＊ milOfDay;
//(5)获取小时
hour = timeStamp / milOfHour;
timeStamp -= hour ＊ milOfHour;
//(6)获取分钟
minute = timeStamp / 60000;
timeStamp -= minute ＊ 60000;
//(7)获取秒
second = timeStamp / 1000;
//(8)获取毫秒
milliSecond = timeStamp % 1000;
//(9)结果写入返回数组
＊dateArry[0] = year;
＊dateArry[1] = month;
＊dateArry[2] = day;
＊dateArry[3] = hour;
＊dateArry[4] = minute;
＊dateArry[5] = second;
＊dateArry[6] = milliSecond;
}
//=============================================================
```

```
//函数名称：transformToDateString
//函数返回：无
//参数说明：timeStamp-时长（单位：毫秒）
//         dateString-解析后的日期
//功能概要：将64位时长转化为时间字符串,从0年0月0时0分0秒开始转换
//备注：内部函数
//======================================================================
void transformToDateString( uint64_t timeStamp , uint8_t * dateString)
{
    //定义局部变量
    uint64_t year ,month ,day ,hour ,minute ,second ,milliSecond;
    uint64_t * intp[ ] = {&year ,&month ,&day ,&hour ,&minute ,&second ,&milliSecond };
    transformToDate( timeStamp ,intp);
    //把时间戳转换后的时间变成字符串
    sprintf(( char * )dateString,"%04d",( int)year);
    sprintf(( char * )dateString+4,"%02d",( int)month);
    sprintf(( char * )dateString+6,"%02d",( int)( day+1));
    sprintf(( char * )dateString+8,"%02d",( int)hour);
    sprintf(( char * )dateString+10,"%02d",( int)minute);
    sprintf(( char * )dateString+12,"%02d",( int)second);
}
```

9.5　本章小结

从本章对 RTOS 中线程延时函数运行机制的分析过程,可以清楚地看出,在一个线程运行过程中,当执行到延时函数时,RTOS 内核就将当前线程按照延时的时间插入延时阻塞列表,让出 CPU,内核可以调度其他线程运行,当延时时间到达时,又会将该线程从延时阻塞列表取出放入就绪列表,接受调度。内核在每个时间嘀嗒中断,都会扫描一下延时阻塞列表,看看有没有延时时间到达的线程,以确保及时取出,嘀嗒是这个扫描的最小时间单元,半个时间嘀嗒是不会扫描的,因此嘀嗒是这种延时方式的最小度量单位。

第 10 章 理解调度机制

在带有 RTOS 的嵌入式系统中，任务调度是 RTOS 内核的主要职责之一。任务调度要决定将哪一个任务投入运行、何时投入运行以及运行多久，协调任务对系统资源的合理使用。任务调度的核心内容是进行上下文切换，RT-Thread 内核中实现上下文切换动作的是 PendSV 中断。通过第 8 章的学习，已经知道启动准备动作完成后，将会触发 PendSV 中断来完成第一次调度，本章剖析 PendSV 中断服务程序及调度机制。

10.1 调度过程涉及的列表及主要函数剖析

10.1.1 就绪列表剖析

调度将会引起线程状态的转换，而这些转换实质上就是将线程控制块放入就绪列表、延时阻塞列表或者条件阻塞列表，4.4 节已经对这些列表功能做了说明，这里给出就绪列表剖析。

1. 就绪列表和线程就绪优先级组

在 8.3.3 小节已经简要介绍过就绪列表和线程就绪优先级组，在调度器初始化函数 rt_system_scheduler_init( )里会完成就绪列表和线程就绪优先级组的初始化。

就绪列表 rt_thread_priority_table 是一个 rt_list_t 类型数组，数组的每个索引号对应一个线程的优先级，每个索引下维护着一条双向链表，当线程就绪时，线程就会根据优先级插入对应索引的链表中，同一个优先级的线程在同一条链表中。

线程就绪优先级组 rt_thread_ready_priority_group 的每一个位对应一个优先级，位 0 对应优先级 0，位 1 对应优先级 1，以此类推。比如，当优先级为 10 的线程已经准备好，那么就将线程就绪优先级组 rt_thread_ready_priority_group 的第 10 位置 1，然后根据 10 这个索引值，在就绪列表的第 10 个元素 rt_thread_priority_table[10]指向的链表里插入线程，表示该线程已就绪。

在 ".. \src\scheduler. c" 文件中对就绪列表 rt_thread_priority_table 和线程就绪优先级组 rt_thread_ready_priority_group 进行了定义，其中 RT_THREAD_PRIORITY_MAX 为最大优先级数，定义为 32。

```
rt_list_trt_thread_priority_table[ RT_THREAD_PRIORITY_MAX];      //就绪列表
rt_uint32_t rt_thread_ready_priority_group;                      //线程就绪优先级组
```

系统调度时，调度器要选取优先级最高的线程去运行，实际上就是到线程就绪优先级组这个数中找到当前就绪的优先级最高的线程（即从右往左找这个 32 位数的最低非零位），然后根据这个优先级到就绪列表的索引下获取该线程的线程控制块，从而切换到该线程。

".. \src\kservice. c" 文件中的__rt_ffs( )函数，就是用来寻找 32 位整型数的第一个（从最低位开始）置 1 的位号。

```
// ========================================================================
//函数名称：__rt_ffs
//函数返回：32 位整型数中非零的最高位
```

```
//参数说明:value-32 位的就绪优先级组
//功能概要:获取 32 位整型数第一个置 1 的位号
//================================================================
int __rt_ffs(int value)
{
    //(1)如果值为 0,则直接返回 0
    if (value == 0) return 0;
    //(2)检查 bits[07:00],这里加 1 的原因是避免当第一个置 1 的位是位 0 时返回的索引
    //    号与上述值都为 0 时返回的索引号重复
    if (value & 0xff)
        return __lowest_bit_bitmap[value & 0xff] + 1;
    //(3)检查 bits[15:08]
    if (value & 0xff00)
        return __lowest_bit_bitmap[(value & 0xff00) >> 8] + 9;
    //(4)检查 bits[23:16]
    if (value & 0xff0000)
        return __lowest_bit_bitmap[(value & 0xff0000) >> 16] + 17;
    //(5)检查 bits[31:24]
    return __lowest_bit_bitmap[(value & 0xff000000) >> 24] + 25;
}
```

2. 就绪列表的插入和移出

就绪列表的插入和移出分别由 "..\src\scheduler.c" 文件中的插入就绪列表函数 rt_schedule_insert_thread()和移出就绪列表函数 rt_schedule_remove_thread()实现。

插入就绪列表函数 rt_schedule_insert_thread()主要是将已经就绪的线程插入上面定义的就绪列表中。其主要实现过程为首先将当前线程的状态设置为就绪态,然后通过线程的 tlist 节点将其插入就绪列表中,也就是将该线程插入就绪列表的所对应的优先级的链表中,然后设置当前优先级所对应就绪优先级组的那一位为 1。其源代码如下:

```
//================================================================
//函数名称:插入就绪列表函数 rt_schedule_insert_thread
//函数返回:无
//参数说明:thread:需要插入就绪列表的线程
//功能概要:将线程插入就绪列表
//================================================================
void rt_schedule_insert_thread(struct rt_thread * thread)
{
    register rt_base_t temp;
    RT_ASSERT(thread != RT_NULL);
    //(1)关中断
    temp = rt_hw_interrupt_disable();
    //(2)改变线程状态:将当前线程的状态设置为就绪态
    thread->stat = RT_THREAD_READY | (thread->stat & ~RT_THREAD_STAT_MASK);
    //(3)将线程插入就绪列表
    rt_list_insert_before(&(rt_thread_priority_table[thread->current_priority]),&(thread->tlist));
    //(4)插入成功,设置线程就绪优先级组中对应的位的值为 1
    rt_thread_ready_priority_group |= thread->number_mask;
    //(5)开中断
    rt_hw_interrupt_enable(temp);
}
```

移出就绪列表函数 rt_schedule_remove_thread()主要是将已经不在就绪态的线程从就绪列

表中删除。其主要实现过程为：首先调用链表删除函数将线程从就绪列表中删除，然后更新就绪优先级组，此时要判断该线程所在的同一优先级的链表中是否有其他的就绪线程，没有则将就绪优先级组的对应位清零。其源代码如下：

```
//================================================================
//函数名称:移出就绪列表函数 rt_schedule_remove_thread
//函数返回:无
//参数说明:thread-需要移出就绪列表的线程
//功能概要:将线程从就绪列表中删除
//================================================================
void rt_schedule_remove_thread( struct rt_thread * thread)
{
    register rt_base_t temp;
    RT_ASSERT( thread != RT_NULL);
    //(1)关中断
    temp = rt_hw_interrupt_disable( );
    //(2)将线程从就绪列表中删除
    rt_list_remove( &( thread->tlist) );
    //(3)更新就绪优先级组
    if ( rt_list_isempty( &( rt_thread_priority_table[ thread->current_priority] ) ) )
    {
        //若删除后,就绪列表上同一优先级线程链表已空,清除就绪优先级组的对应位
        rt_thread_ready_priority_group &= ~thread->number_mask;
    }
    //(4)开中断
    rt_hw_interrupt_enable( temp);
}
```

10.1.2 线程调度相关函数

RT-Thread 中提供的线程调度器是基于优先级的全抢占式调度，同时也支持时间片轮转调度方式。当有比当前线程优先级更高的线程就绪时，当前线程将立刻被换出，高优先级线程抢占处理器运行。在系统中除了中断处理函数、调度器上锁部分的代码和禁止中断的代码是不可抢占的之外，系统的其他部分都是可以抢占的，包括线程调度器自身。为了保证系统的实时性，系统尽最大可能地保证高优先级的线程得以运行。线程调度的原则是一旦线程状态发生了改变，并且当前运行的线程优先级小于就绪列表中线程最高优先级时，立刻进行线程切换（除非当前系统处于中断处理程序中或禁止线程切换的状态）。

执行线程调度的主要函数就是线程调度函数 rt_schedule( )，其主要功能就是获取优先级最高的线程，并将当前运行的线程放到就绪列表中或阻塞列表中，调用上下文切换函数实现线程的切换。

另外，当前线程被阻塞时需要调度运行新的线程，当有一个新的线程加入就绪列表并且其优先级大于当前运行的线程，这两种情况都要调用线程状态的切换函数，分别是线程阻塞函数 rt_thread_suspend( )和线程恢复函数 rt_thread_resume( )。

与线程调度相关的函数还有前面分析过的线程初始化函数 rt_thread_startup( )、线程切换函数 rt_thread_yield( )等，以及相对简单的线程退出函数 rt_thread_exit( )等。

1. 线程调度函数 rt_schedule( )

线程调度函数 rt_schedule( )负责完成线程的切换，实现线程调度。实现过程为：首先获取

就绪线程的最高的优先级，根据这个优先级得到其对应的线程，如果当前运行的线程不是优先级最高的，那么将当前运行的线程放到就绪列表中或阻塞列表中，然后进行线程切换，通过触发 PendSV 中断来完成上下文的切换。函数 rt_schedule( ) 的实现过程如图 10-1 所示。

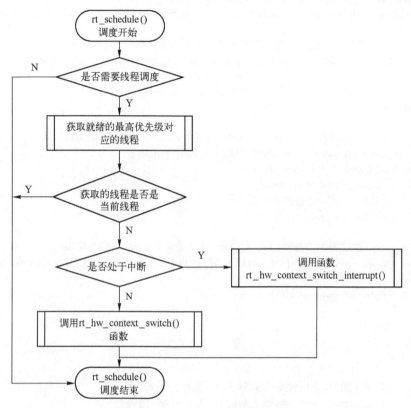

图 10-1　rt_schedule 函数执行流程

在 "..\src\scheduler. c" 文件可以查看源码：

```
//========================================================================
//函数名称:线程调度函数 rt_schedule
//参数说明:无
//功能概要:选择就绪线程当中优先级最高的线程运行
//========================================================================
void rt_schedule(void)
{
    rt_base_t level;
    struct rt_thread  * to_thread;
    struct rt_thread  * from_thread;
    //(1)关中断
    level = rt_hw_interrupt_disable( );

    //(2)检查调度器是否未上锁
    if ( rt_scheduler_lock_nest == 0)
    {
        register rt_ubase_t highest_ready_priority;
        //(2-1)获取就绪的最高优先级
#if RT_THREAD_PRIORITY_MAX <= 32        //条件编译,RT_Thread 中最高优先级数<=32
```

```
        highest_ready_priority = __rt_ffs(rt_thread_ready_priority_group) - 1;
#else
        register rt_ubase_t number;
        number = __rt_ffs(rt_thread_ready_priority_group) - 1;
        highest_ready_priority = (number << 3) + __rt_ffs(rt_thread_ready_table[number]) - 1;
#endif
    //(2-2)获取就绪的最高优先级对应的线程控制块
    to_thread = rt_list_entry(rt_thread_priority_table[highest_ready_priority].next,
                              struct rt_thread, tlist);
    //(2-3)如果目标线程不是当前线程,则要进行线程切换
    if (to_thread != rt_current_thread)
    {
        //(2-3-1)当前线程指向目标线程(最高优先级的线程),即做切换准备
        rt_current_priority = (rt_uint8_t)highest_ready_priority;
        from_thread = rt_current_thread;
        rt_current_thread = to_thread;
        //(2-3-2)判断是否处于中断中①
        if (rt_interrupt_nest == 0)
        {
            //不在中断中,则进行上下文切换,通过触发 PendSV 中断来实现
            rt_hw_context_switch((rt_uint32_t)&from_thread->sp, (rt_uint32_t)&to_thread->sp);
            //开中断
            rt_hw_interrupt_enable(level);
        }
        return ;
    }
    else
    {
        //处于中断中,还是触发 PendSV 中断,进行上下文切换
        rt_hw_context_switch_interrupt((rt_uint32_t)&from_thread->sp,
                                       (rt_uint32_t)&to_thread->sp);
    }//===(2-3-2)结束
    }//===(2-3)结束
    }//===(2)结束

    //(3)开中断
    rt_hw_interrupt_enable(level);
}
/*
注:① 实际上无论是否在中断中,RT-Thread 都是触发 PendSV 中断实现上下文切换。而有的操作系统会
进行区分:如果不在中断中,触发 PendSV 中断;如果是在中断中,则触发 SVC 中断。下面调用的 rt_hw_
context_switch()函数和 rt_hw_context_switch_interrupt(),实际运行的代码是一样的。具体代码在 10.3 节
进行分析。
*/
```

2. 线程阻塞函数 rt_thread_suspend()

线程阻塞函数 rt_thread_suspend() 是将某个线程状态修改为阻塞态，然后将其从对应的就绪列表中移除。在 ".. \src\thread. c" 文件中可以查看 rt_thread_suspend() 函数源码：

```
//==================================================================
//函数名称:rt_thread_suspend
//参数说明:thread-线程
//功能概要:阻塞线程
```

```
// ================================================================
rt_err_t   rt_thread_suspend(rt_thread_t thread)
{
    register rt_base_t temp;
    //(1)检查参数
    RT_ASSERT(thread != RT_NULL);
    RT_ASSERT(rt_object_get_type((rt_object_t)thread) == RT_Object_Class_Thread);
    RT_DEBUG_LOG(RT_DEBUG_THREAD, ("thread suspend:  %s\n", thread->name));
    //(2)判断阻塞线程的状态,如果已阻塞,返回错误码
    if ((thread->stat & RT_THREAD_STAT_MASK) != RT_THREAD_READY)
    {
        RT_DEBUG_LOG(RT_DEBUG_THREAD, ("thread suspend: thread disorder, 0x%2x\n",
                                        thread->stat));
        return -RT_ERROR;
    }
    //(3)关中断
    temp = rt_hw_interrupt_disable();
    //(4)改变线程状态为阻塞态
    thread->stat = RT_THREAD_SUSPEND | (thread->stat & ~RT_THREAD_STAT_MASK);
    //(5)从就绪列表移出线程
    rt_schedule_remove_thread(thread);
    //(6)停止线程计时器
    rt_timer_stop(&(thread->thread_timer));
    //(7)开中断
    rt_hw_interrupt_enable(temp);
    RT_OBJECT_HOOK_CALL(rt_thread_suspend_hook, (thread));
    return RT_EOK;
}
```

3. 线程恢复函数 rt_thread_resume()

线程恢复函数 rt_thread_resume()是将线程从阻塞态恢复为就绪态,然后将线程从阻塞列表中移除,放入就绪列表中,如果此时放入就绪列表的线程的优先级大于此时正在运行的线程,则会产生调度的情况,从而调用 rt_schedule()函数开始线程的调度。被阻塞的线程不会得到处理器的使用权,不管该线程具有什么优先级。在 ".. \src\thread.c" 文件中可以查看源码如下:

```
// ================================================================
//函数名称:rt_thread_resume
//函数返回:
//参数说明:thread-线程
//功能概要:恢复线程为就绪态
// ================================================================
rt_err_t   rt_thread_resume(rt_thread_t thread)
{
    register rt_base_t temp;
    //(1)检查参数
    RT_ASSERT(thread != RT_NULL);
    RT_ASSERT(rt_object_get_type((rt_object_t)thread) == RT_Object_Class_Thread);
    RT_DEBUG_LOG(RT_DEBUG_THREAD, ("thread resume:  %s\n", thread->name));
    //(2)判断是否未阻塞,是返回错误码
    if ((thread->stat & RT_THREAD_STAT_MASK) != RT_THREAD_SUSPEND)
    {
```

```
            RT_DEBUG_LOG(RT_DEBUG_THREAD, ("thread resume:threaddisorder, %d\n",
                                            thread->stat));
            return -RT_ERROR;
    }
    //(3)关中断
    temp = rt_hw_interrupt_disable();
    //(4)从阻塞列表删除
    rt_list_remove(&(thread->tlist));
    //(5)停止线程计时器
    rt_timer_stop(&thread->thread_timer);
    //(6)开中断
    rt_hw_interrupt_enable(temp);
    //(7)加入就绪列表
    rt_schedule_insert_thread(thread);
    RT_OBJECT_HOOK_CALL(rt_thread_resume_hook, (thread));
    return RT_EOK;
}
```

10.2 PendSV_Handler 剖析

在 ARM Cortex-M 内核中有 SVC 和 PendSV 中断，主要用于 RTOS。RT-Thread 只使用 PendSV 中断，当需要上下文切换时，会主动触发 PendSV 中断，在 PendSV 中断服务程序中实现线程的调度，这样设计可使程序结构更加清晰。若是在其他中断服务程序（ISR）中触发 PendSV 中断，会自动延迟此次请求（也称为挂起），直到其他 ISR 完成后，才会做出响应。为实现这种功能，需要把 PendSV 中断设置为最低优先级中断。挂起 PendSV 中断设置的方法是：向嵌套中断向量控制器（NVIC）的 PendSV 挂起寄存器中写 1，即可推迟 PendSV 中断的触发；推迟后由于优先级不够高，则该中断将等待执行，一直到所有的优先级比他高的中断都被响应后才会执行 PendSV 中断，从而实现挂起 PendSV 中断。

10.2.1 进入 PendSV_Handler 的前导准备

执行 PendSV_Handler 前，需要调用相关的上下文切换函数来设置中断标志位并配置 PendSV 中断，也就是完成进入 PendSV_Handler 的前导准备。

通过第 8 章的启动过程分析我们已经了解到，在启动准备过程中会调用第一次线程切换准备函数 rt_hw_context_switch_to() 进行 PendSV 中断前导准备，待触发 PendSV 中断来实现上下文切换，真正实现第一次调度。在理解时间嘀嗒后，我们清楚了在 SysTick 定时中断中，会执行线程调度函数 rt_schedule() 进行任务调度。

线程调度函数 rt_schedule() 中调用上下文切换函数来完成进入 PendSV_Handler 的前导准备（见图 10-1 rt_schedule 函数执行流程），虽然会根据是否处于中断中分别调用 rt_hw_context_switch_interrupt() 函数和 rt_hw_context_switch() 函数来进行，但实际这两个函数的内部处理过程完全相同，都会设置中断标志位并配置 PendSV 中断，待中断开放后触发 PendSV 中断，调用 PendSV_Handler 函数实现切换。

上下文切换函数 rt_hw_context_switch_interrupt() 和 rt_hw_context_switch() 的具体源码可在文件 "..\05_UserBoard\context_gcc.s" 中查看。

```
//================================================================
//函数名称:rt_hw_context_switch(rt_uint32 from, rt_uint32 to)①
//参数说明:from-被切换线程。该参数传递给 r0 寄存器
//          to-切换到的线程。该参数传递给 r1 寄存器
//函数返回:void
//功能概要:上下文切换函数
//================================================================
rt_hw_context_switch_interrupt:
rt_hw_context_switch:
//(1)设置 PendSV 中断服务程序执行标志 rt_thread_switch_interrupt_flag 的值为 1
LDRr2, =rt_thread_switch_interrupt_flag      //加载 rt_thread_switch_interrupt_flag 地址到 r2
LDR r3, [r2]                                 //加载 rt_thread_switch_interrupt_flag 的值到 r3
CMP r3, #1                                   //r3 与 1 比较
BEQ _reswitch                               //r3 值等于 1,则执行 BEQ 指令
MOV r3, #1                                   //若不等,置 r3 的值为 1
STR r3, [r2]                                 //将 r3 的值存 r2 指向的地址中,
                                            //也就是将 rt_thread_switch_interrupt_flag 置 1
//(2)设置 rt_interrupt_from_thread 的值(来自 r0 中保存的 rt_hw_context_switch 的形参 from)
LDR r2, =rt_interrupt_from_thread            //加载 rt_interrupt_from_thread 的地址到 r2
STR r0, [r2]                                 //存储 r0 的值到 rt_interrupt_from_thread
//(3)设置 rt_interrupt_to_threadg 的值(来自 r1 中保存的 rt_hw_context_switch 的形参 to)
_reswitch:
LDR0r2, =rt_interrupt_to_thread              //加载 rt_interrupt_to_thread 的地址到 r2
STR     r1, [r2]                             //存储 r1 的值到 rt_interrupt_to_thread
//(4)配置 PendSV 中断(待开放中断,就会立即进入 PendSV 中断服务程序,在 PendSV_Handler
//中实现上下文切换)
LDR r0, =NVIC_INT_CTRL                        //中断控制状态寄存器的地址载入到 r0
LDRr1, =NVIC_PENDSVSET②                      //将 NVIC_PENDSVSET 的地址载入到 r1
    STRr1, [r0]                              //更新中断控制状态寄存器,触发 PendSV 异常
//(5)子程序返回
BX   LR
/*
注:① 当在 C 语言中调用汇编函数时,如果有两个形参,在执行汇编时,会将两个形参传入到 CPU 的寄存
器 r0 和 r1 中。
② 在 context_gcc.s 文件中已通过语句.equ NVIC_PENDSVSET,  0x10000000 ,定义 NVIC_PENDSVSET 代
表触发 PendSV 异常的值。
*/
```

10.2.2　PendSV_Handler 源码剖析

PendSV_Handler 的主要功能是：判断是否是第一次切换，若是第一次，直接把下一个将要运行线程（rt_interrupt_to_thread）的上下文（PSR，PC，LR，R12，R3～R0 等寄存器）加载到 CPU 寄存器中，否则的话先将上一个线程（rt_interrupt_from_thread）的上下文放入堆栈区保存。其程序执行流程如图 10-2 所示。

PendSV_Handler 函数的源码可在 "..\05_UserBoard\context_gcc.s" 文件中可查看，具体剖析如下：

```
//================================================================
//函数名称:PendSV_Handler
///参数说明:r0-(被切换的)原线程栈的指针
//          r1-(要切换到的)下一个线程栈的指针
```

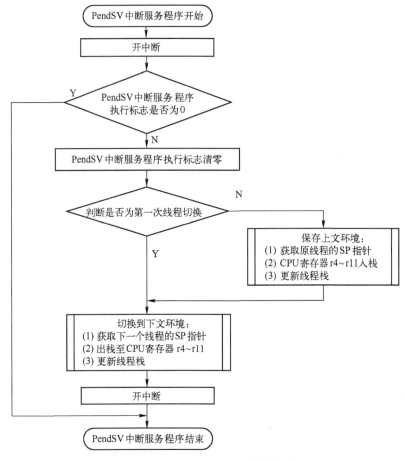

图 10-2 PendSV_Handler 执行流程

```
//函数返回:void
//功能概要:上下文切换。
//==================================================================
PendSV_Handler:
    //(1)关中断,保护上下文切换过程不被打断
    MRS①r2, PRIMASK                          //中断屏蔽寄存器(PRIMASK)的值加载到r2
    CPSIDI                                    //禁止总中断

    //(2)获取 PendSV 中断服务程序执行标志,判断是否为 0,若为 0 则退出
    LDRr0, =rt_thread_switch_interrupt_flag   //加载 rt_thread_switch_interrupt_flag 地址到r0
    LDRr1, [r0]                               //加载 rt_thread_switch_interrupt_flag 的值到r1
    CBZr1, pendsv_exit                        //判断 r1 是否为 0,为 0 转到 pendsv_exit
    MOVr1, #0x00                              // r1 不为 0,则将其值赋为 0
    STR r1, [r0]                              //置 rt_thread_switch_interrupt_flag 值为 0

    //(3)判断 rt_interrupt_from_thread 的值是否为 0
    LDR r0, =rt_interrupt_from_thread         //加载 rt_interrupt_from_thread 的地址到r0
    LDR r1, [r0]                              //加载 rt_interrupt_from_thread 的值到r1
    CBZ  r1, switch_to_thread                 //为 0②,则跳过步骤(4),转到步骤(5)切换

    //(4)上文保存③
```

```
    //(4-1)获取线程栈指针到 r1
    MRS   r1, psp
#if defined (__VFP_FP__) && !defined(__SOFTFP__)④
    TST   lr, #0x10                      //检查扩展堆栈帧(通过检查该位来表示是否
                                         //需要 FPU 寄存器组)
    VSTMDBEQ r1!⑤, {d8 - d15}            //保存 FPU 寄存器 s16~s31
#endif
    //(4-2)CPU 寄存器 r4~r11 的值入线程栈保护
    STMFD  r1!, {r4 - r11}               //将 CPU 寄存器 r4~r11 的值存储到 r1 指向
                                         //的地址(每操作一次地址将递减一次)
#if defined (__VFP_FP__) && !defined(__SOFTFP__)
    MOV   r4, #0x00                      //flag = 0
    TST   lr, #0x10                      //if(!EXC_RETURN[4]),检查扩展堆栈帧
    MOVEQ r4, #0x01                      //flag = 1
    STMFD  r1!, {r4}                     //push flag
#endif
    //(4-3)更新线程栈 psp
    LDRr0, [r0]                          //r0 = rt_interrupt_from_thread
    STRr1, [r0]                          //将 r1 的值存储到 r0,即更新线程栈


    //(5)切换到下文
switch_to_thread:
    //(5-1)r1 指向 rt_interrupt_to_thread 的 sp    //加载 rt_interrupt_to_thread 的地址到 r1
    LDRr1, =rt_interrupt_to_thread       //加载 rt_interrupt_to_thread 的值到 r1
    LDRr1, [r1]                          //即线程栈指针 sp 的指针加载到 r1
                                         //加载 sp 到 r1

    LDRr1, [r1]
    //(5-2)把要切换到的线程的环境加载到 CPU 寄存器中
    LDMFD  r1!, {r4 - r11}               //将线程栈指针 r1 指向的内容加载到 CPU 寄
                                         //存器 r4~r11
#if defined (__VFP_FP__) && !defined(__SOFTFP__)
    CMP   r3, #0                         //if( flag_r3 != 0)
    VLDMIANE  r1!, {d8 - d15}            //pop FPU register s16~s31
#endif
    //(5-3)线程栈指针更新到 PSP
    MSRpsp, r1
#if defined (__VFP_FP__) && !defined(__SOFTFP__)
    ORR   lr, lr, #0x10
    CMP   r3,  #0
    BICNE  lr, lr, #0x10
#endif

    //(6)开中断
pendsv_exit:
    MSR PRIMASK, r2                      //恢复中断
    ORR lr, lr, #0x04     //LR 寄存器的第 2 位要为 1,即确保异常返回使用的栈指针是 PSP
                          //这时栈中剩余内容会自动加载到 CPU 寄存器:xPSR、PC(线程入
                          //口地址)R14、R12、R3、R2、R1、R0(线程的形参),同时 PSP 的值也将
                          //更新,指向线程栈栈顶
//(7)子程序返回
    BX  lr
//PendSV_Handler 函数结束============================================
```

```
/ *
注:① MRS 指令:加载特殊功能寄存器的值到通用寄存器。
② 第一次线程切换时 rt_interrupt_from_thread 的值肯定为 0。第一次线程切换直接跳转到步骤(5),因为
没有上文环境需要保存。
③ 当进入 PendSVC Handler 时,上一个线程运行的上下文(即寄存器):xPSR,PC(线程入口地址)、r14、
r12、r3、r2、r1、r0(线程的形参),这些寄存器的值会自动保存到线程的栈中,剩下的 r4~r11 需要程序指令
保存。
④ 参见 8.5.2 小节 rt_hw_context_switch_to 函数源码注释中的注①。
⑤ 操作之前地址先递减。
* /
```

10.3 线程切换过程剖析

在 8.5.2 小节中已经讲述了第一次线程切换的前导工作,并指出调度工作将在 PendSV_Handler 中进行,本节给出这个过程的分析。样例工程见 "..\04-Software\CH10\CH10.3-RT-Thread_FirstStartAnalysis_STM32L431"。

10.3.1 线程切换前的准备工作

在用户线程创建之前,需要创建一个主线程 (app_init),由它创建其他用户线程,下面分析如何创建这个主线程。

1. 线程控制块

操作系统中使用线程控制块 (TCB) 指针来表示一个线程,TCB 是一个结构体。创建主线程首先要给 TCB 分配空间,在函数 rt_thread_create() 中用如下语句定义了主线程的 TCB 变量:

```
struct rt_thread * thread;
//(1)分配线程控制块
//(1.1)创建 TCB,从堆内存中动态申请一个线程控制块对象
thread = (struct rt_thread * )rt_object_allocate(RT_Object_Class_Thread,name);
```

2. 线程的栈空间

每个线程都需要有自己的栈空间,线程的栈空间不能通过系统内存申请得到,只能在创建线程之前分配,在函数 rt_thread_create 中用如下语句定义了主线程的栈空间:

```
//(2)分配线程栈空间
//(2.1)从堆内存中动态申请空间用于线程栈
stack_start = (void * )RT_KERNEL_MALLOC(stack_size);
```

然后在动态创建过程中对栈空间进行了初始化。初始化线程栈空间中的上下文结构是为线程切换做准备,需要在上下文结构中填入对应的内容,一般 R4~R11、R12 初始化值为 0。如果线程开始执行时有参数传入,应存入 R0~R3,LR (R14) 中存入线程执行完成后的返回地址,最重要的是 PC (R15),它在中断返回时被加载到处理器的 PC 寄存器中,所以要将需要切换的线程函数指针放在这个位置上,最后是程序状态字 PSR。

如图 10-3 所示为 RT-Thread 创建主线程时,初始化栈空间后的状态 (可通过 printf 打桩输出相应的值),图中每个格子代表一个字,即 4 个字节,此时线程栈空间最高地址为 0x200043D8。"TCB 中的 SP"表示主线程 TCB 中 SP 指向内存地址 0x2000439C,为可用栈空间最高地址减去 64。R4~R11、R1~R3、R12 寄存器对应的位置初始化为 0,PC (R15) 寄存器

对应的位置为线程函数指针 func（即 app_init[⊖]），LR（R14）对应的位置为 rt_thread_exit 函数指针，PSR 的内容为 0x01000000。

	RAM中的内容	内存地址	对应的寄存器
主线程栈空间起始地址	0x00	0x200041E4	
	...	...	
TCB中的SP -->	0xdeadbeef	0x2000439C	R4
	0xdeadbeef	0x200043A0	R5
	0xdeadbeef	0x200043A4	R6
	0xdeadbeef	0x200043A8	R7
	0xdeadbeef	0x200043AC	R8
	0xdeadbeef	0x200043B0	R9
	0xdeadbeef	0x200043B4	R10
	0xdeadbeef	0x200043B8	R11
	parameter=NULL(0)	0x200043BC	R0
	0x00	0x200043C0	R1
	0x00	0x200043C4	R2
	0x00	0x200043C8	R3
	0x00	0x200043CC	R12
	rt_thread_exit=0x0800efe8	0x200043D0	LR(R14)
	app_init=0x0801082D/(082C)	0x200043D4	PC(R15)
	0x01000000	0x200043D8	PSR

图 10-3　主线程栈空间初始化后的状态

10.3.2　线程切换过程

创建完主线程，待调度器启动完成后，就可以开始线程切换工作。此时，线程栈空间（见图 10-3）中，已经是将要运行的线程的基本参数，如线程入口函数、线程退出函数等。

芯片硬件系统在进入 PendSV_Handler 之前自动保存了上文的 PSR、PC、LR、R12、R3~R0 寄存器，在 PendSV_Handler 中，程序保存 R11~R4 寄存器，以及恢复下文的 R4~R11 寄存器。在第一次主线程切换时，没有上文，不需要保存上文。PendSV_Handler 退出后，硬件自动恢复下文的 R0~R3、R12、LR、PC、PSR 寄存器，由于 PC 中的值为下文线程的入口函数首址，因此，程序切换到下文运行，实现了线程切换。具体过程如图 10-4 所示。

以第一次线程切换为例，先是 rt_hw_context_switch_to 函数中配置了 PendSV 中断，然后第一次程序指令触发该中断，将进入 PendSV_Handler，参考图 10-3、图 10-4，在 PendSV_Handler 中完成第一次线程切换，由于 PC 中的值为 app_init，因此切换到 app_init 运行，创建蓝灯、绿灯、红灯线程，并启动它们，之后一次性运行的主线程被内核收回，用户线程调度开始。

⊖ app_init 函数指针的值实际上为 0x0800082C，但在 ARM 的 M 系列处理器中加载到 PC 中的地址的第 0 位必须为 1，表示执行的是 thumb 指令，否则会发生异常。在这里写入的虽然是 0x0800082D，但由于 PC 的第 0 位不可写且固定为 0，所以以写入 0x0800082D 得到的 PC 值为 0x0800082C。

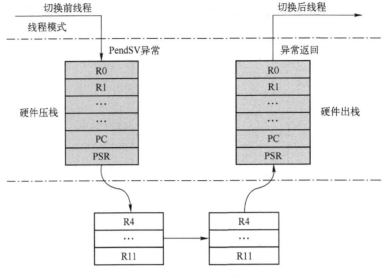

图 10-4　线程之间的切换流程

10.4 本章小结

RT-Thread 的调度在 PendSV_Handler 中进行，在进入 PendSV_Handler 之前，已经进行了线程切换的准备工作。进入 PendSV_Handler 后，判断是否是第一次切换，若是第一次，直接根据全局变量 rt_interrupt_to_thread（将要运行线程的栈指针），把 RAM 内保存的将要运行线程上下文（PSR，PC，LR，R12，R3~R0 等寄存器）加载到 CPU 寄存器中，由于 PC 的值决定了运行哪里的程序，其他 CPU 内其他寄存器的值决定了运行场景，这样就实现了新线程获得了 CPU 使用权，获得运行。若不是第一次线程切换，则将根据全局变量 rt_interrupt_from_thread（上一个线程的栈指针），把正在运行线程的上下文保持到 RAM 中线程堆栈区，然后再根据全局变量 rt_interrupt_to_thread，把保存在线程栈中线程上下文加载到 CPU 寄存器中，实现线程切换。

第 11 章　理解事件与消息队列

RTOS 中的通信是指线程之间或者线程与中断服务程序之间的信息交互，其作用是实现同步与数据传输。同步是协调不同程序单元的执行顺序，数据传输是在不同程序单元之间进行数据的传递。同步与通信的主要方式有事件、消息队列、信号量、互斥量等。本章剖析事件与消息队列的工作机制，第 12 章将剖析信号量和互斥量的工作机制。

11.1　事件

事件的含义及应用场合、事件常用函数以及事件的编程举例已在 5.2 节中介绍过了，本节主要剖析事件创建函数、事件发送函数和事件接收函数等。为了理解它们的工作机制，本节还给出事件调度机制实例分析。

11.1.1　事件主要函数剖析

事件相关函数使用事件控制块结构体，它包含了一个 32 位的整型变量 set，该变量的每位可表示一个事件，其定义在 "rtdef. h" 文件中。

```
//事件控制块
struct rt_event
{
    struct rt_ipc_object parent;            //继承的内核对象
    rt_uint32_t set;                        //事件标志位
};
typedef struct rt_event * rt_event_t;       //rt_event_t 是指向事件结构体的指针
```

同时事件属于内核对象，也会在自身结构体内包含一个内核对象类型的成员，通过这个成员可以将事件挂到系统对象容器里面。

1. 事件创建函数 rt_event_create( )

事件创建函数 rt_event_create( )的主要功能如下：①创建一个事件对象并为其分配内存空间；②设置阻塞唤醒模式；③初始化事件字对象；④将事件的所有标志位清零。

（1）rt_event_create( )函数执行流程

rt_event_create( )函数执行流程如图 11-1 所示。

（2）rt_event_create 函数代码注释

在 "ipc. c" 文件中可以查看 rt_event_create 函数的源代码。

```
//================================================================
//函数名称:rt_event_create
//函数返回:事件结构体
//参数说明:name-创建事件的名称
//            flag-事件的标志
//功能概要:事件创建
//================================================================
```

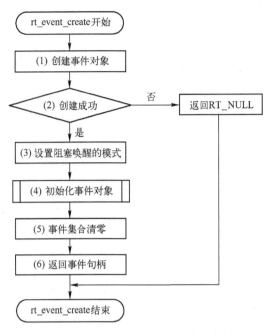

图 11-1 rt_event_create 函数执行流程

```
rt_event_t   rt_event_create(const char * name, rt_uint8_t flag)
{
    rt_event_t   event;
    //(1)创建事件对象
    event = (rt_event_t)rt_object_allocate(RT_Object_Class_Event, name);
    //(2)创建是否成功
    if (event == RT_NULL)
        return event;
    //(3)设置阻塞唤醒的模式
    event->parent. parent. flag = flag;
    //(4)初始化事件对象
    rt_ipc_object_init(&(event->parent));
    //(5)事件集合清零
    event->set = 0;
    //(6)返回句柄
    return event;
}
```

2. 事件发送函数 rt_event_send

事件发送函数 rt_event_send 的主要功能如下：①判断事件状态及参数是否正确；②设置事件字的对应事件位；③在事件阻塞列表中查找线程等待事件位与设置的事件位相同的线程，找到后从事件阻塞列表中移出，并加入就绪列表中；④取就绪列表中最高优先级（优先级最高的）线程进行调度。

（1）rt_event_send 函数执行流程

rt_event_send 函数执行流程，如图 11-2 所示。

（2）rt_event_send 函数代码注释

在 "ipc. c" 文件中可以查看 rt_event_send 函数的源代码。

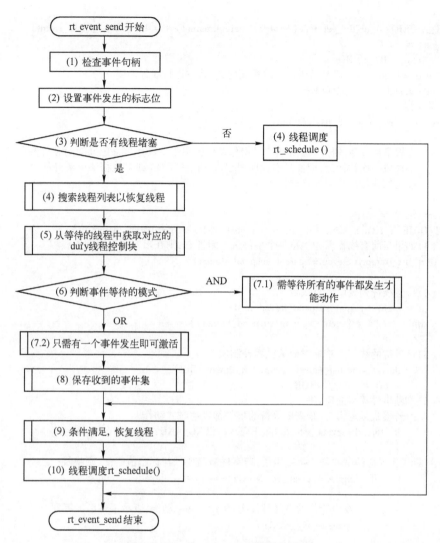

图 11-2　rt_event_send 函数执行流程

```
//=================================================================
//函数名称:rt_event_send
//函数返回:事件错误状态代码值
//参数说明:event-事件发送操作的事件句柄
//       set-事件集合中的具体事件,也就是设置 set 中的某些位
//功能概要:事件发送
//=================================================================
rt_err_t rt_event_send(rt_event_t event, rt_uint32_t set)
{
    struct rt_list_node *n;
    struct rt_thread *thread;
    register rt_ubase_t level;
    register rt_base_t status;
    rt_bool_t need_schedule;
    //(1)检查事件句柄 event 是否有效,如果它是未定义或未创建的事件句柄,则发送事件
    //    操作将无法执行
    RT_ASSERT(event != RT_NULL);
```

```
RT_ASSERT(rt_object_get_type(&event->parent. parent) = = RT_Object_Class_Event);
if (set = = 0)
    return -RT_ERROR;
//need_schedule 用于记录是否进行线程调度,默认不进行线程调度
need_schedule = RT_FALSE;
//关中断
level = rt_hw_interrupt_disable();
/*
(2)  设置事件发生的标志位,利用' | '操作既保证不干扰其他事件位又能同时对多个
     事件位一次性标记,即使是多次向线程发送同一事件(如果线程还未来得及
     读走),也等效于只发送一次。
*/
event->set |= set;
RT_OBJECT_HOOK_CALL(rt_object_put_hook, (&(event->parent. parent)));
//(3)如果当前有线程因为等待某个事件进入阻塞态,则在阻塞列表中搜索线程
if (!rt_list_isempty(&event->parent. suspend_thread))
{
//(4)搜索线程列表以恢复线程
    n = event->parent. suspend_thread. next;
    while (n != &(event->parent. suspend_thread))
    {
//(5)从等待的线程中获取对应的线程控制块
        thread = rt_list_entry(n, struct rt_thread, tlist);
        status = -RT_ERROR;
//(6)判断事件等待的模式
//(7.1)若模式是逻辑与,则需要等待的事件都发生时才动作
        if (thread->event_info & RT_EVENT_FLAG_AND)
        {
//判断线程等待的事件是否都发生了,若事件激活要求与标志值匹配,则唤醒
            if (((thread->event_set & event->set) = = thread->event_set)
            {
                //当等待的事件都发生,标记 status 动作,表示事件已经等到
                status = RT_EOK;
            }
        }
//(7.2)若模式是逻辑或,则只要有一个及以上事件发生,就表示事件已发生
        else if (thread->event_info & RT_EVENT_FLAG_OR)
        {
            if (thread->event_set & event->set)
            {
//(8)保存收到的事件集
                thread->event_set = thread->event_set & event->set;
                //当等待的事件都发生,标记 status 动作,表示事件已经等到
                status = RT_EOK;
            }
        }
        //将节点后移
        n = n->next;
        //(9)当等待的事件发生的时候,条件满足,需要恢复线程
        if (status = = RT_EOK)
        {
            /*如果在接收中设置了 RT_EVENT_FLAG_CLEAR,那么在线程被唤醒的时候,系统会
            进行事件标志位的清除操作,防止一直响应事件*/
```

```
                    if ( thread->event_info & RT_EVENT_FLAG_CLEAR)
                        event->set &= ~ thread->event_set;
                    //恢复阻塞的线程
                    rt_thread_resume( thread) ;
                    //标记 need_schedule 表示需要进行线程调度
                    need_schedule = RT_TRUE;
                }
            }
        }
        //开中断
        rt_hw_interrupt_enable( level) ;
        //( 10)发起一次线程调度
        if ( need_schedule = = RT_TRUE) rt_schedule( ) ;
        //返回
        return RT_EOK;
    }
    RTM_EXPORT( rt_event_send) ;
```

3. 事件接收函数 rt_event_recv

事件接收函数 rt_event_recv 的主要功能如下：①判断线程和事件状态及参数是否正确；②初始化状态并重置线程错误码；③检查线程所等待的事件位是否发生；④若线程所等待的事件位未发生，将线程放入阻塞列表中，并激活线程计时器；⑤更改线程的状态，然后从就绪列表中取出线程准备运行；⑥返回当前线程的状态。

（1）rt_event_recv 函数执行流程

rt_event_recv 函数执行流程如图 11-3 所示。

（2）rt_event_recv 函数代码注释

在 "ipc. c" 文件中可以查看 rt_event_recv 函数的源代码。

```
//==========================================================================
//函数名称:rt_event_recv
//函数返回:事件错误状态代码值
//参数说明:event-事件发送操作的事件句柄
//          set-事件集合中的事件标志
//          option-接收选项
//          timeout-设置等待的超时时间
//          recved-保存接收到的事件标志结果
//功能概要:事件接收函数
//==========================================================================
rt_err_t rt_event_recv( rt_event_t     event,
                        rt_uint32_t    set,
                        rt_uint8_t     option,
                        rt_int32_t     timeout,
                        rt_uint32_t    * recved)
{
    struct rt_thread  * thread;
    register rt_ubase_t level;
    register rt_base_t status;
    RT_DEBUG_IN_THREAD_CONTEXT;
    //( 1)检查参数事件句柄是否有效,若是未定义或未创建的事件句柄,则无法接收事件
    RT_ASSERT( event != RT_NULL) ;
    RT_ASSERT( rt_object_get_type( &event->parent. parent) = = RT_Object_Class_Event) ;
```

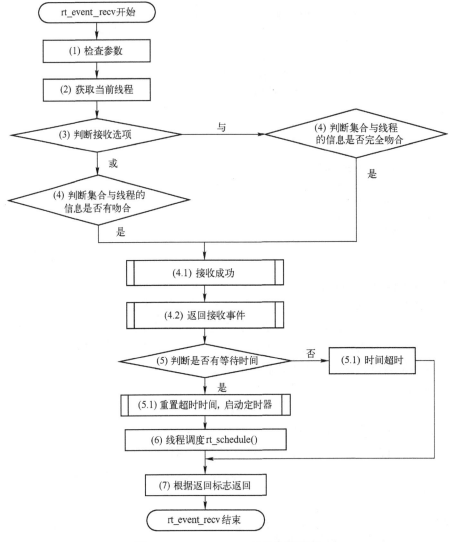

图 11-3　rt_event_recv 函数执行流程

```
if ( set == 0 )
    return -RT_ERROR;
//初始化状态
status = -RT_ERROR;
//(2)获取当前线程信息,即获取调用接收事件的线程
thread = rt_thread_self( );
//重置线程错误码
thread->error = RT_EOK;
RT_OBJECT_HOOK_CALL( rt_object_trytake_hook, ( &( event->parent. parent ) ) );
//关中断
level = rt_hw_interrupt_disable( );
//(3)判断接收选项如果指定的 option 接收选项是 RT_EVENT_FLAG_AND,那么判断事件
//    集合里面的信息与线程等待的信息是否全部吻合,如果满足条件则标记接收成功
if ( option & RT_EVENT_FLAG_AND )
{
    if ( ( event->set & set ) == set )
```

```
                          status = RT_EOK;
        }
    //(4)判断集合与线程信息是否吻合,如果 option 接收选项是 RT_EVENT_FLAG_OR,那么
    //     判断事件集合里面的信息与线程等待的信息是否有吻合的部分(有其中一个满足即
    //     可),如果满足条件则标记接收成功
        else if (option & RT_EVENT_FLAG_OR)
        {
            if (event->set & set)
                status = RT_EOK;
        }
        else
        {

            //其他情况,接收选项应设置 RT_EVENT_FLAG_AND 或 RT_EVENT_FLAG_OR
            //必须使用其中之一
            RT_ASSERT(0);

        }
    //(4.1)接收成功
        if (status == RT_EOK)
        {
    //(4.2)返回接收的事件
            if (recved)
    //满足接收事件的条件,则返回接收的事件,读取 recved 即可知道接收到了哪个事件
                * recved = (event->set & set);
            /*      如果指定的 option 接收选项选择了 RT_EVENT_FLAG_CLEAR,在接收完成的时候会清
                除对应的事件集合的标志位 */
            if (option & RT_EVENT_FLAG_CLEAR)
                event->set &= ~set;

        }
    //如果 timeout = 0,那么接收不到事件就不等待,直接返回-RT_ETIMEOUT 错误码
        else if (timeout == 0)
        {
            thread->error = -RT_ETIMEOUT;

        }
    /* (5)判断是否有等待时间 timeout 不为 0,需要等待,那么需要配置线程接收事件的信息,event_set 与
        event_info 在线程控制块中有定义,event_set 表示当前线程等待哪些感兴趣的事件,event_info 表示
        事件接收选项 option
    */
        else
        {
        //  设置线程事件信息
            thread->event_set  = set;
            thread->event_info = option;
            //将等待的线程添加到阻塞列表中
            rt_ipc_list_suspend(&(event->parent. suspend_thread),
                                thread,
                                event->parent. parent. flag);
            //(5.1)若当前等待时间不为 0,激活线程计时器
            if (timeout > 0)
            {
                //根据 timeout 的值重置线程超时时间
                rt_timer_control(&(thread->thread_timer),
                                RT_TIMER_CTRL_SET_TIME, &timeout);
                rt_timer_start(&(thread->thread_timer)); //启动定时器开始计时
```

```
        }
            rt_hw_interrupt_enable(level);//开中断
        //(6)进行线程调度
        rt_schedule();
        if (thread->error != RT_EOK)
        {
            //返回错误代码
            return thread->error;
        }
        level = rt_hw_interrupt_disable();
        if (recved)
    //(7)根据返回标志返回成功线程
            *recved = thread->event_set;
    }
    rt_hw_interrupt_enable(level);
    RT_OBJECT_HOOK_CALL(rt_object_take_hook, (&(event->parent.parent)));
    //(7)根据返回标志返回接收错误结果
    return thread->error;
}
RTM_EXPORT(rt_event_recv);
```

11.1.2 线程之间的事件调度机制实例分析

在 5.2.4 节中已经分析了通过事件实现线程间通信的程序执行流程，本小节将深入剖析事件的设置过程以及线程之间是如何进行调度的。

"CH11.1.2-Event_RT-Thread_STM32L431"工程实现为了蓝灯线程控制绿灯和红灯事件，从而实现线程间的同步与通信。为了只针对事件进行剖析，故在程序中不采用延时函数而采用空循环来实现延时，可以通过串口（波特率设置为 115200）打印出运行结果，其调度流程时序如图 11-4 所示。

说明：表示线程或列表的有效运行时间，实线箭头表示线程进入列表，虚线箭头表示从列表中取出线程。

下面将对线程调度过程进行分段剖析，并给出各段的运行结果。

1. 线程启动

1~3 步，芯片上电启动最后会转到主线程函数 app_init 执行，在该函数中创建并先后启动了绿灯、蓝灯和红灯三个线程，然后终止该函数的运行，由 RT-Thread 开始进行线程调度。

```
0-1.MCU 启动
0-2.启动绿灯线程
0-3.启动蓝灯线程
0-4.启动红灯线程
thread_greenlight:1.200046B4(绿灯)开始,调用 rt_event_recv(1<<2)等待事件第 2 位
```

2. 绿灯线程等待事件字第 2 位

第 4 步，绿灯等待事件字第 2 位。

第 5 步，绿灯线程触发 PendSV 中断。

第 6 步，绿灯线程放入阻塞列表。

第 7 步，将高优先级的蓝灯线程激活运行。

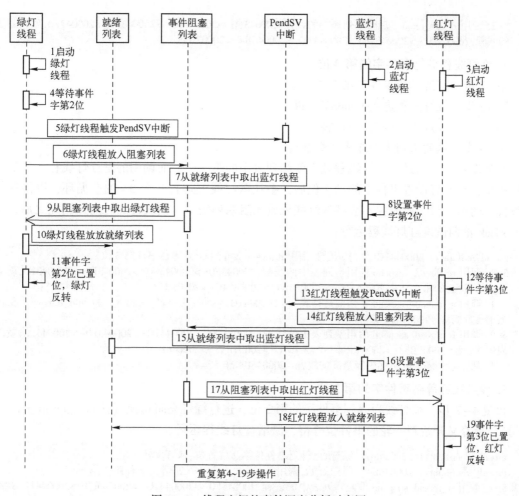

图 11-4　线程之间的事件调度分析时序图

5-1. 调用 rt_thread_suspend 前阻塞列表中的线程：200043F0->200043F0->200043F0->200043F0，就绪列表中的线程：20007B58->200046B4->2000494C->2000441C->20007B58

6-1. 调用 rt_thread_suspend 将当前运行线程 = 200046B4 放到阻塞列表，调用 rt_schedule_remove_thread 将当前运行线程 = 200046B4 移除就绪列表

5-2. 调用 rt_thread_suspend 后阻塞列表中的线程：200043F0->200046B4->200043F0->200046B4，就绪列表中的线程：20007B58->2000494C->2000441C->20007B58->2000494C

7-1. 从就绪列表中取出优先级最高的线程 = 2000494C 准备运行

3. 蓝灯线程设置事件字第 2 位

第 8 步，蓝灯等待时间字第 2 位。

第 9 步，从阻塞列表取出绿灯线程。

第 10 步，绿灯线程放入就绪列表，由于线程优先级相同，绿灯线程不会抢占当前运行的蓝灯线程，而是会在 SysTick 中断服务程序通过轮询调度。

第 11 步，已经置位后绿灯反转。

thread_bluelight：2. 2000494C（蓝灯）开始，调用 rt_event_send(1<<2) 设置事件第 2 位
8-1. 调用 rt_list_remove 前阻塞列表中的线程：200043F0->200046B4->200043F0->200046B4，就绪列表中的线程：20007B58->2000494C->2000441C->20007B58->2000494C
9-1. 将线程 200046B4 从阻塞列表中移除，放入就绪列表中准备运行

8-2. 调用 rt_list_remove 后阻塞列表中的线程:200043F0->200043F0->200043F0->200043F0,就绪列表中的线程:20007B58->2000494C->2000441C->200046B4->20007B58

4. 红灯线程等待事件字的第 3 位

第 12 步,红灯等待事件字第 3 位。

第 13 步,红灯线程进入 PendSV 中断。

第 14 步,红灯线程进入阻塞列表。

第 15 步,从就绪列表中取出蓝灯线程。

此处需要注意的是,蓝灯线程处于就绪列表中的第一个,而调用的是红灯线程。这是由于在例程中,在蓝灯设置事件字的第 2 位后,会让蓝灯线程运行一个 3 s 的空循环,以便后续设置事件字的第 3 位,此时并不会将蓝灯线程放入阻塞列表中,当线程的时间片用完之后,会通过 SysTick 轮询调度红灯线程运行。

thread_redlight:3. 2000441C(红灯)开始,调用 rt_event_recv(1<<3)等待事件第 3 位
5-1. 调用 rt_thread_suspend 前阻塞列表中的线程:200043F0->200043F0->200043F0->200043F0,就绪列表中的线程:20007B58->2000441C->200046B4->2000494C->20007B58
6-1. 调用 rt_thread_suspend 将当前运行线程=2000441C 放到阻塞列表,调用 rt_schedule_remove_thread 将当前运行线程=2000441C 移除就绪列表
5-2. 调用 rt_thread_suspend 后阻塞列表中的线程:200043F0->2000441C->200043F0->2000441C,就绪列表中的线程:20007B58->200046B4->2000494C->20007B58->200046B4
7-1. 从就绪列表中取出优先级最高的线程=200046B4 准备运行

5. 绿灯线程等到事件字的第 2 位

重复 4~7 步,绿灯线程等到事件字的第 2 位,进行绿灯亮暗切换(执行 rt_event_recv 后续语句),接着又开始新一轮的事件位等待,激活蓝灯线程运行。

thread_greenlight:10. 200046B4(绿灯)已等到事件位第 2 位置位,绿灯反转
thread_greenlight:1. 200046B4(绿灯)开始,调用 rt_event_recv(1<<2)等待事件第 2 位
5-1. 调用 rt_thread_suspend 前阻塞列表中的线程:200043F0->2000441C->200043F0->2000441C,就绪列表中的线程:20007B58->200046B4->2000494C->20007B58->200046B4
6-1. 调用 rt_thread_suspend 将当前运行线程=200046B4 放到阻塞列表,调用 rt_schedule_remove_thread 将当前运行线程=200046B4 移除就绪列表
5-2. 调用 rt_thread_suspend 后阻塞列表中的线程:200043F0->2000441C->200046B4->200043F0,就绪列表中的线程:20007B58->2000494C->20007B58->2000494C->20007B58
7-1. 从就绪列表中取出优先级最高的线程=2000494C 准备运行

6. 蓝灯线程设置事件字第 3 位

第 16 步,蓝灯等待事件字第 3 位。

第 17 步,从阻塞列表中取出红灯线程。

第 18 步,红灯线程放入就绪列表,由于线程优先级相同,红灯线程不会抢占当前运行的蓝灯线程,而是会在 SysTick 中断中通过轮询调度,激活红灯线程运行。

第 19 步,置位完成,红灯反转。

thread_bluelight: 2-1. 2000494C(蓝灯)调用 rt_event_send(1<<3)设置事件第 3 位
8-1. 调用 rt_list_remove 前阻塞列表中的线程:200043F0->2000441C->200046B4->200043F0,就绪列表中的线程:20007B58->2000494C->20007B58->2000494C->20007B58
9-1. 将线程 2000441C 从阻塞列表中移除,放入就绪列表中准备运行
8-2. 调用 rt_list_remove 后阻塞列表中的线程:200043F0->200046B4->200043F0->200046B4,就绪列表中的线程:20007B58->2000494C->2000441C->20007B58->2000494C

7. 红灯线程等到事件字的第 3 位

重复第 12~15 步，红灯线程等到事件字的第 3 位，进行红灯亮暗切换（执行 rt_event_recv 后续语句），接着又开始新一轮的事件位等待，激活蓝灯线程运行。

> thread_redlight：10. 2000441C（红灯）已等到事件位第 3 位置位，红灯反转
> thread_redlight：3. 2000441C（红灯）开始，调用 rt_event_recv（1<<3）等待事件第 3 位
> 5-1. 调用 rt_thread_suspend 前阻塞列表中的线程：200043F0->200046B4->200043F0->200046B4，就绪列表中的线程：20007B58->2000441C->2000494C->20007B58->2000441C
> 6-1. 调用 rt_thread_suspend 将当前运行线程=2000441C 放到阻塞列表，调用 rt_schedule_remove_thread 将当前运行线程=2000441C 移除就绪列表
> 5-2. 调用 rt_thread_suspend 后阻塞列表中的线程：200043F0->200046B4->2000441C->200043F0，就绪列表中的线程：20007B58->2000494C->20007B58->2000494C->20007B58
> 7-1. 从就绪列表中取出优先级最高的线程=2000494C 准备运行

说明：演示程序主要是在相关的代码处通过插入 printf 函数的方式，打印出相关的信息，且执行 printf 函数需要占用一些时间。本例中采用空循环语句而不采用延时函数进行延时，主要是为了简化线程的调度过程。同时，由于线程优先级相同，每次时间片到就会对线程进行轮询调度。为了方便演示，减少输出错位现象，时间片设为 35ms。因此在串口实际输出执行结果时，会出现有些输出错位现象。另外地址 2000494C 表示蓝灯线程，地址 200446B4 表示绿灯线程，地址 2000441C 表示红灯线程，地址 200043F0 表示阻塞列表的表头，地址 20007B68 表示就绪列表的表头。

11.1.3　中断与线程间的事件调度机制分析

5.2.3 小节的样例程序介绍了中断与线程之间的事件同步，这里简化其功能，只保留红灯线程等待事件字第 3 位置位实现亮暗切换，串口收到字符 "a" 时对事件字第 3 位进行置位。事件的置位由串口接收中断来实现，通过触发 PendSV 中断来实现线程的调度。这些调用过程通过串口（波特率设置为 115200）打印出来，样例工程见 ".. \04-Software\CH11\CH11.1.3-ISR_Event_RT-Thread_STM32L431"。

注意：向串口发送字符可以使用工程文件中给出的 XCOM 串口工具，工具位置见 ".. \04-Software\CH11\XCOM V2.5"。

1. 定义与声明事件字全局变量

在使用事件之前，需要先确定程序中需要使用哪些事件字，可以通过 rt_event_create 函数手动创建事件字。例如在本节样例程序中，在 ".. \07_AppPrg\threadauto_appinit.c" 中创建事件字实例，代码如下：

```
G_VAR_PREFIX rt_event_t EventWord;       //定义事件字
EventWord=rt_event_create("EventWord",RT_IPC_FLAG_PRIO);       //初始化事件字实例 EventWord
```

2. 给事件位取名

在 ".. \07_AppPrg\includes.h" 中添加红灯线程事件位宏定义。

```
#define RED_LIGHT_TASK    (1<<3);       //定义红灯线程事件位为事件字第 3 位
```

3. 程序代码

（1）红灯线程

```
//==================================================================
//函数名称：thread_redlight
```

```
//函数返回:无
//参数说明:无
//功能概要:等待 RED_LIGHT_TASK 标志,接收到信号后反转红灯,并清除事件位
// ================================================================
void thread_redlight (void)
{
    //(1)=====申明局部变量==========================================
    uint32_t recvedstate;        //创建局部变量事件接收是否成功标志
    printf("------第一次进入运行红灯线程!\r\n");
    gpio_init(LIGHT_RED,GPIO_OUTPUT,LIGHT_OFF);
    //(2)=====主循环(开始)==========================================
    while (1)
    {
        printf("0-2. 当前运行的线程=(红灯)开始 . \n");
        printf("1. 红灯线程调用 rt_event_recv()等待串口设置事件字的第 3 位\r\n");
        rt_event_recv(EventWord,RED_LIGHT_EVENT,
        RT_EVENT_FLAG_OR|RT_EVENT_FLAG_CLEAR,
                RT_WAITING_FOREVER,&recvedstate);
        if(recvedstate==RED_LIGHT_EVENT)
        {
            printf("2. 红灯线程已等待到串口对事件字第 3 位置的位,切换红灯亮暗\r\n");
            gpio_reverse(LIGHT_RED);
        }
    }//(2)=====主循环(结束)==========================================
}
```

(2) 串口接收中断

```
// ================================================================
//函数名称:UART_User_Handler
//函数返回:无
//参数说明:无
//功能概要:等待串口发送字符,当收到"a"时设置事件字的第 3 位。
// ================================================================
void UART_User_Handler (void)
{
    uint_8 ch;
    uint_8 flag;
    DISABLE_INTERRUPTS;             //关总中断
    //----------------------------------------------------------
    //接收一个字节
    ch = uart_re1(UART_User, &flag);   //调用接收一个字节的函数,清接收中断位
    if(flag)                        //有数据
    {
        //当收到"a"时设置事件字的第 3 位。
        if( ch=='a')
        {
            printf("3. 串口接收中断,收到字符 a 调用 rt_event_send 设置事件字第 3 位\r\n");
            printf("4. 串口中断执行完,接着触发 PendSV 中断,实际调用 rt_event_send→
                    调用 rt_schedule→调用 rt_hw_context_switch_interrupt→
                    调用 PendSV_Handler\r\n");
            //设置红灯事件位
            rt_event_send(EventWord,RED_LIGHT_EVENT);
            printf("6. 串口执行 rt_event_send 的后续语句\r\n");
```

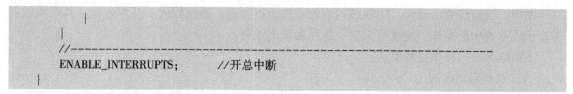

```
        }
    }
    //--------------------------------------------------------------
    ENABLE_INTERRUPTS;          //开总中断
}
```

4. PendSV 调度机制剖析

红灯线程的执行流程如下：

1）等待串口 2（user 串口）设置事件字的第 3 位（RED_LIGHT_EVENT）为 1。当红灯线程执行到 rt_event_recv( ) 这个语句时，红灯线程进入事件阻塞列表，状态由就绪态变为阻塞态。rt_event_recv 函数的主要功能就是给正在运行的线程（本例为红灯线程）添加等待事件位标记，暂停红灯线程的运行并放到事件阻塞列表中。

2）直到收到串口 2 的事件字置位信号 RED_LIGHT_EVENT 后，红灯线程才会从阻塞列表移出，状态由阻塞态转化为就绪态，并进入到就绪列表，由系统进行调度运行后，才会执行后续语句（切换红灯亮暗）。

这其中，程序执行顺序为调用 rt_event_send→调用 rt_schedule→调用 rt_hw_context_switch_interrupt→调用 PendSV_Handler。

上面从宏观层面阐述了程序执行流程，接下来将从微观层面剖析 PendSV 中断是如何进行线程调度的。

将本样例工程的线程调度过程分为 5 个阶段进行剖析。其中第 1 阶段为线程启动阶段，第 2 到第 5 阶段为线程调度阶段，基于事件的 PendSV 中断线程调度时序，如图 11-5 所示。

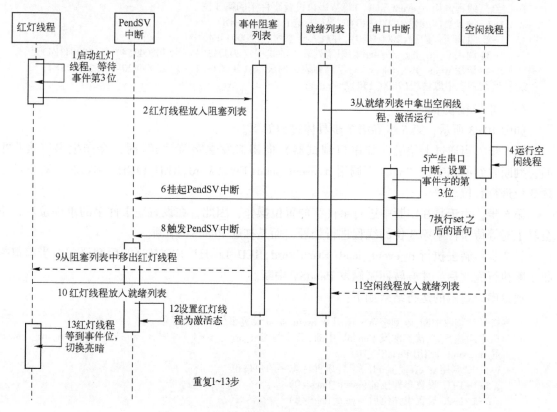

图 11-5　中断与线程间的事件调度分析时序图

图中，纵向线表示线程、中断或列表的有效运行时间；横向线表示基本过程，其中实线箭头表示线程或中断操作，虚线箭头表示从列表取出线程。

下面给出运行操作过程说明。

（1）线程启动阶段

在本样例程序中，芯片上电启动最后会转到主线程的运行函数 app_init 执行，在该函数中创建并启动了红灯线程，然后终止该函数的运行，由 RT-Thread 开始进行线程调度，取出就绪列表（此时就绪列表只有红灯线程和空闲线程）最高优先级线程（即红灯线程）激活运行。该阶段的运行结果通过串口显示如下：

```
0-1. MCU 启动
     ------第一次进入运行红灯线程!
  0-2. 当前运行的线程=(红灯)开始
```

（2）红灯线程等待事件字第 3 位

第 1 步，红灯线程调用 rt_event_recv( ) 函数等待事件字第 3 位，由于是在线程中进行事件字的等待操作，因此，在调用该函数的过程中会触发线程调度情况。

第 2 步，红灯线程会被放到阻塞列表中。

第 3 步，从就绪列表中取出最高优先级的线程（即空闲线程）。

第 4 步，空闲线程激活运行。空闲线程实际上不做任何事件，只是为了确保 MCU 处于运行状态。

通过串口显示的运行结果如下：

```
1-1. 红灯线程调用 rt_event_recv( )等待串口设置事件字的第 3 位
    1-1. 设置当前线程(20004420)的等待标志(wait_flags=8)
    1-2. 阻塞当前线程(20004420),并放入阻塞列表(200043F4)中
    1-3. 调用 rt_ipc_list_suspend 前阻塞列表中的线程:(200043F4)->(200043F4)->(200043F4)
    1-4. 调用 rt_ipc_list_suspend 后阻塞列表中的线程:(200043F4)->(20004420)->(200043F4)
2. 从就绪列表中取线程(20007150)准备运行
```

（3）串口接收中断

如图 10-3 所示，第 5 步到第 7 步具体过程如下。

第 5 步，当通过上位机（如串口调试器）向串口发送字符"a"时，会产生串口接收中断，判断收到的是字符"a"，则调用 rt_event_send(EventWord,RED_LIGHT_EVENT)对事件字第 3 位进行置位。

第 6 步，由于是在中断中进行事件字的置位操作，因此，在设置完事件字的事件位后，不会马上对等待事件字第 3 位的线程进行处理，而是挂起 PendSV 中断。

第 7 步，转去执行 rt_event_send(EventWord,RED_LIGHT_EVENT)的后续语句，当串口接收中断执行完之后，才会转回来触发 PendSV 中断。

通过串口显示的运行结果如下：

```
3. 串口产生接收中断,收到字符 a 调用 rt_event_send 设置事件字的第 3 位
4. 串口中断执行完,接着触发 PendSV 中断,实际调用 rt_event_send→调用 rt_schedule→调用 rt_hw_context
_switch_interrupt→调用 PendSV_Handler
     3-1-1. 调用 rt_event_send( )设置事件标志字的事件位
        3-1-1-1. 设置事件位前(event_flags=0)
        3-1-1-2. 设置事件位后(event_flags=8)
```

（4）触发 PendSV 中断

第 8 步，当串口接收中断执行完之后，会触发 PendSV 中断对等待事件字第 3 位的线程进行处理。

第 9 步，由于事件阻塞列表中的红灯线程所等待的事件位（事件字的第 3 位，值为 8）与当前设置的事件位（事件字的第 3 位，值为 8）相同，因此，红灯线程从事件阻塞列表中移出。

第 10 步，红灯线程放入就绪列表中。

第 11 步，空闲线程放入就绪列表中。

由于红灯线程的优先级（10）比当前正在运行的空闲线程优先级（31）高，故红灯线程会抢占空闲线程，准备运行。

通过串口显示的运行结果如下：

```
5. 最终进行事件位的处理
    5-1. 获取事件被挂起的线程(20004420)
    5-2. 设置的事件位(=8)与当前线程(20004420)所等待的事件位(=8)相同
    5-3. 调用 rt_thread_resume 前事件阻塞列表中的线程:200043F4->20004420->200043F4
    5-4. 调用 rt_thread_resume 后事件阻塞列表中的线程:200043F4->200043F4->200043F4
    3-1-2. 调用 rt_schedule( ),进行线程调度
2. 从就绪列表中取线程(20004420)准备运行
  3-2. 事件位设置完成,退出 rt_event_send( )
6. 串口执行 rt_event_send 的后续语句
    1-5. 等待设置事件位完成,退出 rt_event_recv( )
```

（5）红灯线程等到事件字的第 3 位

第 12 步，设置红灯线程为激活态。

第 13 步，红灯线程等到事件字的第 3 位，进行红灯亮暗切换（执行 rt_event_recv 后续语句）。接着又开始新一轮的事件位等待（重复 1~13 步）。

通过串口显示的运行结果如下：

```
2. 红灯线程已等待到串口对事件字第 3 位置的位,切换红灯亮暗
```

说明：演示程序主要是在相关的代码处通过插入 printf 函数的方式，打印出相关的信息。地址 20004420 表示红灯线程，地址 20007150 表示空闲线程。

11.2　消息队列

本节剖析消息队列创建函数、消息队列发送函数和消息队列接收函数。为了理解它们的工作机制，本节还给出消息队列调度机制实例分析。

11.2.1　消息队列主要函数剖析

消息队列相关函数使用消息队列控制块结构体，其定义在"rtdef.h"文件中，存放创建消息队列对象的相关属性，各成员变量含义及作用如下：

```
//消息队列控制块结构体
struct rt_messagequeue
{
    struct              rt_ipc_object parent;      //继承的内核对象
    void                * msg_pool;                //消息队列的开始地址
    rt_uint16_t         msg_size;                  //消息的大小
    rt_uint16_t         max_msgs;                  //消息的最大数
```

```
        rt_uint16_t              entry;                  //消息队列中的消息下标
        void                   * msg_queue_head;         //列表的头指针
        void                   * msg_queue_tail;         //列表的尾指针
        void                   * msg_queue_free;         //指向队列空闲节点的指针
};
```

1. 消息队列创建函数 rt_mq_create

（1）rt_mq_create 函数概述

消息队列创建函数 rt_mq_create 的主要功能如下：①创建一个消息队列对象并为其分配内存空间；②初始化消息队列对象并分配消息内存池；③初始化消息队列头尾链表和空闲链表；④将消息队列中的个数清零。

（2）rt_mq_create 函数执行流程

rt_mq_create 函数执行流程如图 11-6 所示。

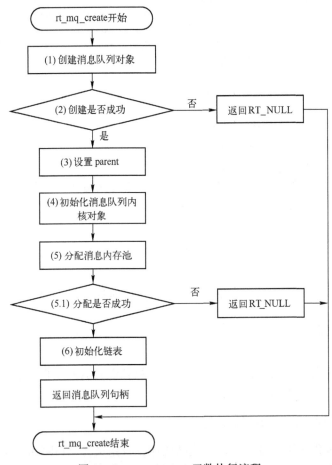

图 11-6　rt_mq_create 函数执行流程

（3）rt_mq_create 函数代码注释

在"ipc. c"文件中可以查看函数的源代码。

```
//==================================================================
//函数名称:rt_mq_create
//函数返回:状态代码值
//参数说明:name:消息控制块名称
```

```
//          msg_size-发送消息的大小
//          max_msgs-队列中存放消息的最大数
//          flag-队列的标志位
//功能概要:将消息放到消息队列中
// =================================================================
rt_mq_t rt_mq_create(const char  * name,
                     rt_size_t    msg_size,
                     rt_size_t    max_msgs,
                     rt_uint8_t   flag)
{
    struct rt_messagequeue * mq;
    struct rt_mq_message * head;
    register rt_base_t temp;
    RT_DEBUG_NOT_IN_INTERRUPT;
    //(1)创建消息队列对象
    mq = (rt_mq_t)rt_object_allocate(RT_Object_Class_MessageQueue, name);
    //(2)判断是否创建成功
    if (mq == RT_NULL)
        return mq;
    //(3)设置 parent
    mq->parent.parent.flag = flag;
    //(4)初始化消息队列内核对象
    rt_ipc_object_init(&(mq->parent));
    //初始化消息队列、获得正确的消息队列大小
    mq->msg_size = RT_ALIGN(msg_size, RT_ALIGN_SIZE);
    mq->max_msgs = max_msgs;
    //(5)分配消息内存池
    mq->msg_pool = RT_KERNEL_MALLOC((mq->msg_size + sizeof(struct rt_mq_message)) * mq->max_msgs);
    //(5.1)分配是否成功
    if (mq->msg_pool == RT_NULL)
    {
        rt_mq_delete(mq);
        return RT_NULL;
    }
    //(6)初始化消息队列头尾链表
    mq->msg_queue_head = RT_NULL;
    mq->msg_queue_tail = RT_NULL;
    //初始化消息队列空闲链表
    mq->msg_queue_free = RT_NULL;
    for (temp = 0; temp < mq->max_msgs; temp ++)
    {
        head = (struct rt_mq_message *)((rt_uint8_t *)mq->msg_pool +
            temp * (mq->msg_size + sizeof(struct rt_mq_message)));
        head->next = mq->msg_queue_free;
        mq->msg_queue_free = head;
    }
    //消息队列的个数为 0
    mq->entry = 0;
    //返回消息队列句柄
    return mq;
}
```

2. 消息队列发送消息函数 rt_mq_send

（1）rt_mq_send 函数概述

消息队列发送消息函数 rt_mq_send 的主要功能如下：①判断消息队列的状态和参数的合法性；②从空闲消息链表上取下一个空闲消息块，把消息内容复制到消息块上；③将新增的消息块放入消息队列中，并设置新的队列尾部链表；④从阻塞列表中移除等待接收消息的线程，将其放入就绪列表中准备运行；⑤返回消息队列各类状态代码值。

（2）rt_mq_send 函数执行流程

rt_mq_send 函数执行流程如图 11-7 所示。

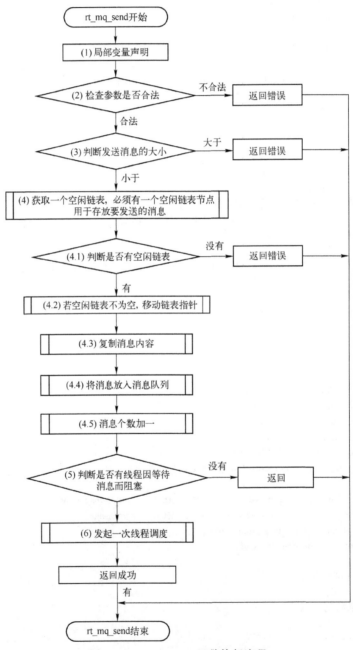

图 11-7　rt_mq_send 函数执行流程

（3）rt_mq_send 函数代码注释

在"ipc.c"文件中可以查看函数的源代码。

```
//=================================================================
//函数名称:rt_mq_send
//函数返回:状态代码值
//参数说明:mq-消息队列控制块
//         buffer-需要发送的消息的缓冲区
//         size-需要发送的消息的大小
//功能概要:将消息放到消息队列中
//=================================================================
rt_err_t rt_mq_send(rt_mq_t mq, void *buffer, rt_size_t size)
{
    //(1)局部变量声明
    register rt_ubase_t temp;
    //指向空闲列表
    struct rt_mq_message *msg;
    //(2)检查参数是否合法
    //(2.1)队列是否存在
    RT_ASSERT(mq != RT_NULL);
    RT_ASSERT(rt_object_get_type(&mq->parent.parent) == RT_Object_Class_MessageQueue);
    //(2.2)发送的消息是否为空
    RT_ASSERT(buffer != RT_NULL);
    //(2.3)发送的消息大小是否为0
    RT_ASSERT(size != 0);
    //(3)判断需要发送的消息的大小
    if (size > mq->msg_size)
        return -RT_ERROR;
    RT_OBJECT_HOOK_CALL(rt_object_put_hook, (&(mq->parent.parent)));
    //关中断
    temp = rt_hw_interrupt_disable();
    //(4)获取一个空闲链表,必须有一个空闲链表项
    msg = (struct rt_mq_message *)mq->msg_queue_free;
    //(4.1)如果没有空闲链表
    if (msg == RT_NULL)
    {
    //开中断
        rt_hw_interrupt_enable(temp);
        return -RT_EFULL;
    }
    //(4.2)若空闲列表不为空,移动空闲链表指针
    mq->msg_queue_free = msg->next;
    //开中断
    rt_hw_interrupt_enable(temp);
    //这个消息是新链表的尾部,其下一个指针为 RT_NULL
    msg->next = RT_NULL;
    //(4.3)复制消息内容,复制消息至 msg + 1 地址处
    rt_memcpy(msg + 1, buffer, size);
    //关总中断
    temp = rt_hw_interrupt_disable();
    //(4.4)将消息放入消息队列,若已经存在消息队列尾部链表
    if (mq->msg_queue_tail != RT_NULL)
    {
```

```
//尾部的 next 指针指向该消息
    ((struct rt_mq_message * )mq->msg_queue_tail)->next = msg;
}
//设置新的消息队列尾部链表
mq->msg_queue_tail = msg;
//如果头部链表是空的,则设置头部链表指针
if (mq->msg_queue_head == RT_NULL)
    mq->msg_queue_head = msg;
//(4.5)消息个数加一
mq->entry ++;
//(5) 判断线程是否因等待消息而阻塞,如有则将该线性从阻塞队列中恢复
if (!rt_list_isempty(&mq->parent.suspend_thread))
{
    rt_ipc_list_resume(&(mq->parent.suspend_thread));
    //开中断
    rt_hw_interrupt_enable(temp);
//(6) 发起一次线程调度
    rt_schedule();
    // 返回成功
    return RT_EOK;
}
//开中断
rt_hw_interrupt_enable(temp);
return RT_EOK;
}
RTM_EXPORT(rt_mq_send);
```

3. 消息队列接收消息函数 rt_mq_recv

（1）rt_mq_recv 函数概述

消息队列接收消息函数 rt_mq_recv 的主要功能如下：①检查消息队列状态和参数的合法性；②从消息队列中取出一个消息；③对获取到的消息进行处理,若无消息情况,则改变当前线程状态,将其移入阻塞列表并开启计时器,从就绪列表取出线程准备运行；④若有消息,获取消息列表的头指针,将消息数减一；⑤返回消息队列各类状态代码值

（2）rt_mq_recv 函数执行流程

rt_mq_recv 函数执行流程如图 11-8 所示。

（3）rt_mq_recv 函数代码注释

在"ipc. c"文件中可以查看函数的源代码。

```
//===============================================================
//函数名称:rt_mq_recv
//函数返回:状态代码值
//参数说明:mq-消息队列控制块
//        buffer-接收消息的地址
//        size-接收缓冲区的大小
//        timeout-指定超时时间,单位:ms
//功能概要:将消息从消息队列中取出
//===============================================================
rt_err_t rt_mq_recv(rt_mq_t    mq,
void        * buffer,
rt_size_t    size,
rt_int32_t timeout)
```

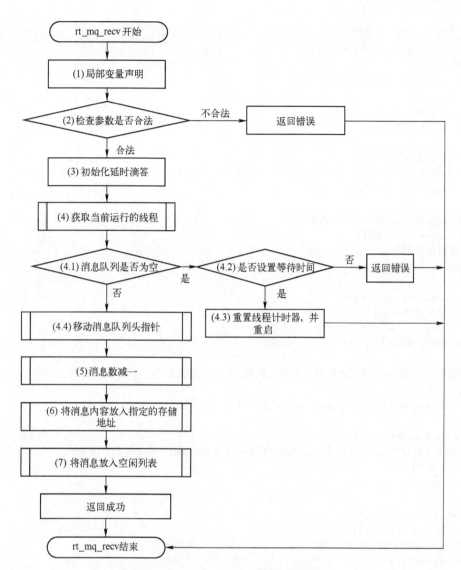

图 11-8　rt_mq_recv 函数执行流程

```
{
//(1)声明局部变量
struct rt_thread  * thread;
register rt_ubase_t temp;
struct rt_mq_message  * msg;
rt_uint32_t tick_delta;
//(2)检查参数是否合法
RT_ASSERT( mq != RT_NULL);
RT_ASSERT( rt_object_get_type( &mq->parent. parent) = = RT_Object_Class_MessageQueue);
RT_ASSERT( buffer != RT_NULL);
RT_ASSERT( size != 0);
//(3)初始化延时嘀嗒
tick_delta = 0;
//(4)获取当前运行的线程
thread = rt_thread_self( );
RT_OBJECT_HOOK_CALL( rt_object_trytake_hook, ( &( mq->parent. parent) ) );
```

```
//关中断
temp = rt_hw_interrupt_disable();
//消息数为0
if (mq->entry == 0 && timeout == 0)
{
rt_hw_interrupt_enable(temp);
return -RT_ETIMEOUT;
}
//(4.1)消息队列是否为空
//(4.2)如果消息队列为空,但是设置了等待时间,则进入循环中
while (mq->entry == 0)
{
RT_DEBUG_IN_THREAD_CONTEXT;
thread->error = RT_EOK;
//不等待返回超时
if (timeout == 0)
{
rt_hw_interrupt_enable(temp);
//重置线程中的错误码
thread->error = -RT_ETIMEOUT;
return -RT_ETIMEOUT;
}
//挂起当前线程,因为当前线程是由于消息队列为空,并且设置了超时时间,直接将
//当前线程挂起,进入阻塞状态
rt_ipc_list_suspend(&(mq->parent. suspend_thread),
thread,
mq->parent. parent. flag);
//有设置等待时间,需要启动线程计时器,并且调用 rt_tick_get() 函数获取当前系统
//systick 时间
if (timeout > 0)
{
//获取 systick 定时器时间
tick_delta = rt_tick_get();
RT_DEBUG_LOG(RT_DEBUG_IPC, ("set thread:%s to timer list\n",
thread->name));
//(4.3) 重置线程计时器的超时并启动它
rt_timer_control(&(thread->thread_timer),
RT_TIMER_CTRL_SET_TIME,
&timeout);
rt_timer_start(&(thread->thread_timer));
}
//开中断
rt_hw_interrupt_enable(temp);
//线程调度
rt_schedule();
if (thread->error != RT_EOK)
{
return thread->error;
}
temp = rt_hw_interrupt_disable();
if (timeout > 0)
{
tick_delta = rt_tick_get() - tick_delta;
```

```
timeout -= tick_delta;
if (timeout < 0)
timeout = 0;
}
}
//获取消息队列的头指针
msg = (struct rt_mq_message * )mq->msg_queue_head;
//(4.4)移动消息队列的头指针
mq->msg_queue_head = msg->next;
//若到达消息队列尾部
if (mq->msg_queue_tail == msg)
mq->msg_queue_tail = RT_NULL;
//(5)消息数减一
mq->entry --;
//开中断
rt_hw_interrupt_enable(temp);
//(6)将消息内容放入指定的存储地址
rt_memcpy(buffer, msg + 1, size > mq->msg_size ? mq->msg_size : size);
temp = rt_hw_interrupt_disable();
//(7)消息放入空闲列表
msg->next = (struct rt_mq_message * )mq->msg_queue_free;
mq->msg_queue_free = msg;
rt_hw_interrupt_enable(temp);
RT_OBJECT_HOOK_CALL(rt_object_take_hook, (&(mq->parent.parent)));
//返回结果
return RT_EOK;
}
RTM_EXPORT(rt_mq_recv);
```

11.2.2　消息队列调度机制实例分析

1. 消息队列调度时序分析

在 5.3.3 节中已经分析了消息队列调度在中断与线程间的程序执行流程，为了让读者更加明白消息队列中消息是如何放入和获取的，本节将使用线程间通过消息队列进行通信的演示程序，并通过串口（波特率设置为 115200）打印出运行消息存放和获取的流程，消息队列使用方法时序图如图 11-9 所示，程序工程见 "..\04-Software\CH11\CH11.2.2-MessageQueue_RT-Thread_STM32L431" 文件夹。

2. 消息队列调度过程分段剖析

下面将对消息队列中消息的放入和获取过程进行分段剖析，并给出各段的运行结果。

（1）消息发送线程第 1、2 次存放消息

第 1 步，消息发送线程申请存放两次消息到消息队列。

第 2 步，给消息控制块分配空间，放入消息队列中。

第 3~4 步，存放消息成功，绿灯切换亮暗。

1. 当前消息队列状态:消息个数为 0,首个消息控制块的地址为 0,末尾消息控制块的地址为 0
2. 准备将消息放入消息队列中,消息=1,从空闲链表获取一个新的消息控制块(20005158)
3. 存放消息之后的消息队列状态:消息个数为 1,首个消息控制块的地址为 20005158,末尾消息控制块的地址为 20005158
thread_messagesend:消息已放入消息队列,切换绿灯亮暗

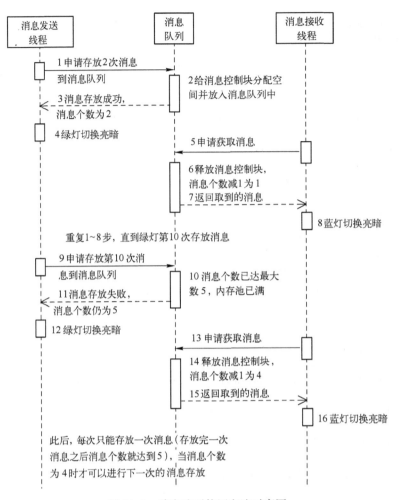

图 11-9 消息队列使用方法时序图

(2) 消息接收线程第 1 次获取消息

第 5 步,消息接收线程申请获取消息。

第 6 步,消息队列释放消息控制块,消息个数减一。

第 7~8 步,返回收到的消息,蓝灯切换亮暗。

(3) 消息发送线程第 3、4 次存放消息

重复 1~4 步,消息发送线程继续存放两次消息,消息队列中消息个数为 3。

> 1. 当前消息队列状态:消息个数为 1,首个消息控制块的地址为 2000514C,末尾消息控制块的地址为 2000514C
> 2. 准备将消息放入消息队列中,消息=3,从空闲链表获取一个新的消息控制块(20005158)
> 3. 存放消息之后的消息队列状态:消息个数为 2,首个消息控制块的地址为 2000514C,末尾消息控制块的地址为 20005158
> thread_messagesend:消息已放入消息队列,切换绿灯亮暗
> 1. 当前消息队列状态:消息个数为 2,首个消息控制块的地址为 2000514C,末尾消息控制块的地址为 20005158
> 2. 准备将消息放入消息队列中,消息=4,从空闲链表获取一个新的消息控制块(20005140)
> 3. 存放消息之后的消息队列状态:消息个数为 3,首个消息控制块的地址为 2000514C,末尾消息控制块的地址为 20005140
> thread_messagesend:消息已放入消息队列,切换绿灯亮暗

（4）消息接收线程第 2 次获取消息

重复 5~8 步,消息接收线程开始从消息队列获取首个消息控制块地址（2000514C）,同时释放消息控制块（2000514C）,且消息个数为 2。

> 4. 获取消息之前消息队列情况:消息个数为 3,首个消息控制块的地址为 2000514C,末尾消息控制块地址为 20005140
> 5. 取到的消息队列(200050E8)中消息(地址 20004E37),消息为:2,消息队列情况:消息个数为 2,首个消息控制块的地址为 20005158,末尾消息控制块地址为 20005140
> thread_messagerecv:已从消息队列中获得消息,切换蓝灯亮暗

（5）消息发送线程第 5、6 次存放消息

重复 1~4 步,消息发送线程继续存放两次消息,消息队列中消息个数为 4。

> 1. 当前消息队列状态:消息个数为 2,首个消息控制块的地址为 20005158,末尾消息控制块的地址为 20005140
> 2. 准备将消息放入消息队列中,消息=5,从空闲链表获取一个新的消息控制块(2000514C)
> 3. 存放消息之后的消息队列状态:消息个数为 3,首个消息控制块的地址为 20005158,末尾消息控制块的地址为 2000514C
> thread_messagesend:消息已放入消息队列,切换绿灯亮暗
> 1. 当前消息队列状态:消息个数为 3,首个消息控制块的地址为 20005158,末尾消息控制块的地址为 2000514C
> 2. 准备将消息放入消息队列中,消息=6,从空闲链表获取一个新的消息控制块(20005134)
> 3. 存放消息之后的消息队列状态:消息个数为 4,首个消息控制块的地址为 20005158,末尾消息控制块的地址为 20005134
> thread_messagesend:消息已放入消息队列,切换绿灯亮暗

（6）消息接收线程第 3 次获取消息

重复 5~8 步,消息接收线程开始从消息队列获取首个消息控制块地址（20005158）,同时释放消息控制块（20005158）,且消息个数为 3。

> 4. 获取消息之前消息队列情况:消息个数为 4,首个消息控制块的地址为 20005158,末尾消息控制块地址为 20005134
> 5. 取到的消息队列(200050E8)中消息(地址 20004E37),消息为:3,消息队列情况:消息个数为 3,首个消息控制块的地址为 20005140,末尾消息控制块地址为 20005134
> thread_messagerecv:已从消息队列中获得消息,切换蓝灯亮暗

（7）消息发送线程第 7、8 次存放消息

重复 1~4 步,消息发送线程继续存放两次消息,消息队列中消息个数为 5。

> 1. 当前消息队列状态:消息个数为 3,首个消息控制块的地址为 20005140,末尾消息控制块的地址为 20005134

2. 准备将消息放入消息队列中,消息=7,从空闲链表获取一个新的消息控制块(20005158)
3. 存放消息之后的消息队列状态:消息个数为 4,首个消息控制块的地址为 20005140,末尾消息控制块的地址为 20005158

thread_messagesend:消息已放入消息队列,切换绿灯亮暗

1. 当前消息队列状态:消息个数为 4,首个消息控制块的地址为 20005140,末尾消息控制块的地址为 20005158
2. 准备将消息放入消息队列中,消息=8,从空闲链表获取一个新的消息控制块(20005128)
3. 存放消息之后的消息队列状态:消息个数为 5,首个消息控制块的地址为 20005140,末尾消息控制块的地址为 20005128

thread_messagesend:消息已放入消息队列,切换绿灯亮暗

（8）消息接收线程第 4 次获取消息

重复 5~8 步,消息接收线程开始从消息队列获取首个消息控制块地址（20005144）,同时释放消息控制块（20005144）,且消息个数为 5。

4. 获取消息之前消息队列情况:消息个数为 5,首个消息控制块的地址为 20005140,末尾消息控制块地址为 20005128
5. 取到的消息队列(200050E8)中消息(地址 20004E37),消息为 4,消息队列情况:消息个数为 4,首个消息控制块的地址为 2000514C,末尾消息控制块地址为 20005128

thread_messagerecv:已从消息队列中获得消息,切换蓝灯亮暗

（9）消息发送线程第 9 次存放消息

重复 1~4 步,消息发送线程继续第 9 次存放消息,消息队列中消息个数为 5。

1. 当前消息队列状态:消息个数为 4,首个消息控制块的地址为 2000514C,末尾消息控制块的地址为 20005128
2. 准备将消息放入消息队列中,消息=9,从空闲链表获取一个新的消息控制块(20005140)
3. 存放消息之后的消息队列状态:消息个数为 5,首个消息控制块的地址为 2000514C,末尾消息控制块的地址为 20005140

thread_messagesend:消息已放入消息队列,切换绿灯亮暗

（10）消息发送线程第 10 次存放消息

第 9 步,发送线程申请存放第十次消息到消息队列。

第 10~11 步,消息队列满,存放信息失败,因为此时消息队列中消息个数为 5 已达到最大消息数,内存池已满,无空间可分配,故本次存放的消息未被存入消息队列中,产生了消息溢出现象。

第 12 步,绿灯切换亮暗。

6. 消息个数已达到消息队列的最大数 5,空闲队列已空,无法为消息分配可用内存块

thread_messagesend:第 10 次存放消息(消息=10)失败

（11）消息接收线程第 5 次获取消息

第 13 步,接受线程申请消息。

第 14 步,消息队列释放消息控制块,消息个数减 1。

第 15~16 步,接收成功,蓝灯切换亮暗。

消息接收线程开始从消息队列获取首个消息控制块地址（2000514C）,且消息个数为 4。此后,每次只能存放一次消息（存放完一次消息之后消息个数就达到 5）,当消息个数为 4 时才可以进行下一次的消息存放。

4. 获取消息之前消息队列情况:消息个数为 5,首个消息控制块的地址为 2000514C,末尾消息控制块地址为 20005140

5. 取到的消息队列（200050E8）中消息（地址 20004E37），消息为：5，消息队列情况：消息个数为 4，首个消息控制块的地址为 20005134，末尾消息控制块地址为 20005140
thread_messagerecv：已从消息队列中获得消息，切换蓝灯亮暗

说明：演示程序主要是为了说明消息的存放和获取过程，因此，在程序设计上存放消息的时间（1 s）比获取消息的时间（2 s）短，故产生了消息堆积和消息溢出的现象。但在实际的应用场景中，应该是存放消息的平均时间比获取消息的平均时间长，这样就不会产生消息溢出现象（可以允许偶尔有消息堆积）。

11.3　本章小结

在中断与线程之间，或者两个线程之间，若只需要同步，则使用事件；若既需要同步又需要数据传送，就可以使用消息队列。从本章分析可以看出，发送事件或者消息队列时，内核程序把处于阻塞列表中的线程取出放入就绪列表，并进行一次调度。从应用编程的角度来看，就认为该线程运行了。从事件或消息的发送，到等待它们的线程被从阻塞列表中被取出放入就绪列表的时间，是衡量操作系统性能的重要技术指标之一。

第 12 章　理解信号量与互斥量

在第 11 章中已经剖析了事件与消息队列这两种线程间的通信方式，在本章将继续剖析线程间通信的其他方式，如信号量和互斥量。

12.1　信号量

信号量的含义及应用场合、信号量操作函数以及信号量的编程举例已在 5.4 节中阐述，本节主要剖析创建信号量变量函数、等待获取信号量函数、释放信号量函数与下面小标题一致。

12.1.1　信号量主要函数剖析

在"rtdef. h"文件中可查看信号量控制块结构体的定义，各成员变量含义及作用如下：

```
//信号量控制块结构体
struct rt_semaphore
{
    struct   rt_ipc_object   parent;        //继承的内核对象
    rt_uint16_t           value;            //信号量的值
    rt_uint16_t           reserved;         //保留字段
};
typedef struct rt_semaphore  * rt_sem_t;
```

1. 创建信号量变量函数 rt_sem_create

（1）rt_sem_create 函数功能概要

rt_sem_create 函数的主要功能如下：①分配信号量对象；②初始化信号量内核对象，初始化一个双向链表用于记录访问此信号量而阻塞的线程；③设置可用信号量的值；④设置信号量的阻塞唤醒模式，使用 RT_IPC_FLAG_PRIO 标志创建的对象，在多个线程等待资源时，将由优先级高的线程优先获得资源，而使用 RT_IPC_FLAG_FIFO 标志创建的对象，在多个线程等待资源时，将按照先来先得的顺序获得资源。

（2）rt_sem_create 函数执行流程

rt_sem_create 函数执行流程如图 12-1 所示。

（3）rt_sem_create 函数代码注释

在"ipc. c"文件中可查看 rt_sem_create 的源代码。

```
//==============================================================
//函数名称:rt_sem_create
//功能概要:创建一个信号量结构体指针变量,设置可用资源的最大数量
//参数说明:name-信号量名称
//        value-可用信号量初始值
//        flag-信号量标志位,设置信号量的阻塞唤醒模式
//        RT_IPC_FLAG_PRIO:优先级高的线程优先
//        RT_IPC_FLAG_FIFO:先进先出顺序
//函数返回:返回一个信号量结构体指针变量
```

```
// =================================================================
rt_sem_t rt_sem_create(const char * name, rt_uint32_t value, rt_uint8_t flag)
{
    rt_sem_t sem;
    //函数保留未使用
    RT_DEBUG_NOT_IN_INTERRUPT;
    RT_ASSERT( value < 0x10000U) ;
    //(1)分配信号量对象,调用 rt_object_allocate 从对象系统分配对象,为创建的信号
    //    量分配一个信号量对象,并命名对象名称
    sem = (rt_sem_t)rt_object_allocate(RT_Object_Class_Semaphore, name) ;
    if ( sem == RT_NULL)
        return sem;
    //(2)初始化信号量内核对象,调用 rt_ipc_object_init() 函数会初始化一个链表用于记录
    //        访问此信号量而阻塞的线程
    rt_ipc_object_init(&( sem->parent) ) ;
    //(3)设置可用信号量的值
    sem->value = value;
    //(4)设置信号量的阻塞唤醒模式
    sem->parent. parent. flag = flag;
    //(5)创建信号量成功,返回创建的信号量
    return sem;
}
```

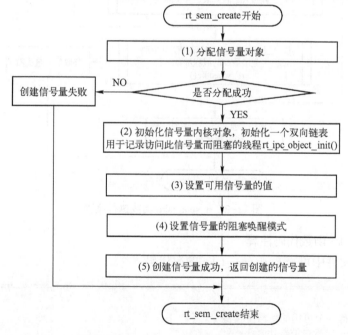

图 12-1　rt_sem_create 函数执行流程

2. 等待获取信号量函数 rt_sem_take

（1）rt_sem_take 函数功能概要

rt_sem_take 函数的主要功能如下：①判断是否有可用信号量，若有，信号量减一并返回获取信号量成功；②否则判断等待时间，若等待时间等于 0，返回超时错误，否则阻塞当前运行线程，并插入信号量阻塞列表中，若等待时间大于 0，同时需要设置线程等待时间并启动定时

器将当前线程放入延时列表，并从就绪列表中取出优先级最高的线程准备运行。

（2）rt_sem_take 函数执行流程

rt_sem_take 函数执行流程如图 12-2 所示。

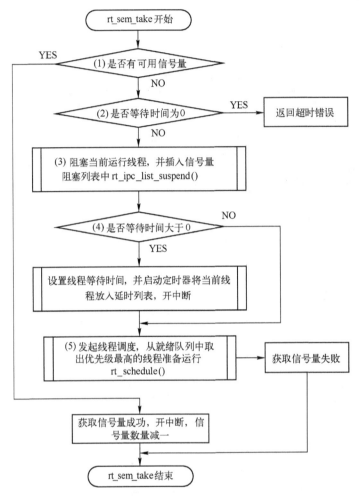

图 12-2　rt_sem_take 函数执行流程

（3）rt_sem_take 函数代码注释

在"ipc.c"文件中可查看 rt_sem_take 的源代码。

```
// =====================================================================
//函数名称:rt_sem_take
//功能概要:等待一个可用的信号量资源
//参数说明:sem-信号量控制块
//          millisec-设置等待的超时时间,一般为 RT_WAITING_FOREVER:永久等待
//函数返回:返回成功或错误代码
// =====================================================================
rt_err_t rt_sem_take(rt_sem_t sem, rt_int32_t time)
{
    register rt_base_t temp;
    struct rt_thread  * thread;
    //函数保留未使用
```

```
RT_ASSERT(sem != RT_NULL);
RT_ASSERT(rt_object_get_type(&sem->parent.parent) == RT_Object_Class_Semaphore);
RT_OBJECT_HOOK_CALL(rt_object_trytake_hook, (&(sem->parent.parent)));
temp = rt_hw_interrupt_disable();                //关中断
//(1)判断是否有可用信号量
if (sem->value > 0)                              //有可用信号量
{
    sem->value --;
    rt_hw_interrupt_enable(temp);                //开中断
}
else                                             //无可用信号量
{
//(2)是否等待超时
    if (time == 0)                               //不等待,返回超时错误
    {
        rt_hw_interrupt_enable(temp);
        return -RT_ETIMEOUT;
    }
    else
    {
        RT_DEBUG_IN_THREAD_CONTEXT;  //函数保留未使用
        //(3)阻塞当前运行线程,并插入信号量阻塞列表中
        thread = rt_thread_self();               //获取当前线程
        thread->error = RT_EOK;
        RT_DEBUG_LOG(RT_DEBUG_IPC, ("sem take: suspend thread - %s\n",
                                    thread->name));        //函数保留未使用
        rt_ipc_list_suspend(&(sem->parent.suspend_thread),
                            thread,sem->parent.parent.flag);    //挂起线程
//(4)有等待时间,设置线程等待时间,并启动定时器将当前线程按等待
//          时间做升序排列插入系统定时器列表 rt_timer_list 中
        if (time > 0)
        {
            RT_DEBUG_LOG(RT_DEBUG_IPC, ("set thread:%s to timer list\n",
                                        thread->name));    //函数保留未使用
            rt_timer_control(&(thread->thread_timer),
                             RT_TIMER_CTRL_SET_TIME,&time);
            rt_timer_start(&(thread->thread_timer));
        }
        rt_hw_interrupt_enable(temp);                        //开中断
        //(5)发起线程调度,从就绪列表中取出优先级最高的线程准备运行
        rt_schedule();
        if (thread->error != RT_EOK)
        {
            return thread->error;
        }
    }
}
RT_OBJECT_HOOK_CALL(rt_object_take_hook, (&(sem->parent.parent)));  //函数保留未使用
return RT_EOK;
}
```

3. 释放信号量函数 rt_sem_release

（1）rt_sem_release 函数功能概要

rt_sem_release 函数的主要功能如下：①检查信号量阻塞列表中是否有等待信号量的线程，若有，则从信号量阻塞列表中唤醒第一个线程，并从延时列表中取出；②若无，则释放信号量；③检查是否需要线程调度。

（2）rt_sem_release 函数执行流程

rt_sem_release 函数执行流程如图 12-3 所示。

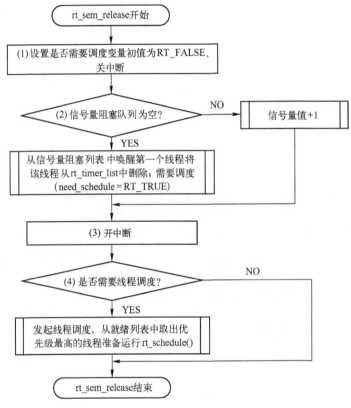

图 12-3　rt_sem_release 函数执行流程

（3）rt_sem_release 函数代码注释

在"ipc. c"文件中可查看 rt_sem_release 的源代码。

```
//================================================================
//函数名称:rt_sem_release
//功能概要:释放一个信号量资源
//参数说明:sem-信号量控制块
//函数返回:返回成功或错误代码
//================================================================
rt_err_t rt_sem_release( rt_sem_t sem)
{
    register rt_base_t temp;
    register rt_bool_t need_schedule;
    //函数保留未使用
    RT_ASSERT( sem != RT_NULL);
```

```
RT_ASSERT(rt_object_get_type(&sem->parent. parent) = = RT_Object_Class_Semaphore);
RT_OBJECT_HOOK_CALL(rt_object_put_hook, (&(sem->parent. parent)));
//(1)设置是否需要调度变量初值为 RT_FALSE,并关中断
need_schedule = RT_FALSE;        //给是否需要进行调度的变量赋初值
temp = rt_hw_interrupt_disable();  //关中断
//(2)检查信号量阻塞列表中是否有等待信号量的线程
if (!rt_list_isempty(&sem->parent. suspend_thread))
{
    //从信号量阻塞列表中唤醒第一个线程并将该线程从 rt_timer_list 中删除
    rt_ipc_list_resume(&(sem->parent. suspend_thread));
    need_schedule = RT_TRUE;   //需要调度
}
else                            //信号量个数+1
    sem->value ++;
//(3)开中断
rt_hw_interrupt_enable(temp);
//(4)判断是否需要线程调度
if (need_schedule = = RT_TRUE)
    rt_schedule();
return RT_EOK;
}
```

12.1.2　信号量调度过程实例分析

1. 信号量调度时序分析

在 5.4.3 节中已经分析了信号量调度的程序执行流程，为了让读者更加明白信号量的使用方法以及线程是如何对资源进行独占访问的，给 5.4.3 节样例程序配套了一个演示程序，不采用延时函数而采用空循环来实现延时，可以通过串口（波特率设置为 115200）打印出运行结果，程序工程见"CH12.1.2-Semaphore_RT-Thread_STM32L431"文件夹，基于信号量的优先级相同的线程调度时序如图 12-4 所示。

说明：实线箭头表示线程进入列表或等待信号量，虚线箭头表示从列表取线程或返回申请信号量结果。

2. 信号量调度过程分段剖析（信号量调度过程实例）和第 9 章格式一致

下面将对信号量的使用过程进行分段剖析，并给出各段的运行结果。

（1）线程启动

如图 12-4 所示。

在本样例程序中，芯片上电启动最后转到主线程函数 app_init 执行，在该函数中创建并先后启动了 SP1（SPThread1）、SP2（SPThread2）和 SP3（SPThread3）三个用户线程，然后终止该函数的运行，由 RT-Thread 负责对线程的调度运行。

在该函数中创建了 SP1（SPThread1）、SP2（SPThread2）和 SP3（SPThread3）三个用户线程以及包含两个信号量的信号量对象 SP，并先后启动了 SP1、SP2 和 SP3，然后终止该函数的运行，由 RT-Thread 负责对线程的调度运行。

0~1. 启动 SP1 线程
0~2. 启动 SP2 线程
0~3. 启动 SP3 线程

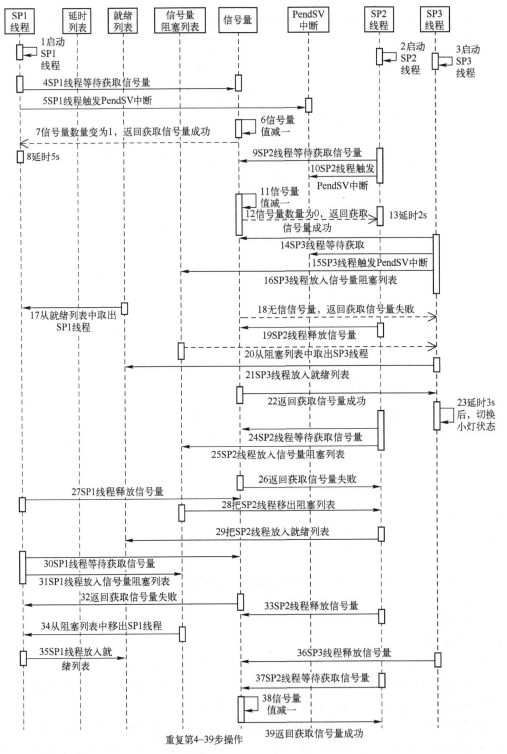

图 12-4　基于信号量的优先级相同的线程调度时序图

（2）SP1 线程等待获取信号量

第 4 步，终止主线程后，RT-Thread 从就绪列表中取最高优先级的线程（此时为 SP1 线程）激活运行。

第 5 步，SP1 线程触发 PendSV 中断。

第 6 步，初始时信号量数量为 2，SP1 线程开始等待获取信号量。信号量获取成功后，信号量数量减 1 变为 1。

第 7 步，返回获取信号量成功。

第 8 步，延时 5 s。

```
1-1. SP1 线程(2000441C)等待获取 SP
    4-1. SP=2!=0,表示当前线程(2000441C)可获取 SP
    4-2. 获取 SP 成功后,SP 变为 1
1-2. SP1 线程获取 SP 成功,延时 5 s
```

（3）SP2 线程等待获取信号量

第 9 步，SP2 线程等待获取信号量。

第 10 步，SP2 线程触发 PendSV 中断。

第 11 步，由于当前信号量数量为 1，SP2 线程获取信号量成功，同时信号量数量减 1 变为 0。

第 12 步，返回获取信号量成功。

第 13 步，延时 2 s。

```
2-1. SP2 线程(200046B4)等待获取 SP
    4-1. SP=1!=0,表示当前线程(200046B4)可获取 SP
    4-2. 获取 SP 成功后,SP 变为 0
2-2. SP2 线程获取 SP 成功,延时 2 s
```

（4）SP3 线程等待获取信号量

第 14 步，SP3 线程等待获取信号量。

第 15 步，SP3 线程触发 PendSV 中断。

第 16 步，由于当前信号量数量为 0，SP3 线程获取信号量失败，SP3 线程被放入信号量阻塞列表和等待（延时）列表。

第 17 步，从就绪列表取出 SP1 线程准备运行。

第 18 步，返回获取信号量失败。

```
3-1. SP3 线程(2000494C)等待获取 SP
    4-3. SP=0,表示当前运行线程(2000494C)获取 SP 失败
    5-1. 调用 rt_ipc_list_suspend 前就绪列表(20007374)中的线程:
    20007374->2000494C->2000441C->200046B4->20007374
    5-2. 调用 rt_ipc_list_suspend 前 SP 阻塞列表(200043F0)中的线程:
    200043F0->200043F0->200043F0
    5-3. 将当前线程(2000494C)放入 SP 阻塞列表(200043F0)
    5-4. 调用 rt_ipc_list_suspend 后就绪列表(20007374)中的线程:
    20007374->2000441C->200046B4->20007374->2000441C
    5-5. 调用 rt_ipc_list_suspend 后 SP 阻塞列表(200043F0)中的线程:
    200043F0->2000494C->200043F0
    5-6. 获取就绪列表(20007374)的线程(2000441C)
```

（5）SP2 线程释放信号量

此时信号量还被 SP1 和 SP2 占据，

第 19 步，SP2 线程延时 2S 后会先释放信号量。

第 20 步，由于在信号量阻塞列表中有一个 SP3 线程正在等待信号量。因此，当 SP2 线程释放信号量之后，会将 SP3 线程从信号量阻塞列表移出。

第 21 步，将 SP3 线程放入就绪列表准备运行。

第 22 步，此时 SP3 线程实际上已经获得了信号量（可以理解为是 SP2 线程将信号量转移给 SP3 线程，当前信号量数量还是为 0）。返回信号量获取成功。

第 23 步，延迟 3 s 后，切换小灯状态。

```
1-2. SP1 线程获取 SP 成功,延时 5 s
2-2. SP2 线程获取 SP 成功,延时 2 s
2-3. SP2 线程释放 SP
6-1. 从 SP 阻塞列表(200043F0)中获取等待 SP 的线程(2000494C)
    6-2. 将已获取的线程放入就绪列表(20007374)
3-2. SP3 线程获取 SP 成功,3 s 后切换小灯状态
```

（6）SP2 线程新一轮的等待获取信号量

第 24 步到第 26 步。

第 24 步，SP2 线程释放信号量后，开始新一轮申请信号量。

第 25 步，此时信号量被 SP1 和 SP3 占据，所以当前信号量数量为 0，SP2 线程获取信号量失败。SP2 线程被放入信号量阻塞列表。

第 26 步，返回获取信号量失败。

同时从就绪列表取出 SP1 线程准备运行。

```
2-1. SP2 线程(200046B4)等待获取 SP
    4-3. SP=0,表示当前运行线程(200046B4)获取 SP 失败
    5-1. 调用 rt_ipc_list_suspend 前就绪列表(20007374)中的线程:
    20007374->200046B4->2000441C->2000494C->20007374
    5-2. 调用 rt_ipc_list_suspend 前 SP 阻塞列表(200043F0)中的线程:
    200043F0->200043F0->200043F0
    5-4. 调用 rt_ipc_list_suspend 后就绪列表(20007374)中的线程:
    20007374->2000441C->2000494C->20007374->2000441C
    5-5. 调用 rt_ipc_list_suspend 后 SP 阻塞列表(200043F0)中的线程:
    200043F0->200046B4->200043F0
    5-6. 获取就绪列表(20007374)的线程(2000441C)
```

（7）SP1 线程释放信号量

第 27 步到第 29 步。

第 27 步，SP1 线程延时 5 s 结束，释放信号量。

第 28 步，由于在信号量阻塞列表中有一个 SP2 线程正在等待信号量，因此，当 SP1 线程释放信号量之后，会将 SP2 线程从信号量阻塞列表中移出。

第 29 步，将 SP2 线程放入就绪列表准备运行。此时 SP2 线程实际上已经获得了信号量（可以理解为是 SP1 线程将信号量转移给 SP2 线程，当前信号量数量还是为 0）。

```
1-3. SP1 线程释放 SP
    6-1. 从 SP 阻塞列表(200043F0)中获取等待 SP 的线程(200046B4)
```

6-2. 将已获取的线程放入就绪列表(20007374)
2-2. SP2 线程获取 SP 成功,延时 2 s

（8）SP1 线程新一轮的等待获取信号量

第 30 步,SP1 线程释放信号量后,开始新一轮申请信号量,此时信号量被 SP2 和 SP3 占据,所以当前信号量数量为 0,SP1 线程获取信号量失败。

第 31 步,SP1 线程被放入信号量阻塞列表。

第 32 步,返回获取信号量失败。

1-1. SP1 线程(2000441C)等待获取 SP
　4-3. SP=0,表示当前运行线程(2000441C)获取 SP 失败
　5-1. 调用 rt_ipc_list_suspend 前就绪列表(20007374)中的线程:
20007374->2000441C->2000494C->200046B4->20007374
　5-2. 调用 rt_ipc_list_suspend 前 SP 阻塞列表(200043F0)中的线程:
200043F0->200043F0->200043F0
　5-3. 将当前线程(2000441C)放入 SP 阻塞列表(200043F0)
　5-4. 调用 rt_ipc_list_suspend 后就绪列表(20007374)中的线程:
20007374->2000494C->200046B4->20007374->2000494C
　5-5. 调用 rt_ipc_list_suspend 后 SP 阻塞列表(200043F0)中的线程:
200043F0->2000441C->200043F0
　5-6. 获取就绪列表(20007374)的线程(2000494C)

（9）SP2、SP3 线程释放信号量

第 33 步,SP2 线程延时结束,释放信号量。

第 34 步,由于在信号量阻塞列表中有一个 SP1 线程正在等待信号量,因此,当 SP2 线程释放信号量之后,会将 SP1 线程从信号量阻塞列表中移出。

第 35 步,将 SP1 线程放入就绪列表准备运行。

第 36 步,在 SP2 释放信号量后,SP3 延时结束开始释放信号量（几乎可以看作同时）。

第 37 步,SP2 线程等待获取信号量。

第 38 步,此时信号量数量为 1,所以 SP2 可以立即从信号量阻塞列表中移出,获取到信号量开始运行。

第 39 步,返回获取信号量成功。

2-3. SP2 线程释放 SP
　6-1. 从 SP 阻塞列表(200043F0)中获取等待 SP 的线程(2000441C)
　6-2. 将已获取的线程放入就绪列表(20007374)
1-2. SP1 线程获取 SP 成功,延时 5 s
3-3. SP3 线程释放 SP
　7. 当前线程(2000494C)释放 SP 成功,SP 变为 1
2-1. SP2 线程(200046B4)等待获取 SP
　4-1. SP=1!=0,表示当前线程(200046B4)可获取 SP
　4-2. 获取 SP 成功后,SP 变为 0
2-2. SP2 线程获取 SP 成功,延时 2 s

地址 2000441C 表示 SP1 线程,地址 200046B4 表示 SP2 线程,地址 2000494C 表示 SP3 线程。

（10）SP1、SP2、SP3 新一轮的等待获取信号量,循环以上过程

此时的运行情况是 SP1 获取到信号量开始运行,随后 SP2 获取信号量开始运行,这便回到

了程序一开始时运行的状况，即到这里 SP1、SP2 和 SP3 的运行状况便开始了循环，不断执行以上过程。即一直按照 SP1、SP2、SP3、SP2 的顺序反复获取信号量执行。

需要说明的是，演示程序主要是在相关的代码之间通过插入 printf 函数的方式，打印出相关的信息，且执行 printf 函数需要占用一些时间。为了让灯的亮暗切换效果明显一些，加入了空循环语句，也会占用一些时间。同时，由于线程优先级相同，SysTick 中断会每 1 ms 中断一次，按每次时间片（10 ms）到就会对线程进行轮询调度。因此在串口实际输出执行结果时，会出现输出错位现象。

12.2　互斥量

互斥量的含义及应用场合、互斥量相关函数以及互斥量的编程举例已在 5.5 节介绍过了，本节主要剖析互斥量涉及的结构体、创建互斥量变量函数、获取互斥量函数和释放互斥量函数。

12.2.1　互斥量主要函数剖析

在"rtdef. h"文件中可查看互斥量控制块结构体的定义，各成员含义及作用如下：

```
//互斥量控制块
struct rt_mutex
{
    struct   rt_ipc_object    parent;          //继承的内核对象
    rt_uint16_t              value;           //互斥量的值
    rt_uint8_t               original_priority; //持有互斥量的原始优先级
    rt_uint8_t               hold;            //持有互斥量的线程的持有次数
    struct rt_thread        * owner;          //当前持有互斥量的线程
};
typedef struct rt_mutex * rt_mutex_t;
```

其中，original_priority 表示持有互斥量线程的原始优先级，用来做优先级继承的保存；hold 表示持有互斥量的线程的持有次数，用于记录线程递归调用了多少次获取互斥量。

1. 创建互斥量变量函数 rt_mutex_create

（1）rt_mutex_create 函数功能概要

rt_mutex_create 函数的主要功能如下：①分配互斥量对象；②初始化互斥量内核对象，初始化一个双向链表用于记录访问此互斥量而阻塞的线程；③初始化互斥量的值为 1、持有互斥量线程为 RT_NULL、持有互斥量线程的默认优先级为 0xFF、持有互斥量的线程的持有次数为 0；④设置互斥量的阻塞唤醒模式，使用 RT_IPC_FLAG_PRIO 标志创建的对象，在多个线程等待资源时，将由优先级高的线程优先获得资源，而使用 RT_IPC_FLAG_FIFO 标志创建的对象，在多个线程等待资源时，将按照先来先得的顺序获得资源。

（2）rt_mutex_create 函数执行流程

rt_mutex_create 函数执行流程如图 12-5 所示。

（3）rt_mutex_create 函数代码注释

在"ipc. c"文件中可查看 rt_mutex_create 的源代码。

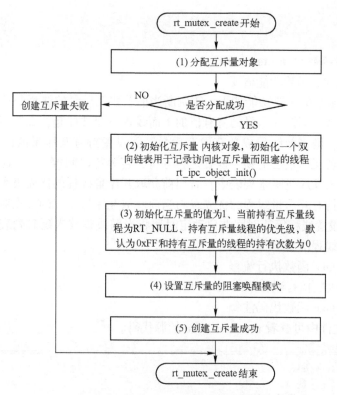

图 12-5　rt_mutex_create 函数执行流程

```
//================================================================
//函数名称:rt_mutex_create
//功能概要:创建一个互斥量结构体指针变量
//参数说明:name-互斥量名称
//          flag-互斥量标志位,设置互斥量的阻塞唤醒模式
//                RT_IPC_FLAG_PRIO:优先级高的线程优先
//                RT_IPC_FLAG_FIFO:先进先出顺序
//函数返回:返回一个互斥量结构体指针变量
//================================================================
rt_mutex_t rt_mutex_create(const char * name, rt_uint8_t flag)
{
    struct rt_mutex * mutex;
    RT_DEBUG_NOT_IN_INTERRUPT;                   //函数保留未使用
    //(1)分配互斥量对象
    mutex = (rt_mutex_t)rt_object_allocate(RT_Object_Class_Mutex, name);
    if (mutex == RT_NULL)
        return mutex;
    //(2)初始化互斥量对象
    rt_ipc_object_init(&(mutex->parent));   //初始化互斥量内核对象,初始化一个链表用于
                                            //记录访问此互斥量而阻塞的线程
    mutex->value          = 1;              //初始化互斥量的值为 1
    mutex->owner          = RT_NULL;        //初始化持有互斥量线程为 RT_NULL
    mutex->original_priority = 0xFF;        //初始化持有互斥量线程的原始优先级默认为 0xFF
    mutex->hold           = 0;              //初始化持有互斥量的线程的持有次数为 0
    //(3)设置信号量的阻塞唤醒模式
    mutex->parent. parent. flag = flag;
```

```
    return mutex;
}
```

2. 获取互斥量函数 rt_mutex_take

（1） rt_mutex_take 函数功能概要

rt_mutex_take 函数的主要功能如下：①判断当前获取互斥量的线程与持有互斥量的线程是否是同一线程，若是，则该互斥量的持有值加 1 而线程不会被挂起；②若不是，检查互斥量是否上锁，若未上锁，则当前线程成功获取互斥量，并设置持有互斥量的原始优先级和持有次数，同时上锁；③若互斥量已上锁，检查是否等待，若等待时间等于 0，返回超时错误，否则将当前运行线程插入互斥量阻塞列表中，若当前获取互斥量线程的优先级大于持有互斥量线程的优先级，则提升持有互斥量线程的优先级与当前获取互斥量线程的优先级相同，若等待时间大于 0，同时需要设置线程等待时间并启动定时器将当前线程放入延时列表，并从就绪列表中取出优先级最高的线程准备运行。

（2） rt_mutex_take 函数执行流程

rt_mutex_take 函数执行流程如图 12-6 所示。

（3） rt_mutex_take 函数代码注释

在"ipc. c"文件中可查看 rt_mutex_take 的源代码。

```
//================================================================
//函数名称:rt_mutex_take
//功能概要:获取互斥量
//参数说明:mutex-互斥量控制块
//         time-设置等待的超时时间,一般为 RT_WAITING_FOREVER:永久等待
//函数返回:返回成功或错误代码
//================================================================
rt_err_t rt_mutex_take(rt_mutex_t mutex, rt_int32_t time)
{
    register rt_base_t temp;
    struct rt_thread * thread;
    RT_DEBUG_IN_THREAD_CONTEXT;
    //函数保留未使用
    RT_ASSERT(mutex != RT_NULL);
    RT_ASSERT(rt_object_get_type(&mutex->parent. parent) == RT_Object_Class_Mutex);
    //(1)获取当前线程
    thread = rt_thread_self();
    temp = rt_hw_interrupt_disable();                          //关中断
    RT_OBJECT_HOOK_CALL(rt_object_trytake_hook, (&(mutex->parent. parent)));//函数保留
    thread->error = RT_EOK;                                    //设置线程错误码
    //(2)判断持有互斥量的线程与当前获取互斥量的线程是否是同一线程
    if (mutex->owner == thread)                                //是同一线程
    {
        mutex->hold ++;
    }
    else                                                       //不是同一线程
    {
__again:
        //(3)判断当前互斥量是否可用
        if (mutex->value > 0)//互斥量可用
        {
            //(3.1)锁定互斥量,并记录申请互斥量的线程和它的初始优先级
```

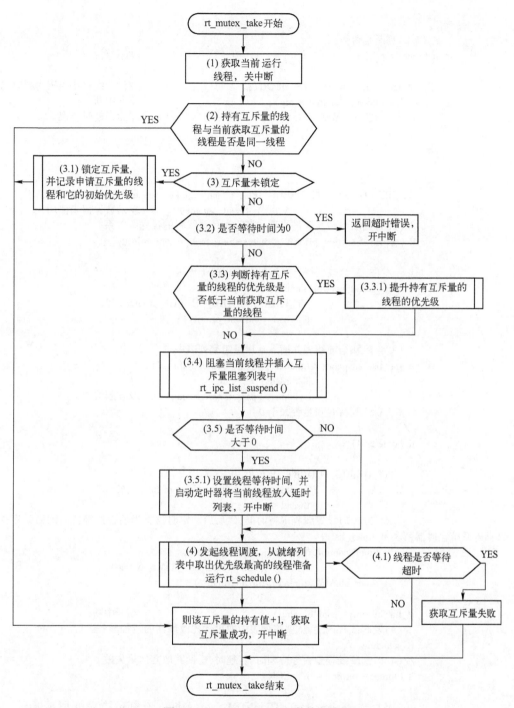

图 12-6　rt_mutex_take 函数执行流程

```
        mutex->value --;
        mutex->owner              = thread;
        mutex->original_priority = thread->current_priority;
        mutex->hold ++;
    }
    else                              //互斥量不可用
```

```
        //(3.2)判断是否等待
        if (time == 0)                                    //不等待
        {
            thread->error = -RT_ETIMEOUT;                 //设置线程错误码为超时错误
            rt_hw_interrupt_enable(temp);                 //开中断
            return -RT_ETIMEOUT;                          //返回超时错误
        }
        else
        {

            RT_DEBUG_LOG(RT_DEBUG_IPC, ("mutex_take: suspend thread: %s\n",
                                    thread->name));        //函数保留未使用
            //(3.3)判断申请互斥量线程与持有互斥量线程的优先级关系
            if (thread->current_priority < mutex->owner->current_priority)
            {
                //(3.3.1)改变持有互斥量的线程的优先级
                rt_thread_control(mutex->owner,
                            RT_THREAD_CTRL_CHANGE_PRIORITY,
                            &thread->current_priority);
            }
            //(3.4)阻塞当前线程并插入互斥量阻塞列表中
            rt_ipc_list_suspend(&(mutex->parent. suspend_thread),
                            thread,
                            mutex->parent. parent. flag);  //挂起线程
            //(3.5)等待时间是否大于0
            //
            if (time > 0)
            {
                RT_DEBUG_LOG(RT_DEBUG_IPC,
                            ("mutex_take: start the timer of thread:%s\n",
                            thread->name));
                //(3.5.1)设置线程等待时间,然后启动定时器将当前程按等待时间做升序排列,
并插入系统定时器列表 rt_timer_list 中
                rt_timer_control(&(thread->thread_timer),
                            RT_TIMER_CTRL_SET_TIME,&time);
                rt_timer_start(&(thread->thread_timer));
            }
            rt_hw_interrupt_enable(temp);                 //开中断
            //(4)发起线程调度,从就绪列表中取出优先级最高的线程准备运行
            rt_schedule();
            //(4.1)判断线程是否等待超时,若超时,返回获取互斥量失败
            if (thread->error != RT_EOK)
            {
                if (thread->error == -RT_EINTR) goto __again; //中断系统调用,回到__again
                return thread->error;
            }
            else
            {
                temp = rt_hw_interrupt_disable();         //关中断
            }
        }
    }
```

```
                                  }
            rt_hw_interrupt_enable(temp);                                    //开中断
            RT_OBJECT_HOOK_CALL(rt_object_take_hook,(&(mutex->parent.parent)));//函数保留未使用
            return RT_EOK;
        }
```

3. 互斥量释放函数 rt_mutex_release

（1）rt_mutex_release 函数功能概要

rt_mutex_release 函数的主要功能如下：①检查当前线程与互斥量持有线程是否是同一线程，只有互斥量持有线程才能释放互斥量；②若是同一线程，则持有互斥量的线程的持有次数减1；③若持有互斥量的线程的持有次数等于0，检查是否需要恢复线程的初始优先级，并检查互斥量阻塞列表中是否有等待当前互斥量的线程；④若有，则从互斥量阻塞列表中唤醒第一个线程，并从延时列表中取出，同时设置新的持有者线程、优先级和持有者数；⑤若无，则互斥量开锁，并清除互斥量所有者信息，恢复默认优先级；⑥检查是否需要线程调度。

（2）rt_mutex_release 函数执行流程

rt_mutex_release 函数执行流程如图 12-7 所示。

（3）rt_mutex_release 函数代码注释

在"ipc.c"文件中可查看 rt_mutex_release 的源代码。

```
//================================================================
//函数名称:rt_mutex_release
//功能概要:释放互斥量
//参数说明:mutex-互斥量控制块
//函数返回:返回成功或错误代码
//================================================================
rt_err_t rt_mutex_release(rt_mutex_t mutex)
{
    register rt_base_t temp;
    struct rt_thread * thread;
    rt_bool_t need_schedule;
    //函数保留未使用
    RT_ASSERT(mutex != RT_NULL);
    RT_ASSERT(rt_object_get_type(&mutex->parent.parent) == RT_Object_Class_Mutex);
    need_schedule = RT_FALSE;
    RT_DEBUG_IN_THREAD_CONTEXT;
    //(1)获取当前线程
    thread = rt_thread_self();
    temp = rt_hw_interrupt_disable();                            //关中断
    RT_OBJECT_HOOK_CALL(rt_object_put_hook,(&(mutex->parent.parent)));//函数保留未使用
    //(2)判断当前线程与互斥量持有线程是否是同一线程,互斥量持有线程才能释放互斥量
    //(2.1)不是同一线程,返回错误代码-RT_ERROR
    if (thread != mutex->owner)
    {
        thread->error = -RT_ERROR;
        rt_hw_interrupt_enable(temp);                           //开中断
        return -RT_ERROR;
    }
    //(2.2)是同一线程,持有互斥量的线程的持有次数减1
    mutex->hold --;
    //(3)持有互斥量的线程的持有次数等于0,可释放互斥量
```

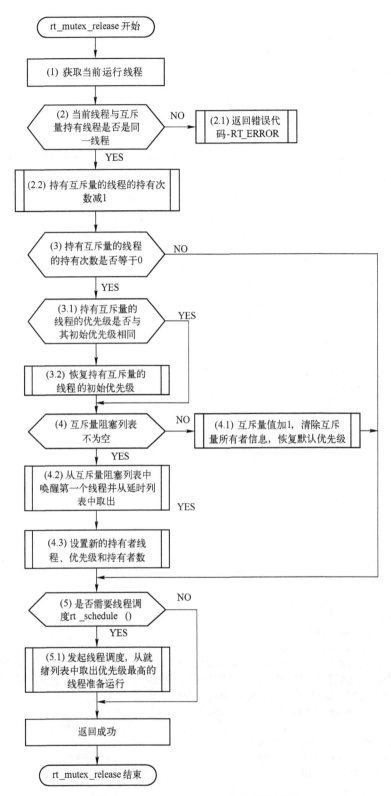

图 12-7 rt_mutex_release 函数执行流程

```
            if (mutex->hold = = 0)
            {
                //(3.1)如果当前线程初始设置的优先级与互斥量保存的优先级不一样
                //则恢复线程初始化设定的优先级
                if (mutex->original_priority != mutex->owner->current_priority)
                {
                    rt_thread_control(mutex->owner,
                                    RT_THREAD_CTRL_CHANGE_PRIORITY,
                                    &(mutex->original_priority));
                }
                //(3.2)检查互斥量阻塞列表中是否有等待互斥量的线程
                if (!rt_list_isempty(&mutex->parent. suspend_thread))
                {
                    //(3.2.1)获取互斥量阻塞列表中第一个线程
                    thread = rt_list_entry(mutex->parent. suspend_thread. next, struct rt_thread, tlist);
                    RT_DEBUG_LOG(RT_DEBUG_IPC, ("mutex_release: resume thread: %s\n",
                                    thread->name));                          //函数保留未使用
                    //(3.2.2)设置新的持有者线程、优先级和持有者数
                    mutex->owner= thread;
                    mutex->original_priority = thread->current_priority;
                    mutex->hold ++;
                    //(3.2.3)从互斥量阻塞列表中唤醒第一个线程并将该线程从系统定时器列表
                    //          rt_timer_list 中删除
                    rt_ipc_list_resume(&(mutex->parent. suspend_thread));
                    need_schedule = RT_TRUE;
                }
                //(3.3)互斥量阻塞列表中无等待互斥量的线程
                else
                {
                    mutex->value ++;                          //互斥量值加 1
                    mutex->owner = RT_NULL;                    //清除互斥量所有者信息
                    mutex->original_priority = 0xff;           //恢复默认优先级
                }
            }
            rt_hw_interrupt_enable(temp);                      //开中断
            //(4)判断是否需要线程调度
            if (need_schedule = = RT_TRUE)
                rt_schedule();
            return RT_EOK;
    }
```

12.2.2　基于互斥量的相同优先级线程实例分析

1. 互斥量调度时序分析

在 5.5.3 节中已经分析了互斥量调度的程序执行流程，为了让读者更加明白互斥量的使用方法以及线程是如何对资源进行独占访问的，给 5.5.3 节样例程序配套了一个演示程序，去掉了串口互斥量，只考虑一个互斥量的情况，同时不采用延时函数而采用空循环来实现延时，可以通过串口（波特率设置为115200）打印出运行结果，程序工程见"CH12.2.3_mutex_RT-Thread_STM32L431"文件夹，基于互斥量的优先级相同的线程调度时序如图 12-8 所示。

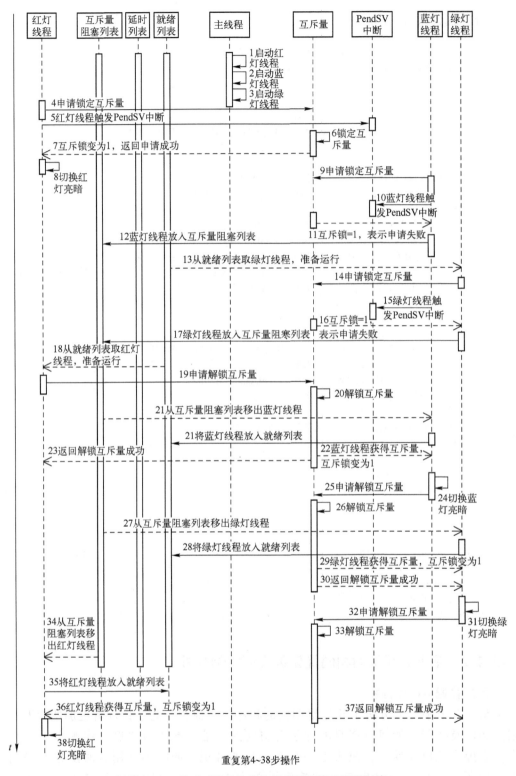

图 12-8 基于互斥量的优先级相同的线程调度时序

说明：□ 表示线程或列表的有效运行时间，实线箭头表示线程运行、进入列表或申请互斥量，虚线箭头表示从列表取线程（互斥量）或返回申请互斥量结果。

2. 互斥量调度过程分段剖析（互斥量调度过程实例）格式一致

下面将对互斥量的使用过程进行分段剖析，并给出各段的运行结果。[⊖]

（1）线程启动

如图 12-8 所示。

在本样例程序中，芯片上电启动最后转到主线程函数 app_init 执行，在该函数中创建了红灯、蓝灯和绿灯三个用户线程以及互斥量对象 g_single_light_mutex，并先后启动了红灯、蓝灯和绿灯线程，然后终止该函数的运行，由 RT-Thread 负责对线程的调度运行。

```
0-1. 当前运行的主线程(20004158)启动红灯线程
0-2. 当前运行的主线程(20004158)启动绿灯线程
0-3. 当前运行的主线程(20004158)启动蓝灯线程
******红灯、蓝灯和绿灯线程启动完成,同时终止主线程******
```

（2）红灯线程申请锁定互斥量

第 4 步，终止主线程后，RT-Thread 从就绪列表中取出最高优先级的线程（此时为红灯线程）激活运行。红灯线程申请锁定互斥量。

第 5 步，红灯线程触发 PendSV 中断。

第 6 步，锁定互斥量。

第 7 步，由于互斥锁为 0，红灯线程申请锁定互斥量成功。锁定成功互斥锁变为 1，返回申请成功。

第 8 步，同时切换红灯亮暗。

```
3. 红灯线程(20004420)开始申请锁定互斥量
*4-1. 互斥量(200043F0)的互斥锁=0,表示未锁定,当前运行线程(20004420)可以申请该互斥量
 4-2. 将当前运行线程(20004420)设置为互斥量私有线程
*4-3. 互斥锁变为1,表示互斥量申请成功
3-1 红灯线程锁定互斥量成功,切换红灯亮暗
```

（3）蓝灯线程申请锁定互斥量

第 9 步，蓝灯线程申请锁定互斥量。

第 10 步，蓝灯线程触发 PendSV 中断。

第 11 步，由于互斥量已被红灯线程锁定（互斥锁为 1），蓝灯线程申请互斥量失败。

第 12 步，蓝灯线程被放到互斥量阻塞列表中。

第 13 步，从就绪列表中取出绿灯线程准备运行。

```
1. 蓝灯线程(200046B8)开始申请锁定互斥量
*5-1. 互斥锁=1,表示已锁定(其所有者线程=20004420),互斥量申请失败
5-2. 调用 rt_ipc_list_suspend 前就绪列表(20007350)中的线程:
 20007350->200046B8->20004950->20004420->20007350
5-3. 调用 rt_ipc_list_suspend 前互斥量阻塞列表(200043F0)中的线程:
200043F0->200043F0->200043F0->200043F0
5-4. 将当前运行线程(200046B8)放入互斥量阻塞列表(200043F0)
5-5. 调用 rt_ipc_list_suspend 后就绪列表(20007350)中的线程:
```

⊖ 此小节对应的程序需要重新编译，否则不会打印部分信息。

20007350->20004950->20004420->20007350->20004950

5-6. 调用 rt_ipc_list_suspend 后互斥量阻塞列表(200043F0)中的线程:

200043F0->200046B8->200043F0->200046B8

5-7. 从就绪列表(20007350)获取优先级最高的线程(20004950),并设置为激活态准备运行

(4)绿灯线程申请锁定互斥量

第 14 步,绿灯线程申请锁定互斥量。

第 15 步,绿灯线程触发 PendSV 中断。

第 16 步,由于互斥量仍被红灯线程锁定(互斥锁为 1),绿灯线程申请互斥量也失败。

第 17 步,绿灯线程被放到互斥量阻塞列表中。

第 18 步,从就绪列表中取出红灯线程准备运行。

2. 绿灯线程(20004950)开始申请锁定互斥量

* 5-1. 互斥锁=1,表示已锁定(其所有者线程=20004420),互斥量申请失败

5-2. 调用 rt_ipc_list_suspend 前就绪列表(20007350)中的线程:

20007350->20004950->20004420->20007350->20004950

5-3. 调用 rt_ipc_list_suspend 前互斥量阻塞列表(200043F0)中的线程:

200043F0->200046B8->200043F0->200046B8

5-4. 将当前运行线程(20004950)放入互斥量阻塞列表(200043F0)

5-5. 调用 rt_ipc_list_suspend 后就绪列表(20007350)中的线程:

20007350->20004420->20007350->20004420->20007350

5-6. 调用 rt_ipc_list_suspend 后互斥量阻塞列表(200043F0)中的线程:

200043F0->200046B8->20004950->200043F0

5-7. 从就绪列表(20007350)获取优先级最高的线程(20004420),并设置为激活态准备运行

(5)红灯线程解锁互斥量

第 19 步,红灯线程申请解锁互斥量。

第 20 步,由于互斥量是由红灯线程锁定的,因此红灯线程能成功解锁互斥量,解锁后互斥锁为 0。此时互斥量会释放,并移转给正在等待互斥量的蓝灯线程,之后红灯线程又开始新一轮的申请锁定互斥量。

第 21 步,将蓝灯线程放入就绪列表。

第 22 步,蓝灯线程变为互斥量所有者,就表示蓝灯线程成功锁定互斥量,互斥锁变为 1。

第 23 步,返回解锁互斥量成功。

第 24 步,切换蓝灯亮暗。

6. 互斥锁变为 0,表示表示线程(20004420)完全释放信号量

7-1. 从互斥量阻塞列表(200043F0)中获取优先级最高的互斥量等待线程(200046B8)

7-2. 将线程(200046B8)放到就绪列表(20007350)

3-2. 红灯线程解锁互斥量成功

1-1. 蓝灯线程锁定互斥量成功,切换蓝灯亮暗

3. 红灯线程(20004420)开始申请锁定互斥量

* 5-1. 互斥锁=1,表示已锁定(其所有者线程=200046B8),互斥量申请失败

5-2. 调用 rt_ipc_list_suspend 前就绪列表(20007350)中的线程:20007350->20004420->200046B8->20007350->20004420

5-3. 调用 rt_ipc_list_suspend 前互斥量阻塞列表(200043F0)中的线程:200043F0->20004950->200043F0->20004950

　　5-4. 将当前运行线程(20004420)放入互斥量阻塞列表(200043F0)

　　5-5. 调用 rt_ipc_list_suspend 后就绪列表(20007350)中的线程 20007350->200046B8->20007350->200046B8->20007350

　　5-6. 调用 rt_ipc_list_suspend 后互斥量阻塞列表(200043F0)中的线程：200043F0->20004950->20004420->200043F0

　　5-7. 从就绪列表(20007350)获取优先级最高的线程(200046B8)，并设置为激活态准备运行

（6）蓝灯线程解锁互斥量

第25步，蓝灯线程申请解锁互斥量。

第26步，蓝灯线程解锁互斥量。蓝灯线程解锁互斥量成功（互斥锁=0），互斥量从互斥量列表移出并转交给绿灯线程，之后蓝灯线程又开始新一轮的申请锁定互斥量。

第27步，从互斥量阻塞列表移出绿灯线程。

第28步，绿灯线程变为互斥量所有者，就表示绿灯线程成功锁定互斥量，将绿灯线程放入就绪列表。

第29步，绿灯线程获得互斥量，互斥锁变为1。

第30步，返回解锁互斥量成功。

第31步，切换绿灯亮暗。

　6. 互斥锁变为 0,表示线程(200046B8)完全释放信号量

7-1. 从互斥量阻塞列表(200043F0)中获取优先级最高的互斥量等待线程(20004950)

7-2. 将线程(20004950)放到就绪列表(20007350)

1-2. 蓝灯线程解锁互斥量成功.

　　2-1. 绿灯线程锁定互斥量成功,切换绿灯亮暗

1. 蓝灯线程(200046B8)开始申请锁定互斥量

＊5-1. 互斥锁=1,表示已锁定(其所有者线程=20004950),互斥量申请失败

　5-2. 调用 rt_ipc_list_suspend 前就绪列表(20007350)中的线程：20007350->200046B8->20004950->20007350->200046B8

　5-3. 调用 rt_ipc_list_suspend 前互斥量阻塞列表(200043F0)中的线程：200043F0->20004420->200043F0->20004420

　5-4. 将当前运行线程(200046B8)放入互斥量阻塞列表(200043F0)

　5-5. 调用 rt_ipc_list_suspend 后就绪列表(20007350)中的线程：20007350->20004950->20007350->20004950->20007350

　5-6. 调用 rt_ipc_list_suspend 后互斥量阻塞列表(200043F0)中的线程：200043F0->20004420->200046B8->200043F0

　5-7. 从就绪列表(20007350)获取优先级最高的线程(20004950)，并设置为激活态准备运行

（7）绿灯线程解锁互斥量

第32步，绿灯线程申请解锁互斥量。

第33步，绿灯线程解锁互斥量成功（互斥锁=0），互斥量从互斥量列表移出并转交给红灯线程，之后绿灯线程又开始新一轮的申请锁定互斥量。

第34步，红灯线程变为互斥量所有者，就表示红灯线程成功锁定互斥量，并从互斥量阻塞列表移出红灯线程。

第35步，将红灯线程放入就绪列表。

第36步，红灯线程获得互斥量，互斥锁变为1。

第37步，返回解锁互斥量成功。

第38步，切换红灯亮暗。

此后，重复图 12-8 的第 4~38 步。

6. 互斥锁变为 0,表示线程(20004950)完全释放信号量
7-1. 从互斥量阻塞列表(200043F0)中获取优先级最高的互斥量等待线程(20004420)
7-2. 将线程(20004420)放到就绪列表(20007350)
2-2. 绿灯线程解锁互斥量成功
3-1. 红灯线程锁定互斥量成功,切换红灯亮暗

说明：演示程序主要是在相关的代码之间通过插入 printf 函数的方式，打印出相关的信息，且执行 printf 函数需要占用一些时间。为了让灯的亮暗切换效果明显一些，加入了空循环语句，也会占用一些时间。同时，由于线程优先级相同，SysTick 中断会每 1 ms 中断一次，按每次时间片（10 ms）到就会对线程进行轮询调度。因此在串口实际输出执行结果时，会出现有些输出错位现象。另外，地址 20004158 表示主线程，地址 20004420 表示红灯线程，地址 20004950 表示绿灯线程，地址 200046B8 表示蓝灯线程。（这句话放到上面说好一点，在看剖析过程的时候就可以对照）。

12.2.3 基于互斥量的不同优先级线程避免优先级反转问题分析

1. 调度时序分析

在"7.4 节"中已经分析了如何使用互斥量避免优先级反转问题，为了让读者更加明白互斥量避免优先级反转的详细过程，给 7.4 节样例程序配套了一个演示程序，为了使演示过程更加清晰，在线程 taskC 开始处多添加了 1 秒的延时。另外，taskA 的优先级为 Pa=9，taskB 的优先级为 Pb=10，taskC 的优先级为 Pc=11，以"*"开头的语句表明了优先级的变化过程。可以通过串口（波特率设置为 115200）打印出运行结果，程序工程见"CH12.3.4_PrioReverse_RT-Thread_STM32L431"文件夹。基于互斥量的优先级不同的线程避免优先级反转问题调度时序如图 12-9 所示。

说明：☐ 表示线程或列表的有效运行时间，实线箭头表示线程运行、进入列表、申请互斥量或改变优先级，虚线箭头表示从列表取线程（互斥量）或返回申请互斥量结果。

2. 调度过程分段剖析（调度过程实例）

下面将对基于互斥量的优先级不同线程运行流程进行分段剖析，并给出各段的运行结果。

（1）线程启动

如图 12-9 所示。

在本样例程序中，芯片上电启动最后转到主线程函数 app_init 执行，在该函数中创建并先后启动了 taskC、taskA 和 taskB 三个用户线程，然后终止该函数的运行。

0-1. 当前运行的主线程(20004158)启动线程 taskC
0-2. 当前运行的主线程(20004158)启动线程 taskA
0-3. 当前运行的主线程(20004158)启动线程 taskB
******taskC、taskA 和 taskB 启动完成,同时终止主线程******

（2）taskC 申请锁定互斥量

第 4 步，taskA 放入延时列表。

第 5 步，taskB 放入延时列表。

第 6 步，taskC 放入延时列表。

第 7 步，终止主线程后，由于初始时 taskC 延时 1 s，而 taskA 和 taskB 延时 5 s，故 taskC 会

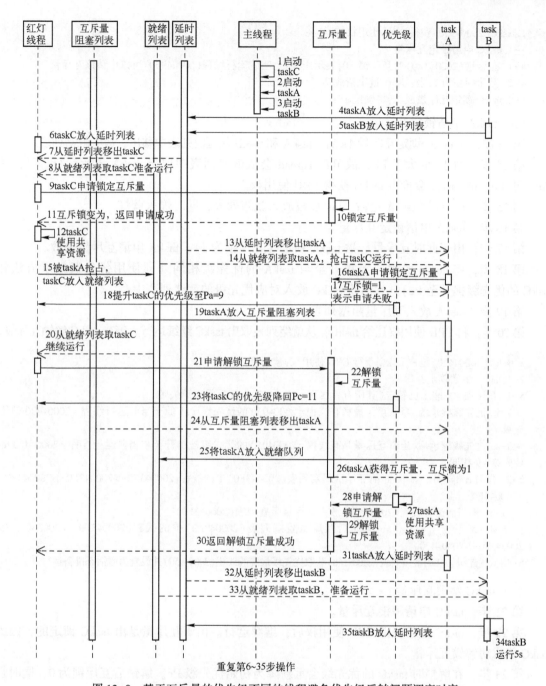

图 12-9　基于互斥量的优先级不同的线程避免优先级反转问题调度时序

先出延时列表取出并放入就绪列表。

第 8 步，从就绪列表取 taskC 准备运行。

第 9 步，taskC 申请锁定互斥量。

第 10 步，taskC 锁定互斥量。

第 11 步，由于互斥锁为 0，taskC 申请锁定互斥量成功，互斥锁变为 1。

第 12 步，taskC 使用共享资源，同时点亮蓝灯。

```
1. taskC(20004950)获得 CPU 使用权,蓝灯亮
1-1. taskC 申请锁定互斥量
4-1. 互斥量(200043F0)的互斥锁=0,表示未锁定,当前运行线程(20004950)可以申请该互斥量
4-2. 互斥锁变为1,表示互斥量申请成功
1-2. taskC 锁定互斥量成功,将锁定 15 s
```

（3）taskA 申请锁定互斥量

第 13 步，在 taskC 锁定互斥量 4 s 后，taskA 和 taskB 从延时列表中移出，放入就绪列表。

第 14 步，由于 Pa 大于 Pb，故 RT-Thread 会从就绪列表中取出 taskA 激活运行。又因为 Pa 大于 Pc，故 taskA 会抢占 taskC 获得 CPU 使用权。

第 15 步，taskC 被 taskA 抢占，taskC 被放入就绪列表，同时熄灭蓝灯。

第 16 步，taskA 申请锁定互斥量。

第 17 步，由于此时互斥量已被 taskC 锁定（互斥锁为 1），taskA 申请互斥量失败。

第 18 步，将 taskC 的优先级提升至与 taskA 的优先级相同（即使用优先级继承方法将 taskC 的优先级提升至 Pa），然后将 taskC 放入对应优先级的就绪列表中。

第 19 步，taskA 放入互斥量阻塞列表。

第 20 步，将 CPU 使用权让给 taskC，从就绪列表取出 taskC 继续运行。等待 taskC 解锁互斥量。

```
2. taskA(20004420)抢占 taskC 获得 CPU 使用权,蓝灯暗
2-1. taskA 申请锁定互斥量
5-1. 互斥锁=1,表示已锁定(其所有者线程=20004950),互斥量申请失败
 *6-1. 优先级继承前,当前互斥量私有线程=20004950 的优先级=11 低于当前运行线程=20004420 的优
先级=9
 *6-2. 优先级继承后,当前互斥量私有线程=20004950 的优先级被提升至与当前运行线程=20004420 的
优先级=9 相同
5-2. 调用 rt_ipc_list_suspend 前互斥量阻塞列表(200043F0)中的线程:200043F0->200043F0->200043F0-
>200043F0
    5-3. 将当前运行线程(20004420)放入互斥量阻塞列表(200043F0)
    5-4. 调用 rt_ipc_list_suspend 后互斥量阻塞列表(200043F0)中的线程:200043F0->20004420->
200043F0->20004420
5-5. 从优先级为 9 的就绪列表(20007348)获取优先级最高的线程(20004950)并设置为激活态准备运行
```

（4）taskC 解锁互斥量

第 21 步，taskC 申请解锁互斥量。

第 22 步，taskC 重新获得 CPU 使用权后，继续运行。由于互斥量是由 taskC 锁定的，因此 taskC 能成功解锁互斥量。

第 23 步，在解锁时 taskC 的优先级会重新降为初始优先级 Pc。解锁后互斥锁为 0，同时点亮蓝灯，taskC 进入就绪列表，又开始等待执行新一轮的执行过程。

第 24 步，此时互斥量会释放，移转给正在等待互斥量的 taskA，从互斥量阻塞列表移出 taskA。

第 25 步，将 taskA 放入就绪列表，由于 Pa>Pb>Pc，故在就绪列表中的排列顺序为 taskA→taskB→taskC。

第 26 步，RT-Thread 从就绪列表中取出优先级最高的 taskA 激活运行，taskA 成功锁定互斥量，互斥锁变为 1。

第 27 步，taskA 使用共享资源。

> 1-3. taskC 解锁互斥量成功,蓝灯亮
> 7. 互斥锁变为 0,表示线程(20004950)完全释放信号量
> ＊8-1. 当前线程=20004950 的初始优先级=11,当前优先级=9
> ＊8-2. 释放互斥量后,当前线程=20004950 的初始优先级=11,当前优先级=11
> 9-1. 从互斥量阻塞列表(200043F0)中获取优先级最高的互斥量等待线程(20004420)
> 9-2. 将线程(20004420)放到优先级为 9 的就绪列表(20007348)
> 2-2. taskA 锁定互斥量成功,将锁定 5 s

（5）taskA 解锁互斥量

第 28 步，taskA 申请解锁互斥量。

第 29 步，taskA 运行 5 s 后，由于互斥量是由 taskA 锁定的，因此 taskA 能成功解锁互斥量，解锁后互斥锁为 0。同时熄灭蓝灯。互斥量成功释放，同时为了重复上述演示过程，taskA 进入延时列表 5 s，之后出延时列表进入就绪列表，又开始等待执行新一轮的执行过程。

第 30 步，返回解锁互斥量成功。

> 2-3. taskA 解锁互斥量成功,蓝灯暗
> 7. 互斥锁变为 0,表示线程(20004420)完全释放信号量
> ＊8-1. 当前线程=20004420 的初始优先级=9,当前优先级=9
> ＊8-2. 释放互斥量后,当前线程=20004420 的初始优先级=9,当前优先级=9

（6）taskB 运行

第 31 步，taskA 放入延时列表。

第 32 步，在 taskA 进入延时列表后，RT-Thread 从延时列表中移出 taskB。

第 33 步，从就绪列表中取出优先级最高的 taskB 激活运行。

第 34 步，taskB 运行 5 s，之后释放 CPU 使用权。

第 35 步，为了重复上述演示过程，taskB 进入延时列表 4 s，之后移出延时列表进入就绪列表，又开始等待执行新一轮的执行过程。

> 3. taskB(200046B8)获得 CPU 使用权,将运行 5 秒,成功避免优先级反转
> 3-1. taskB 释放 CPU 使用权

说明：演示程序主要是在相关的代码之间通过插入 printf 函数的方式，打印出相关的信息。另外，地址 20004158 表示主线程，地址 20004950 表示 taskC，地址 20004420 表示 taskA，地址 200046B8 表示 taskB。

12.3　本章小结

信号量机制用于不同线程访问一个共享资源，在线程访问共享资源时，获取对应的信号量，如果信号量不为 0，则表示还有资源可以使用，此时线程可使用该资源，并将信号量减 1；如果信号量为 0，则表示资源已被用完，该线程进入信号量阻塞列表，排队等候其他线程使用完该资源后释放信号量（将信号量加 1），才可以重新获取该信号量，访问该共享资源。此外，若信号量的最大数量为 1，信号量就变成了互斥量，互斥型信号量和二值型信号（布尔值、事件等用 0 和 1 表示状态的）非常相似，但是互斥量和二值型信号量有一个区别，互斥量可以通过优先级反转保证系统的实时性。本章给出的分析，有助于对信号量和互斥量工作机制的理解。

Part III

第13章　基于 RT-Thread 的 AHL-EORS 应用

目前人工智能的算法大多在性能较高的通用计算机上进行，但是将人工智能真正落地的产品却为种类繁多的嵌入式计算机系统。嵌入式人工智能就是指含有基本学习或推理算法的嵌入式智能产品。嵌入式物体认知系统就是嵌入式人工智能的应用实例之一，本节给出 RT-Thread 的嵌入式物体认知系统。

13.1　AHL-EORS 简介

基于图像识别的嵌入式物体认知系统（Embedded Object Recognition System，EORS）是通过摄像头采集物体图像，利用图像识别相关算法进行训练、标记，训练完成后，可进行推理完成对图像的识别的嵌入式系统。苏州大学嵌入式人工智能与物联网试验室利用 STM32L431 微控制器，结合 RT-Thread 设计了一套原理清晰、价格低廉、简单实用的基于图像识别的嵌入式物体认知系统，命名为 AHL-EORS，可以作为人工智能的快速入门系统。

AHL-EORS 主要目标是嵌入式人工智能入门教学，试图把复杂问题简单化，利用最小的资源、最清晰的流程体现人工智能中"标记、训练、推理"的基本知识要素。同时，提供完整源码、编译及调试环境，期望达到"学习汉语拼音从啊（a）、喔（o）、鹅（e）开始，学习英语从 A、B、C 开始，学习嵌入式人工智能从物体认知系统开始"的目标。学生可通过本系统来获得人工智能的相关基础知识，并真实体会到人工智能的学习快乐，消除畏惧心理，使其敢于自行开发自己的人工智能系统。AHL-EORS 除了用于教学，本身也可用于数字识别、数量计数等实际应用系统中。

13.1.1　硬件清单

AHL-EORS 硬件清单如表 13-1 所示。

表 13-1　AHL-EORS 硬件清单

序号	名　称	数量	功能描述
1	GEC 主机	1	（1）内含 MCU（型号：STM32L431）、5 V 转 3.3 V 电源等 （2）2.8 in（240×320 像素）彩色 LCD （3）接口底板：含光敏、热敏、磁阻等，外设接口：UART、SPI、I²C、A/D、PWM 等
2	TTL-USB 串口线	1	两端标准 USB 口
3	摄像头	1	获取图像。LCD 显示图像的默认设置为 112×112（像素）大小

13.1.2　硬件测试导引

产品出厂时已经将测试工程下载到 MCU 芯片中，可以进行 0~9 十个数字识别，测试步骤如下：

1）通电。使用盒内双头一致 USB 线给设备供电。电压为 5 V，可选择计算机、充电宝等的 USB 口（**注意供电要足**）。

2）测试。上电后，正常情况下，LCD
彩色屏幕会显示出图像，可识别盒子内
"一页纸硬件测试方法"上的 0~9 数字，
显示各自识别概率以及系统运行状态等参
数。如图 13-1 所示。

操作方法：①将本页测试纸背面的数
字放在光照良好的场景下，并将要识别的
数字卡片放置在距离摄像头在 20 cm 左右，
即从开发板的边缘到数字纸张大约一支普
通圆珠笔的距离；②以 LCD 显示屏的红线
框中，可以清楚地显示数字为标准；③保
持数字方向与屏幕文字方向一致。观察结

图 13-1　AHL-EORS 初始上电检测书中 "3" 正确现象

果：正确情况下，LCD 屏幕上显示识别到的对应数字以及该数字的识别概率，同时通过串口输
出该数字。

13.2　卷积神经网络概述

本系统所使用的图像分类算法是基于深度学习算法的一种。深度学习网络模型如深度置信
网络（Deep Belief Network，DBN）、层叠自动去噪编码机（Stacked Deoising Autoencoders，
SDA）、卷积神经网络（Convolutional Neural Network，CNN）都已经应用在日常生活与工业生
产的各个场景，常见的如无人驾驶、自然语言处理、人脸识别等。其中，卷积神经网络由于独
有的权值共享特征，对图像数据的处理效率更高，因此本系统选用的 MobileNetV2 及 NCP 两种
模型都运用到了卷积神经网络。

13.2.1　卷积神经网络的技术特点

传统的人工神经网络中相邻的两层网络的每个神经元节点之间都是通过全连接的方式互相
连接的，在处理图像等数据量较大类型的数据输入时，往往会消耗更多的计算与存储资源，并
且过多的参数也会造成模型的过拟合，并不符合人类的认知特性，人类往往是通过比较物体中
固有的特征与其他物体的不同来进行物体分类，并非学习物体的所有特征。而卷积神经网络所
具有的局部感知、权值共享、池化操作等众多优良特性便解决了这一问题。卷积网络通过卷积
核与图像进行卷积的方式实现了不同神经元之间的权值共享，降低了网络参数数量的同时也降
低了网络计算量。池化操作的引入也使得卷积神经网络具有了一定的平移不变性以及变换不变
性，提升了网络的泛化能力。因此卷积神经网络具备了更强大的鲁棒性与容错能力，对大量信
息特征的处理性能高于一般的全连接神经网络，所以将卷积神经网络应用在对图像分类的应用
中是非常合适的。

13.2.2　卷积神经网络原理

从数学角度，最基本的卷积神经网络包含卷积、激活与池化三个组成部分，如图 13-2 所
示。如果将 CNN 应用于图像分类，则输出结果是输入图像的高级特征的集合。

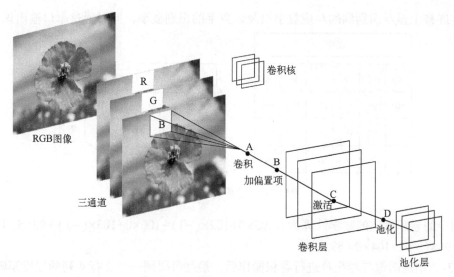

图 13-2　基础卷积神经网络结构图

1. 卷积

从数学角度来说，卷积是通过两个函数 h 和 g 生成第三个函数的一种数学算子，表示函数 h 与 g 经过翻转和平移的重叠部分函数值乘积对重叠长度的积分。翻转，即卷积的"卷"，指的是函数的翻转，从 $g(t)$ 变成 $g(-t)$ 这个过程。平移求积分，即卷积的"积"，连续情况下指的是对两个函数的乘积求积分，离散情况下就是加权求和。

在图像处理中，卷积操作是卷积神经网络的重要组成部分。卷积网络通过卷积核与输入图像进行卷积操作提取图像的特征，同时过滤掉图像中的一些干扰。卷积简单来说就是对输入的图像二维数组和卷积核进行内积操作，即输入矩阵与卷积核矩阵进行对应元素相乘并最终求和，所以单次卷积操作的结果输出是一个自然数。卷积核遍历输入图像数组的所有成员，最终得到一个二维矩阵，矩阵中每个元素的数值代表着每次卷积核与输入图像的卷积结果。一次完整的卷积操作，实际上就是每个卷积核在图像上滑动，与滑动过程中的指定区域进行卷积操作后得到的卷积结果，最终得到输出矩阵的过程。

在图像处理中，卷积核的一般数学表现形式为 $P×Q$ 大小的矩阵（$P<M$，$Q<N$）。设卷积核中第 i 个元素为 u_i，输入图像矩阵区域的第 i 个元素为 v_i，卷积得到的输出矩阵 $conv$ 中第 x 行第 y 列元素为$conv_{x,y}$，那么可以得出计算公式：

$$conv_{x,y} = \sum_{i}^{P×Q} u_i v_i \tag{13-1}$$

卷积核会按照从左往右、从上往下的顺序依次滑过该图像所有的区域，与滑动过程中每一个覆盖到的局部图像（$M×N$）进行卷积，最终得到特征图像。每一次滑动卷积核都会获得特征图像中的一个元素。卷积核每次平移的像素点个数，称为卷积核的滑动步长。如图 13-3 所示，此时图中输出的卷积结果便是图像中灰色区域与卷积核进行卷积操作后得到的结果。具体来说，便是图像灰色区域第 1 行第 1 列的元素 "105" 乘以卷积核第 1 行第 1 列的元素 "0"，第 1 行第 2 列的元素 "102" 乘以卷积核第 1 行第 2 列的元素 "-1"，…，输入图像第 3 行第 3 列的元素 "104" 与卷积核第 3 行第 3 列的元素 "0" 相乘，最后对所有的计算结果进行求和。

LCD 屏幕上显示识别到的对应数字以及该数字的识别概率，同时通过串口输出该数字。

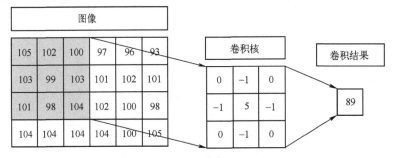

图 13-3　卷积具体数值操作

上例中的卷积对应的数学计算为：$105×0+102×(-1)+100×0+103×(-1)+99×5+103×(-1)+101×0+98×(-1)+104×0=89$

图 13-3 中的图像与卷积核进行卷积操作后，最终可得到一个 2 行 4 列的二维矩阵。

卷积核在对整个图像滑动进行卷积处理时，每经过一个图像区域得到的值越高，则该区域与卷积核检测的特定特征相关度越高。而想要得到需求的图像特征，如何选用合适的卷积核是个十分关键的问题。一方面是根据需要选择特定的卷积核，不同的卷积核可以实现不同的检测效果，比如上例中的检测弧度，又或者锐化/模糊图像等。而在卷积神经网络中，通过在训练过程中不断更新每一个卷积核的参数来调整卷积核的所有参数，使得提取的图像特征更接近我们需求。

2. 激活

在卷积神经网络中，上层节点的输出和下层节点的输入之间具有一个函数关系，这个函数关系称为激活函数，定义为 $f()$。激活层通过激活函数把卷积层输出结果做非线性映射。如果不使用激活函数，那么每一层输出都是上一层输入的线性函数，无论拥有多少层神经网络，输出都是输入的线性组合，这样的效果等同于只有一层的神经网络。

在卷积神经网络的传播过程中，每层网络的输出神经元节点与将要传播的下一层神经元节点之间通常具有固定的函数关系，这个函数关系被定义为激活函数 $f()$。激活函数对每一层神经网络的输出结果做非线性映射，激活函数改变了原有神经网络的线性特征，避免了原有的多层神经网络中的线性传播。

卷积神经网络在激活层，通过激活函数的方法，将处理的数据限制在一个合理的范围中，同时提升数据处理速度。激活函数会将输出数值压缩在 0~1 之间，将较大数值变为接近 1 的数，小的数值变为接近 0 的数。因此在最后计算每种可能所占比重时，大的数值比重大。

例如卷积层中卷积核的部分参数数值低于 0.00001，而图像输入的大小为 0~255，这样通过卷积层卷积处理后的特征图像的元素值在 0.0001 左右，在经过激活函数后，将这类数值尽可能地归零，而把计算重点放在激活数值较大的特征图像上，输出大的数值，这样的情况就可以看作激活。

例如，卷积输出矩阵的第 x 行第 y 列元素以及该层偏置 b 经过激活函数 f 后的结果 $z_{x,y}$ 的计算公式为

$$z_{x,y} = f\left(\sum_{i}^{P×Q} u_i v_i + b \right) \tag{13-2}$$

常用的激活函数有 ReLU、sigmoid、tanh、Leaky ReLU 等。相对于其他图像来说，物体识别场景的环境噪声小，层次结构，组成单一，因此本系统采用的激活函数为修正线性单元（The Rectified Linear Unit，ReLU），它的特点是收敛快、求梯度简单，但较脆弱。ReLU 函数的计算公式如下：

$$f(x) = \max(kx, 0) \tag{13-3}$$

其中，k 为上升梯度，在 ReLU 激活函数中，k 的取值为 1。

3. 池化

池化操作通常在卷积操作之后，是降采样的一种形式，通过降低输入特征图层分辨率的方式获得具有空间不变性的图像特征。池化使用矩形窗体在输入图像上进行滑动扫描，并且通过取滑动窗口中的所有成员中最大、平均或其他的操作，来获得最终的输出值。池化层对每一个输入的特征图像都会进行缩减操作，进而减少后续的模型计算量，同时模型可以抽取到更加广泛的特征。

池化层一般包括最大池化、均值池化、高斯池化等。目前简单的池化操作有最大值池化（Max Pooling）及均值池化（Average Pooling），如图 13-4 所示。例如最大值池化，2×2 大小的最大值池化就是取像素点中的最大值保留；平均值池化就是取 4 个像素点的平均值保留。

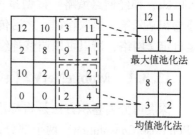

图 13-4 两种池化方法

4. 全连接

在将网络应用处理图像分类任务时，通常的做法是将 CNN 输出的高级图像特征集作为全连接神经网络（Fully-Connected Neural Network，FCN）的输入，用 FCN 来完成输入图像到对应物体标签的映射，即图像分类。

神经网络，即由具有适应性的简单单元组成的互联网络，其原理是模拟生物神经系统对真实世界物体所做出的交互反应。全连接神经网络是一种多层次的全连接的网络。它的输入是多次卷积/池化得到的结果，输出是分类结果。

如图 13-5 所示，假设给定输入样本集为 $\{x_1, x_2, \cdots, x_n\}$，第 l 层的第 i 个神经元为 $a_i(l)$，神经元的总层数为 L。

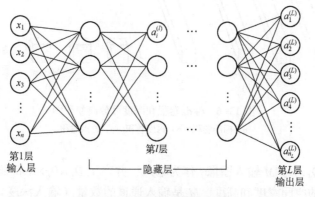

图 13-5 全连接神经网络结构图

在计算完这一层中的所有神经元后，将计算结果作为分类依据，将输出神经元与分类结果一一映射，将神经元的输出作为训练时更新参数和推理时进行分类的依据。

假设 $M×N$ 的图像在经过卷积与池化后，变为了 d 个包含高级图像特征的参数，此时我们可以将该 d 个数值作为全连接神经网络的输入，将全连接神经网络的输出作为图像分类的判断标准。在经过全连接神经网络的传播后，我们便可以将一个 $M×N$ 的矩阵最终转变为全连接神经网络的输出，其中每一个输出值即为每一类物体的输出值，通过比较对应数值的大小来判定图像属于哪一类物体。

13.3 AHL-EORS 选用模型分析

网络模型本身的性能是决定物体认知系统性能的关键因素，针对低资源嵌入式环境，在降低网络模型资源所占大小的情况下保持模型的性能是所要研究的重点之一。MobileNetV2 模型对传播网络进行了结构性优化设计，用深度可分离卷积代替传统的卷积方式，在保证模型性能的情况下降低了模型所占资源大小，进一步降低模型部署门槛。而 NCP（Neural Circuit Policies，神经回路策略）模型是一种基于线虫神经网络结构的模型结构，此模型首先通过普通卷积来降维，提取特征，之后传入自定义神经网络进行分类计算，从而得到结果。由于 NCP 是自定义网络，所以可以调整神经元的个数来减小模型所占资源。

13.3.1 MobileNetV2 模型

深度可分离卷积方法是将标准卷积拆分为深度卷积（Depthwise Convolution）和逐点卷积（Pointwise Convolution）两个部分。深度卷积对每个通道的输入图像使用唯一对应的卷积核进行卷积，随后再利用逐点卷积，即 $1×1×N$ 的卷积核将输出变为深度卷积。这种分解的卷积方法具有显著减少计算量和模型参数数量的效果，如图 13-6 所示。

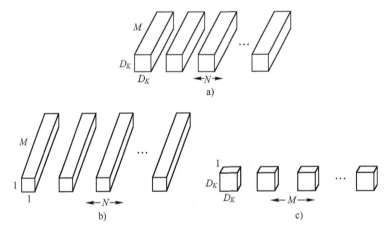

图 13-6 标准卷积和深度可分离卷积图
a）标准卷积 b）深度卷积 c）逐点卷积

设标准卷积的 $D_F×D_F×M$ 输入图像 f 作为输入，并产生 $D_G×D_G×N$ 特征图像 g，其中 D_F 是正方形输入图像 Map 的空间宽度和高度，M 是输入通道的数量（输入深度），D_G 是正方形输出特征图像的空间宽度和高度，N 是输出通道的数量（输出深度）。标准卷积层大小为 $D_K×D_K×M×N$ 的卷积核 K 提取特征，其中 D_K 是正方形卷积核的空间维度，M 是输入通道的数量，N 是先前定义的输出通道的数量。

设标准卷积的图像输入 f 的大小为 $D_F \times D_F \times M$ 并且输出 g 图像特征的大小为 $D_G \times D_G \times N$，其中 D_F 是输入图像的宽度与高度，D_G 是输出图像特征的宽度与高度，M 是输入通道数，N 是输出通道数。标准卷积层由大小为 $D_K \times D_K \times M \times N$ 的卷积核 K 提取特征，其中 D_K 是卷积核的宽度与高度。

假设使用边缘填充并且设滑动步长 $step$ 为 1，标准卷积的输出特征图计算如下：

$$G_{k,L,n} = \sum_{i,j,m} K_{i,j,m,n} F_{k+i-1,l+j-1,m} \tag{13-4}$$

标准卷积的计算成本如下：

$$D_K \cdot D_K \cdot M \cdot N \cdot D_F \cdot D_F \tag{13-5}$$

其中，计算成本取决于输入通道的数量、输出通道的数量、卷积核大小 $D_K \times D_K$ 和特征映射大小为 $D_F \times D_F$。标准卷积运算通过卷积操作选择特征并组合特征从而得到新的特征图。

深度可分离卷积由：深度卷积和逐点卷积。我们使用深度卷积对每个输入通道（输入深度）应用单个卷积核。逐点卷积是一种简单的 1×1 卷积，将深度卷积得到的特征图在深度方向上进行加权组合。

设 K' 是 $D_K \times D_K \times M$ 大小的深度卷积核，其中 K' 是第 m_{th} 卷积核，被应用于 F 中第 m_{th} 通道，以产生经过滤波的输出特征映射 G' 的第 m_{th} 通道的特征图，计算公式如下：

$$G'_{k,L,n} = \sum_{i,j,m} K'_{i,j,m,n} \cdot F_{k+i-1,l+j-1,m} \tag{13-6}$$

深度卷积的计算成本如下：

$$D_K \cdot D_K \cdot M \cdot D_F \cdot D_F \tag{13-7}$$

深度卷积相对于标准卷积非常有效，然而它对输入图像进行卷积，并没有得到最终的输出特征，所以又添加了逐点卷积，通过 1×1 卷积来计算深度卷积输出的线性组合。

深度卷积和逐点卷积的组合成为深度可分离卷积，其计算是深度方向和逐点卷积的和，具体计算公式如下：

$$D_K \cdot D_K \cdot M \cdot D_F \cdot D_F + M \cdot N \cdot D_F \cdot D_F \tag{13-8}$$

通过将卷积表示为过滤和组合两部分，由下列公式可计算出减少计算量：

$$\frac{D_K \cdot D_K \cdot M \cdot D_F \cdot D_F + M \cdot N \cdot D_F \cdot D_F}{D_K \cdot D_K \cdot M \cdot N \cdot D_F \cdot D_F} = \frac{1}{N} + \frac{1}{D_K^2} \tag{13-9}$$

因此在参数数量相同的前提下，采用深度可分离的卷积网络可以拥有更深、更复杂的网络结构，这也意味着更加优秀的网络性能。相反，在达到相同的模型性能，采用深度可分离卷积结构的神经网络所需要的参数更少，网络消耗资源也更低，所以本系统采取深度可分离卷积作为对网络模型中的卷积方式。

终端模型在每层的传播过程中共需要使用到前一层输出的特征图像、本层的权重以及偏置数组和输出的特征图像数组。由于本系统选取的 STM32L431RC 芯片存储资源为 64 KB 大小的 RAM 空间，所以这三个数组的占用空间之和不能超过 64 KB，根据此原则设计出 MobileNetV2 终端推理模型架构（见表 13-2），其中 SortNum 代表物体种类数，此处假设 SortNum = 3。

表 13-2　MobileNetV2 推理模型结构表

层　序	层　　名	输入特征大小	输出特征大小	卷积核参数	占用空间/KB
1	卷积层	28×28×1	14×14×6	3×3×6	7.87
2	反向残差层	14×14×6	14×14×18	1×1×(6×t)	18.446
		14×14×18	7×7×18	3×3×(6×t)	17.859
		7×7×18	7×7×8	1×1×8	5.008
		7×7×8	7×7×24	1×1×(8×t)	8.133
		7×7×24	7×7×24	3×3×(8×t)	10.032
		7×7×24	7×7×8	1×1×8	6.157
3	卷积层	7×7×8	4×4×10	3×3×10	2.508
4	卷积层	4×4×10	4×4×14	3×3×14	1.993
5	卷积层	4×4×14	4×4×16	1×1×16	1.938
6	全局平均池化层	4×4×16	16	—	0.063
7	卷积层	1×1×16	1×1×SortNum	1×1×SortNum	0.086

13.3.2　NCP 模型

NCP 模型主要分为两个部分，首先是通过普通的卷积神经网络来降低维度，提取特征，然后传入全连接层进一步降低维度，然后传入 NCP 网络结构。具体来说 NCP 一共分为 4 层，第一层是感知层，用于接收输入数据；第二层是中间层；第三层是指令层；第四层是运动层，也就是输出结果，总体结构如图 13-7 所示。NCP 中的基本神经构建模块称为液体时间常数（Liquid Time Constant，LTC）神经元，在由一组 LTC 神经元通

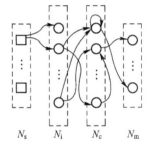

图 13-7　NCP 四层连接示意图

过突触[⊖]连接到目标神经元 j，从而构造 NCP 网络时，每个 LTC 神经元的状态方程如下：

$$\dot{x} = -\left(\frac{1}{\tau_i} + \frac{w_{ij}}{C_{m_i}}\sigma_i(x_j)\right)x_i + \left(\frac{x_{leak_i}}{\tau_i} + \frac{w_{ij}}{C_{m_i}}\sigma_i(x_j)E_{ij}\right) \tag{13-10}$$

其中，$\tau_i = C_{m_i}/g_{l_i}$ 是神经元 i 的时间常数；C_{m_i} 是膜电容[⊜]；g_{l_i} 是漏电导[⊜]；w_{ij} 是从神经元 i 到 j 的突触权重；$\sigma_i(x_j(t)) = l/(1+e^{-\gamma_{ij}(x_j-\mu_{ij})})$，是 sigmoid 函数并以此作为神经元激活函数；x_j 是神经元 j 的值；γ_{ij} 和 μ_{ij} 用于调整 x_j 的权重；x_{leak_i} 是静息电位[⊗]；E_{ij} 是反转突触电位[⊕]。LTC 神经元的整体耦合灵敏度（时间常数）由下式定义：

$$\tau_{system_i} = \frac{1}{\dfrac{1}{\tau_i} + \dfrac{w_{ij}}{C_{m_i}}\sigma_i(x_j)} \tag{13-11}$$

⊖　突触，生物学上指一个神经元的冲动传到另一个神经元或传到另一细胞间的相互接触的结构，在此处指神经元与目标神经元的连接部分。

⊜　膜电容（Membrane Capacity），指的是细胞、组织对交流电显示电容性电抗。

⊜　漏电导，指两个导体之间的漏电流 I 与它们之间的电压 U 的比值。

⊗　静息电位，指细胞膜未受刺激时，存在于细胞膜内外两侧的外正内负的电位差。

⊕　反转突触电位，用于定义突触的极性，有兴奋性或抑制性之分，即 1 或 -1。

这个可变的时间常数决定了神经元在决策过程中的反应速度。以上描述的所有参数在模型中都是可训练的。

在 NCP 中层与层神经元之间的连接类似于线虫神经网络，具体步骤如下：

1）建立 4 个神经层。N_s 代表感觉神经元，N_i 代表中间神经元，N_c 代表指令神经元，N_m 代表运动神经元。

2）在每两个连续的神经层之间，进行突触神经元和目标神经元的连接。对于任意目标神经元，都会有 n_{so-t} 个源神经元作为突触与之相连，并设置连接的极性。其中，$n_{so-t} \leqslant N_t$，n_{so-t} 是从源神经元到目标神经元的突触数量，N_t 是目标神经元的数量。对于神经元的极性设置，有兴奋性或抑制性，其选择服从二项分布 $\sim \mathrm{Binomial}(n_{so-t}, p_2)$⊖，而对于源神经元与目标神经元的选择同样服从二项分布 $\sim \mathrm{Binomial}(n_{so-t}, p_1)$。$p_1$ 和 p_2 是与其分布相对应的概率，从而充分保证神经元连接过程的随机性。

3）在每两个连续的神经层之间，进行非突触神经元与目标神经元的连接。对于任意未与突触进行连接的目标神经元 j，再从源神经元中选择 m_{so-t} 个神经元作为突触与目标神经元进行连接，其中，$m_{so-t} \leqslant \dfrac{1}{N_t} \sum_{i=1, i \neq j}^{N_t} L_{t_i}$，而 L_{t_i} 是针对目标神经元 i 的突触数量。同样也设置其连接的极性，具有兴奋性或抑制性，其设置服从二项分布 $\sim \mathrm{Binomial}(n_{so-t}, p_2)$，而对于神经元的选择则服从二项分布 $\sim \mathrm{Binomial}(n_{so-t}, p_3)$。$m_{so-t}$ 是无突触连接的从源神经元到目标神经元的突触数量，p_3 是与其分布相对应的概率。

4）指令神经层的循环连接。从指令神经层中选择 l_{so-t} 个指令神经元作为突触连接到同层的指令神经元上，并且可与自身建立连接，同样设置连接的极性，具有兴奋性或抑制性。极性的设置服从二项分布 $\sim \mathrm{Binomial}(l_{so-t}, p_2)$，而指令神经元的选择服从二项分布 $\sim \mathrm{Binomial}(l_{so-t}, p_4)$。$l_{so-t}$ 是指令神经元作为突触的数量，p_4 是与其分布相对应的概率。

应用上述 NCP 设计原则可使得 LTC 神经元的网络非常简洁，同时也能保证其高效性。

在内存空间占用方面，除了类似于 MobileNetV2 终端模型在每层的传播过程中共需要使用到前一层输出的特征图像、本层的权重以及偏置数组外，还需要存储 NCP 层中使用的膜电容、静息电位等参数。同样，所有运算的占用空间之和不能超过 64 KB，根据此原则本文设计出 NCP 终端推理模型架构（见表 13-3），其中 SortNum 代表物体种类数，此处也假设 SortNum = 3。

表 13-3　NCP 推理模型结构表

层　序	层　名	输入特征大小	输出特征大小	卷积核参数	占用空间/KB
1	卷积层	28×28×1	24×24×6	5×5×6	17.172
2	最大池化层	24×24×6	12×12×6	—	3.375
3	卷积层	12×12×6	8×8×6	5×5×6×6	5.016
4	最大池化层	8×8×6	4×4×6	—	0.094
5	平铺层	4×4×6	1×96	—	0.094
6	全连接层	1×96	1×(2×SortNum)	—	2.648
7	NCP 层	1×(2×SortNum)	1×1×SortNum	—	7.031

⊖　$\sim \mathrm{Binomial}(n, p)$，对于 $X \sim \mathrm{Binomial}(n, p)$ 这样一个二项分布，其中 X 是呈现出二项分布的随机变量，n 表示试验的总数，p 表示每个试验中得到成功结果的概率。

13.4 AHL-EORS 的数据采集与训练过程

以识别数字"0、1、…、9"为例，用户通过本样例熟悉并掌握完整的 AHL-EORS 中图像数据集采集与标记、模型的训练以及最终在主机上部署模型这三步过程。

13.4.1 数据采集

要进行机器学习，首先要有学习样本。第一步需要做的就是对这 10 个数字进行图像特征的提取，并且分别保存在 10 个 txt 格式文件中，这 10 组图像数据的集合称为"数据集"，其中每一组图像数据称为一个"样本"。

下面将具体说明如何实现终端的数据采集，该过程主要通过 4 个线程及一个定时器中断实现。

1）主线程 app_init 负责串口、摄像头及 LCD 显示屏等外设的初始化，并创建用户线程 thread_gray。

2）thread_gray_get 为灰度图像采集线程，负责采集灰度图像。

3）thread_gray_send 为灰度图像发送线程，负责传输灰度图像到上位机。

具体代码可参见"CH13.4.1_EORS_DataSend"文件夹。

1. 主线程 app_init

声明和运行线程，在 includes.h 文件中声明全局图像指针，数据采集线程以及数据发送线程函数。

```
uint16_t *        image_orginal;        //图像指针
void thread_gray_get();        //数据采集线程函数
void thread_gray_send();        //数据发送线程函数
```

在 threadauto_appinit.c 文件中创建数据采集线程并启动它们开始运行。

```
thread_t thd_gray;
//创建数据采集线程
thd_gray_get = thread_create("gray_get", (void *)thread_gray, 0, (1024 * 7), 11, 10);    //灰度
//创建数据发送线程
thd_gray_send = thread_create("gray_send", (void *)thread_gray_send, 0, (1024 * 7), 11, 10);    //灰度
printf("0-1. 启动 thd_gray_get 线程\n");
thread_startup(thd_gray_get);
printf("0-2. 启动 thd_gray_send 线程\n");
thread_startup(thd_gray_send);
```

2. 数据采集线程 thread_gray_get

```
#include "includes.h"
extern sem_t SP;
//==========================================================
//函数名称:thread_gray_get
//函数返回:无
//参数说明:无
//功能概要:灰度图像采集
//内部调用:无
//==========================================================
void thread_gray_get(void)
```

```
    {
        while (1)
        {
            sem_take(SP,WAITING_FOREVER);              //获取一个信号量
            LCD_show_status(RUN);                      //LCD 显示正常运行
            LCD_DrawRectangle(30,24,214,195,RED);      //标注屏幕红框
            LCD_show_status(GETIMG);                   //LCD 显示获取图像
            image_orginal = cam_getimg_5656();
            sem_release(SP);                           //释放一个信号量
        }
    }
```

3. 数据发送线程 thread_gray_send

```
#include "includes. h"
extern sem_t SP;
// ================================================================
//函数名称:thread_gray_send
//函数返回:无
//参数说明:无
//功能概要:灰度图像发送
//内部调用:无
// ================================================================
void thread_gray_send(void)
{
    image_28     image_Gray_predict;                  //灰度推理输入图像数组指针
    while (1)
    {
        sem_take(SP,WAITING_FOREVER);                 //获取一个信号量
        LCD_show_status(SENDINGDATA);                 //LCD 显示发送数据
        Model_GetInputImg(image_orginal,image_Gray_predict);
        printf("sg\n");
        for(int h=2;h<30;h++)
        {
            for(int w=2;w<30;w++)
            {
                printf("%d ",image_Gray_predict[h][w]);
            }
            printf("\n");
        }
        printf("e\n");
        sem_release(SP);                              //释放一个信号量
    }
}
```

4. 运行流程

主线程创建并启动数据采集线程后，通过信号量机制循环调用 thread_gray_get 线程以及 thread_gray_send 线程，在 thread_gray_get 线程中通过 while 循环不断采集图像信息，并在 thread_gray_send 线程中通过 while 循环不断进行数据传输，终端运行界面如图 13-8 所示。

5. 结果采集

目前数据集格式默认是灰度，并通过 PC 端软件实现数据集的获取，运行 ".. \CH13-EORS\EORS_PC. exe" 文件，如图 13-9 所示。

图 13-8　灰度图像采集界面

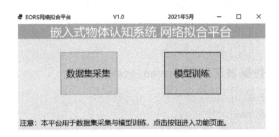

图 13-9　功能选择界面

接着单击"数据集采集"按钮，界面如图 13-10 所示。

图 13-10　保存数据界面

首先选择串口，单击"打开串口"按钮，随后单击"选择路径"按钮，出现选择文件路径界面，选择要保存的具体文件位置，最后单击"开始采集"按钮，这样采集到的图像数据便源源不断地通过串口传输并保存到 PC 端。此时存放数据集的文件名为"ModelTrain x 年 x 月 x 日 x 时 x 分模型 .txt"。

采集一张完整的图像数据后，系统会显示采集到的这张图像，如图 13-11 所示。

若显示的图像清晰且无其他干扰，满足采集要求，单击"确认保存"按钮，将本张图像添加到物体数据集中，否则单击"采集下一张"按钮，丢弃本张数据。

在采集完成所有的该图像数据集之后，将所有的 .txt 文本文件按照类别合并，存放在对应的 .txt 格式文件中。最后将文件名改为对应的类别名，如"0. txt""1. txt"…"9. txt"。

需要注意的是，在图像的采集即数据集的获取过程中，应对物体在整张图像中的相对位置与大

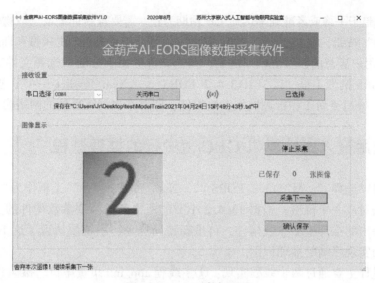

图 13-11 显示数据界面

小进行尺寸的全面采集。有了好的训练集就代表着有一本好的教材，这样才能够教出好的学生。

这样我们便完成了三个步骤中的第一步，即"标记"。

13.4.2 模型训练与部署

在嵌入式以及通用计算机系统中，我们用来判断看到的物体是什么的"知识"通常以"数据"的形式存储。因此，我们让系统学习的主要内容，就是让系统通过这些数据产生"模型"的算法。系统将采集到的数据集经过训练得到推理模型，在面对新的情况时，通过计算预测告诉我们系统认为的是什么。模型训练与部署过程如下所示：

1）打开".. \CH13-EORS\EORS_PC. exe"可执行文件，再次单击"模型训练"按钮，打开过程较为缓慢，打开时长大于 10 s，具体时间与个人计算机性能相关，请耐心等待不要多次单击。

2）训练模型的第一步是读取数据集，可以先使用该例程提供的数据集，存放在".. \Numbers"文件夹下，此时单击对应每个类别的数据集后的"选择文件"按钮，选择对应的数据集文件。在确定每个类别的训练集与测试集之后，再继续选择模型构件的保存位置。单击模型生成路径后的"选择路径"按钮，选择模型输出的文件夹。最后单击"开始训练"按钮，系统便开始训练模型。训练结束后，模型的测试准确率将会在提示窗口中显示，如图 13-12 所示。

3）训练完成后，若对模型准确率不满意，可继续单击"开始训练"按钮，继续对模型训练，

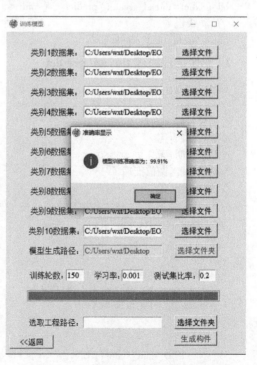

图 13-12 训练过程的准确率显示信息

直到模型准确率趋于平稳或者准确率达到用户预期为止。需要重新训练或选取物体种类时,可单击左下角"返回"按钮,进入上一个界面。注意,返回后将丢失目前的模型和训练进度。

4)在得到用户满意的模型准确率之后,单击软件界面下方的"选择文件夹"按钮,选择指定的 AHL-EORS 推理工程"..\CH13.4.2_EORS_..._Num_Predict……",选择完毕后再单击"生成构件"按钮更新工程推理模型参数构件,即对本次训练得到的网络模型进行再部署。

13.5 在通用嵌入式计算机 GEC 上进行的推理过程

用户此时可以选择"..\CH13.3_EORS_..._Num_Predict……"工程作为自己的样例工程,每一个样例工程对应一个模型,根据 13.4.2 小节的所提到的模型参数构件的更新方法,更新成用户自己训练出的推理模型参数构件,再重新编译烧录,系统便认识了这 10 个数字。下面将具体说明如何实现终端的推理识别。

图像推理过程主要通过两个线程实现:①主线程 app_init 负责串口、摄像头及 LCD 显示屏等外设的初始化,并创建用户线程 thread_predict;②thread_predict 为图像推理线程,通过 LCD 显示图像和推理结果。具体代码可参见"CH13.3_EORS_Num_Predict……"文件夹。

1. 主线程 app_init

声明和运行线程,在 includes.h 文件中声明图像推理线程函数。

```
void thread_predict();
```

在 threadauto_appinit.c 文件中创建图像推理线程并启动运行。

```
thread_t thd_predict;
//创建图像推理线程
thd_predict = thread_create("predict", (void *)thread_predict, 0, (1024 * 41), 11, 10);
//启动线程
thread_startup(thd_predict);
```

2. 图像推理线程 thread_predict

```
#include "includes.h"
//========================================================
//函数名称:thread_predict
//函数返回:无
//参数说明:无
//功能概要:图像推理
//内部调用:无
//========================================================
void thread_predict(void)
{
    uint16_t * mPrimitiveImagePtr;              //原始图像指针
    float * mPredictResultPtr;                  //推理输出数组指针
    float image_normalized[1][28][28];          //存放归一化后的数组
    image_28 mPredictImgeArray;                 //推理输入图像数组
    while (1)
    {
        LCD_show_status(RUN);
        LCD_DrawRectangle(30,24,214,195,RED);   //标注屏幕红框
```

```
//(2.2)从摄像头模块中获得 56×56 像素的彩色图像
LCD_show_status(GETIMG);                        //LCD 显示获取图像
//获取 56×56 像素的 16 位一维图像数组并在 LCD 显示图像
mPrimitiveImagePtr=cam_getimg_5656();
//(2.3)将一维图像数组转换为 28×28 像素的灰度数组同时对数组进行滤波操作
if(Model_GetInputImg(mPrimitiveImagePtr,mPredictImgeArray)==0)
{
    LCD_show_status(FILTERERROR);               //滤波背景失败
}
//(2.4)将图像载入模型进行推理并得到推理类别
else
{
    LCD_show_status(PRDICT);                     //LCD 显示推理
    //(2.4.1)进行归一化处理
    Model_Normalization(mPredictImgeArray,image_normalized);
    //(2.4.2)推理
    mPredictResultPtr=Model_PredictImage(image_normalized);
    //(2.4.3)输出结果
    LCD_show_result(mPredictResultPtr);
    }
  }
}
```

3. 运行流程和结果

主线程创建并启动推理线程后，thread_predict 线程开始执行，通过 while 循环不断获取图像并载入模型进行推理，最后输出推理结果，如图 13-13 所示，是推理识别数字 "2" 的正确显示。

图 13-13　推理识别数字 "2"

13.6　本章小结

人工智能要真正落地，必然是各种各样融入人工智能算法的具体产品，这些产品中计算机程序起到重要作用。当这些程序基于实时操作系统场景编程，将使得一个大的工程分解为一个个小工程，变得清晰、易维护、可移植。RT-Thread 可以很好地服务于嵌入式人工智能的编程场景，本章给出的基于 RT-Thread 的嵌入式物体认证系统，可以作为嵌入式人工智能入门的实践案例。

第14章　基于 RT-Thread 的 NB-IoT 应用开发

本章从技术科学角度，把 NB-IoT 应用知识体系归纳为终端 UE、信息邮局 MPO、人机交互系统 HCI 三个有机组成部分。针对终端 UE，以通用嵌入式计算机 GEC 概念为基础，基于 RT-Thread 实时操作系统，给出应用程序模板。针对信息邮局 MPO，将其抽象为固定 IP 地址与端口，给出云侦听程序模板；针对人机交互系统，给出 Web 网页及微信小程序模板。这些工作为"照葫芦画瓢"地进行具体应用提供共性技术，形成了以 GEC 为核心，以构件为支撑，以工程模板为基础的 NB-IoT 应用开发生态系统，可有效地降低 NB-IoT 应用开发的技术门槛。

14.1　窄带物联网应用开发概述

本节从物联网连接的分类、窄带物联网的起源及技术特点等角度给出窄带物联网简介；分析窄带物联网应用开发所面临的难题，并给出解决这些难题的基本对策；给出金葫芦 NB-IoT 开发套件的基本描述。

14.1.1　窄带物联网简介

窄带物联网（Narrow Band Internet of Things，NB-IoT）是第三代合作伙伴计划（3rd Generation Partnership Project，3GPP）于 2016 年 5 月完成其核心标准制定的一种蜂窝网络。主要面向低流量、低功耗的智能抄表、智能交通、工厂设备远程测控、智能农业、远程环境监测、智能家居等应用领域的新一代物联网通信体系，是 5G 时代低速率应用的一种通信模式。为了快速了解 NB-IoT，下面从物联网连接分类、NB-IoT 的起源、NB-IoT 技术特点等角度对 NB-IoT 做简要阐述。

1. 物联网无线通信连接方式的分类

从通信速率角度划分，可以将物联网连接分为高速率、中速率与低速率三种类型。针对不同的应用场景，需要选择合适的通信模式。

1）高速率（速率>1 Mbit/s）：以视频信息为特征，流量高，一般对功耗不敏感，如视频监控、远程医疗、机器人等，目前主要使用 4G、5G 网络。

2）中速率（100 kbit/s<速率<1 Mbit/s）：以语音及图片信息为特征，流量中等，一般对功耗不敏感，如内置语音功能的可穿戴设备、智能家防等。

3）低速率（速率<100 kbit/s）：以文本信息为特征，流量不高，一般对功耗敏感，如智能仪表、环境监测、智能家居、物流、不带语音功能的可穿戴设备、工厂设备远程控制等。若要实现广覆盖，则需要选择新型连接方式，如 NB-IoT。

2. NB-IoT 发展的简明历程

从 2014 年 5 月，华为提出 NB-M2M 技术，到 2016 年 5 月核心标准冻结，2018 年 1 月开始 NB-IoT 规模市场化应用，NB-IoT 的初期发站经历了酝酿、标准制定、开始应用三个阶段，表 14-1 给出了各阶段的主要标志。

表 14-1 NB-IoT 发展的简明历程

阶 段	年 月	阶段性标志
酝酿阶段	2014 年 5 月	华为提出 NB-M2M 技术
	2015 年 5 月	NB-M2M 技术与 NB-OFDMA 融合形成 NB-CIoT
	2015 年 5 月	爱立信和诺基亚联合推出窄带蜂窝技术 NB-LTE
	2015 年 7 月	NB-CIoT 与 NB-LTE 融合形成 NB-IoT
标准制定阶段	2015 年 9 月	3GPP 正式宣布 NB-IoT 标准立项
	2016 年 5 月	3GPP 完成 NB-IoT 物理层、核心部分、性能部分的标准制定
	2016 年 9 月	华为推出第一款正式商用的 NB-IoT 商用芯片
开始应用阶段	2016 年 12 月	NB-IoT 协议一致性测试完成，正式进入商用阶段
	2017 年 12 月	中国电信、中国移动、中国联通完成了部分 NB-IoT 基站建设
	2018 年 1 月	开始 NB-IoT 规模市场化应用

3. NB-IoT 的技术特点

概括地说，NB-IoT **技术有大连接、广覆盖、深穿透、低成本、低功耗等五个基本特点**。

1）大连接。在同一基站的情况下，NB-IoT 可以比现有无线技术提供 50～100 倍的接入数，每个基站的终端连接数可达 2 万。

2）广覆盖。一个基站可以覆盖几千米范围，对农村这样广覆盖需求的区域，也可满足。

3）深穿透。室内穿透能力强。对于厂区、地下车库、井盖这类对深度覆盖有要求的应用也可以适用。以井盖监测为例，使用 GPRS 方式需要伸出一根天线，车辆来往极易损坏，NB-IoT 只要部署得当，可以解决这一难题。

4）低成本。体现在三个方面：一是在建设期可以复用原先的设备，从而降低成本；二是流量费用低；三是终端模块成本低（目前仅几十元，随着大规模应用，还将逐步降低）。

5）低功耗：终端工作在低功耗模式下，终端电池工作时间长达 10 年之久。

14.1.2 NB-IoT 应用开发所面临的难题及解决思路

虽然 NB-IoT 具有广阔的应用前景，但 NB-IoT 应用开发涉及传感器应用设计、微控制器编程、终端 UE 的 NB-IoT 通信、数据库系统、PC 方侦听程序设计、人机交互系统（HCI）的软件设计等过程，是一个融合多学科的综合性系统，因而具有较高的技术门槛。

1. NB-IoT 应用开发所面临的难题

在相当长的一段时间内，物联网智能制造系统已经受到许多实体行业的广泛重视。然而，**进行物联网智能系统的软硬件设计往往具有较高的技术门槛**，主要表现在：需要软硬件协同设计，涉及软件、硬件及行业领域知识；一些系统具有较高的实时性要求；许多物联网智能产品必须具有较强的抗干扰性与稳定性；开发过程中需要不断的软硬联合测试等。因此开发物联网智能产品会出现成本高、周期长、稳定性难以保证等困扰，对技术人员的综合开发能力提出了更高的要求，这些问题是许多中小型终端产品企业技术转型的重要瓶颈之一。

大多数具体的物联网智能系统是针对特定应用而开发，**许多终端企业的技术人员往往从"零"做起**，对移植与复用重视不足，新项目的大多数工作必须重新开发，不同开发组之间也难以共用技术积累。通常，系统的设计、开发与维护交由不同的人员负责，由于设计思想不统一，会使人员分工不明确、开发效率低下，给系统的开发与维护工作带来更多的困难。

2. 解决 NB-IoT 应用开发所面临难题的基本思路

解决 NB-IoT 应用开发所面临难题的基本思路是：从技术科学层面，研究抽象物联网应用系统的技术共性，加以提炼分析，形成可复用、可移植的构件、类、框架。实现整体建模，合理分层，达到软硬可复用与可移植的目的。因此，本章提出物联网智能系统的应用架构及应用方法，给出软硬件模板（"葫芦"），以便使技术人员可以在此模板基础上，进行特定应用的开发（"照葫芦画瓢"）。这个架构抽象物联网智能系统的共性技术、厘清共性与个性的衔接关系、封装软硬件构件、实现软件分层与复用，以此来有效降低技术门槛、缩短开发周期、降低开发成本、明确人员职责定位、减少重复劳动、提高开发效率。从形式上说，可以把这些内容称为"中间件"。它不是终端产品，但为终端产品服务，有了它，可以较大地降低技术门槛。

14.1.3 直观体验 NB-IoT 数据传输

为了快速从感性上先认识一下 NB-IoT 的通信过程，下面介绍如何通过微信小程序、Web 页面等来查看苏州大学 NB-IoT 终端（简称苏大终端）的数据。

1. 通过微信小程序体验数据传输

为了方便体验 NB-IoT 的通信过程，苏州大学嵌入式人工智能与物联网实验室发布了一个可以获取终端 UE 数据，并可对终端 UE 进行干预的微信小程序"窄带物联网教材"。运行方法是：在安装了微信的手机上，通过微信扫描图 14-1 所示的二维码，即可访问 NB-IoT 微信小程序。也可以打开手机微信→发现→小程序→搜到"窄带物联网教材"后，单击即可访问。运行微信小程序后，将进入主页面，"实时数据"页面主要是显示苏大终端实时发来的数据。

图 14-1　AHL-NB-IoT 微信小程序二维码

2. 通过网页体验数据传输

通过搜索引擎搜索"苏州大学嵌入式学习社区"官网，随后进入金葫芦专区→窄带物联网教材→金葫芦 Web 实时数据网页，即可进入已经发布的 NB-IoT 通信实例 Web 页面，如图 14-2 所示。由于网站兼容性问题，建议使用谷歌或 IE10 以上浏览器。

图 14-2　Web 页面实时数据界面

14.1.4　金葫芦 NB-IoT 开发套件简介

为了能够实现"照葫芦画瓢"这个核心理念，首先要设计好"葫芦"。为此设计了金葫芦 NB-IoT 开发套件。该套件不同于一般评估系统，它根据软件工程的基本原则设计了各类的标准模板（"葫芦"），为"照葫芦画瓢"打下坚实基础，该套件由文档、硬件、软件三个部分组成。

1. 金葫芦 NB-IoT 开发套件设计思想

金葫芦 NB-IoT 开发套件关键特点在于完全从实际产品可用角度设计终端 UE 板，一般"评估板"与"学习板"，仅为学习而用，并不能应用于实际产品。该套件的软件部分给出了各组成要素的较为规范的模板，且注重文档撰写。设计思想及基本特点主要有：立即检验 NB-IoT 通信状况、透明理解 NB-IoT 通信流程、实现复杂问题简单化、兼顾物联网应用系统的完整性、考虑组件的可增加性及环境多样性、考虑"照葫芦画瓢"的可操作性。

2. 金葫芦 NB-IoT 开发套件硬件组成

金葫芦 NB-IoT 开发套件的硬件部分由金葫芦 NB-IoT 主板、TTL-USB 串口线、彩色 LCD 等部分组成，金葫芦 NB-IoT 主板实物，如图 14-3 所示。

图 14-3　金葫芦 NB-IoT 开发套件主板实物图

金葫芦 NB-IoT 的硬件设计目标是将 MCU、通信模组、电子卡、MCU 硬件最小系统等形成一个整体，集中在一个 SOC 片子上，能够满足大部分的终端 UE 产品的设计需要。金葫芦 NB-IoT 内含电子卡，在业务方面，包含一定流量费。在出厂时含有硬件检测程序（基本输入输出系统 BIOS+基本用户程序），直接供电即可运行程序，实现联网通信。金葫芦 NB-IoT 的软件设计目标是把硬件驱动按规范设计好并固化于 BIOS，提供静态连接库及工程模板（"葫芦"），可节省开发人员大量时间，同时给出与人机交互系统（HCI）的工程模板级实例，并开源全部用户级源代码，可以实现快速应用开发。

3. 硬件测试导引

产品出厂时已经将测试工程下载到 MCU 芯片中，可以连接上 IP 为 116.62.63.164、端口为 20000 的云服务器，测试步骤如下：

1）通电。使用盒内双头一致的 USB 线给开发套件供电，注意不能接错口。正确的接法如图 14-4 所示。电压为 5 V，可选计算机、手机充电器、充电宝等的 USB 口（注意供电要足），不要使用其他的 USB 口供电，否则有烧坏的可能。

2）观察。上电之后，正常情况下，如图 14-4 液晶屏显示，AHL- NB-IoT 上红灯亮，同时 LCD 屏显示初始数据，并显示"AHL Send Successfully"字样；若显示"AHL link base error"字样，请将设备置于开阔地带上电，以保证信号源稳定，若仍旧无法连接成功，可联系当地电信运营商咨询附近是否部署 NB 基站。

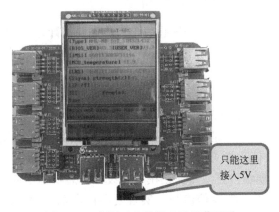

只能这里
接入 5V

图 14-4　电源正确接线以及屏幕显示

14.2　NB-IoT 应用架构及通信基本过程

本节从 NB-IoT 应用开发共性技术的角度，把 NB-IoT 应用架构抽象为 NB-IoT 的终端、信息邮局、人机交互系统三个组成部分，分别给出其定义。理解了这些概念，NB-IoT 应用开发技术的基本要素也就一目了然。本节还给出从信息邮局角度理解终端与人机交互系统的基本通信过程。

14.2.1　建立 NB-IoT 应用架构的基本原则

运营商建立 NB-IoT 网络，其目的是为 NB-IoT 应用产品提供信息传送的基础设施。有了这个基础设施，NB-IoT 应用开发研究及物联网工程专业的教学就可以进行。但是，NB-IoT 应用开发涉及许多较为复杂的技术问题。上一节中，提出的解决 NB-IoT 应用开发所面临难题的基本思路是：从技术科学层面，研究抽象 NB-IoT 应用开发过程的技术共性。

本节将遵循由个别到一般、又由一般到个别的哲学原理，从技术科学范畴，以面向应用的视角，抽取 NB-IoT 应用开发的技术共性，建立起能涵盖 NB-IoT 应用开发知识要素的应用架构，为实现快速规范的应用开发提供理论基础。

从个别到一般，就是要把 NB-IoT 应用开发所涉及的软件硬件体系的共性抽象出来，概括好、梳理好，建立与其知识要素相适应的抽象模型，为具体的 NB-IoT 应用开发提供模板（"葫芦"），为"照葫芦画瓢"提供技术基础。

从一般到个别，就是要厘清共性与个性的关系，充分利用模板（"葫芦"），依据"照葫芦画瓢"方法，快速实现具体应用的开发。

14.2.2　终端、信息邮局与人机交互系统的基本定义

NB-IoT 应用架构（Application Architecture）是从技术科学角度整体描述 NB-IoT 应用开发所涉及的基本知识结构，主要体现开发过程所涉及的微控制器、NB-IoT 通信、人机交互系统等层次。

从应用层面来说，NB-IoT 应用架构可以抽象为 NB-IoT 终端、NB-IoT 信息邮局、NB-IoT

人机交互系统三个组成部分，如图 14-5 所示，这种抽象为深入理解 NB-IoT 的应用层面开发共性提供理论基础。

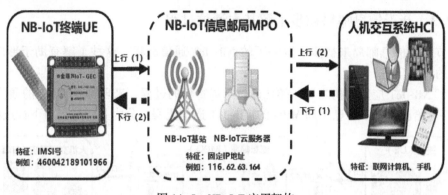

图 14-5 NB-IoT 应用架构

1. NB-IoT 终端 UE

NB-IoT 终端（Ultimate-Equipment，UE）[⊖]是一种以微控制器为核心，具有数据采集、控制、运算等功能，带有 NB-IoT 通信功能，甚至包含机械结构，用于实现特定功能的软硬件实体。如 NB-IoT 燃气表、NB-IoT 水表、NB-IoT 电子牌、NB-IoT 交通灯、NB-IoT 智能农业设备、NB-IoT 机床控制系统等。

UE 一般以 MCU 为核心，辅以通信模组及其他输入输出电路构成，MCU 负责数据采集、处理、分析，干预执行机构，以及与通信模组的板内通信连接，通信模组将 MCU 的板内连接转为 NB-IoT 通信，以便借助基站与远程服务器通信。UE 甚至可以包含短距离无线通信机构，与其他物联网节点实现通信。

2. NB-IoT 信息邮局 MPO

NB-IoT 信息邮局（Message Post Office，MPO）是一种基于 NB-IoT 协议的信息传送系统，由 NB-IoT 基站 eNodeB（eNB）[⊜]与 NB-IoT 云服务器组成。在 NB-IoT 终端 UE 与 NB-IoT 人机交互系统 HCI 之间起信息传送的桥梁作用，由信息运营商负责建立与维护。

从物理角度来看，NB-IoT 基站由户外的铁塔与 NB-IoT 基站路由器构成。铁塔是基站路由器支撑机构，其作用是把 NB-IoT 基站路由器高高地挂起，提高 NB-IoT 基站路由器的无线覆盖范围。从应用开发用户编程角度来看，NB-IoT 基站路由器是个中间过渡，编程者可以忽略它。

信息邮局中的云服务器（Cloud server，CS），可以是一个实体服务器，也可以是几处分散的云服务器，对编程者来说，它就是具体信息侦听功能的固定 IP 地址与端口。这是要向信息邮局运营商或第三方机构申请并交纳费用的。

3. NB-IoT 人机交互系统 HCI

NB-IoT 人机交互系统（Human-Computer Interaction，HCI）是实现人与 NB-IoT 信息邮局（NB-IoT 云服务器）之间信息交互、信息处理与信息服务的软硬件系统。目标是使人们能够利用个人计算机、笔记本计算机、平板计算机、手机等设备，通过 NB-IoT 信息邮局，实现获取 NB-IoT 终端的数据，并可实现对终端的控制等功能。

⊖ 终端的英文是 Ultimate-Equipment，简写为 UE，人们也称为 User-Equipment，简写仍为 UE，是一种巧合。因此 UE 可以代表终端设备，也可以代表用户设备，含义一致。

⊜ eNB：evolved Node B，演进型基站。

从应用开发角度来看，人机交互系统 HCI 就是与信息邮局 MPO 的固定 IP 地址与端口打交道，通过这个固定 IP 地址与端口，实现与终端 UE 的信息传输。

14.2.3 基于信息邮局初步了解基本通信过程

本小节基于信息邮局来初步了解一下的 NB-IoT 通信流程。这种了解有助于形成 NB-IoT 应用开发的编程蓝图。

在有了 NB-IoT 应用架构之后，类比通过邮局寄信的过程，来理解 NB-IoT 的通信过程。

图 14-6 给出了基于信息邮局 MPO 的 NB-IoT 通信流程，分为上行过程与下行过程。

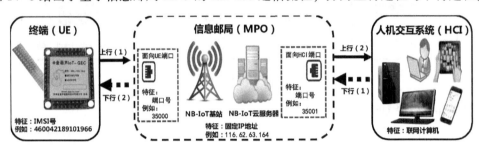

图 14-6　基于信息邮局 MPO 的 NB-IoT 通信流程

设云服务器的 IP 地址为 IPa（例如：116.62.63.164），面向终端的端口号为 Px（例如：32221），面向人机交互系统的端口号为 Py（例如：32222）。

1. 数据上行过程

UE 要"寄"信息过程（上行过程）：UE 有个唯一标识——SIM 卡号，即 IMSI（自身地址，即寄件人地址）；对方地址是个中转站（这就是收件人地址了），即固定 IP 地址与端口；信息邮局把通过安装在通信铁塔上基站传来的"信件"送到固定 IP 地址与端口这个中转站；人机交互系统"侦听"着这个固定 IP 地址与端口，一旦来"信"，则把"信件"取走。具体流程简要描述如下：

1）在云服务器上运行云侦听 CS-Monitor 程序，该程序中设定云服务器面向终端的端口为"IPa:Px"，它把"耳朵竖起来"，侦听着是否有终端发来的数据；同时该程序打开面向人机交互系统客户端的端口"IPa:Py"，等待客户端的请求。

2）在人机交互系统的客户端计算机上运行客户端程序，建立与云服务器的连接。

3）终端会根据云服务器面向终端的端口"IPa:Px"，通过基站与云服务器建立连接，并将数据发送给云服务器，云服务器将收到的数据存入数据库的上行表中。

4）人机交互系统客户端有一个专门负责侦听云服务器是否发送数据的线程，当侦听到有数据发送来时，对这些数据进行解析和处理。

2. 数据下行过程

HCI 要"寄"信息给终端 UE 过程（下行过程）：把标有收件人地址（UE 的 SIM 卡号）"信件"送到固定 IP 地址与端口，信息邮局 MPO 会根据收件人地址送到相应的终端。

当然这个过程的实际工作要复杂得多，但从应用开发角度这样理解就可以了，信息传送过程由信息邮局负责，NB-IoT 应用产品开发人员只需专注于终端的软硬件设计，以及人机交互系统的软件开发。

14.3　终端与云侦听程序的通信过程

NB-IoT 终端负责数据采集及基本运行，控制执行机构，并把数据送往信息邮局，此时信息邮局已经抽象成具有固定 IP 地址的云服务器的某一端口。信息邮局 MPO 则"竖起耳朵"侦听着 UE 发来的数据，一旦"听"到数据，就把它接收下来存入数据库，这就是数据上行过程。反之，MPO 下发数据到 UE（以 IMSI 号作为其唯一标识），触发 UE 内部中断接收数据，这就是数据下行过程。

14.3.1　基于 RT-Thread 的终端模板工程设计

终端模板工程在"User_NB"文件夹。下面介绍终端的运行过程，包括线程启动和分线程运行。

1. UE 硬件接口描述

表 14-2　硬件接口相关介绍

硬件模块	名　称	引脚或模块	备　注
红色指示灯	LIGHT_RED	（PTB_NUM|7）	初始化小灯时，将其设置为 GPIO 输出模式，设置为亮
UE 串口	UART_UE	UART_1	
TSI 触摸	GPIO_TSI	（PTD_NUM|2）	
定时器	TIMER_USER	TIMERC	
光照采集通道	AD_LIGHT	13（PTC_NUM|4）	
内部温度采集通道	AD_MCU_TEMP	17	内部温度检测，需要使能 TEMPSENSOR

2. UE 程序功能

1）初始化部分。上电启动后初始化工作主要包括：①给通信模组供电；②初始化红色运行指示灯、Flash 模块、LCD 模块，初始化 TIMERC 定时器为 20 ms 中断；③设置系统时间初值："年-月-日时：分：秒"；④使能 TIMERC 中断及 TSI 中断；⑤通信模组初始化，其过程信息显示在 LCD 上，包括 IMSI 卡号、MCU 温度［MCU_temperature］、定位信息［LBS］、信息邮局 MPO 的 IP 地址及端口［IP:PT］、触摸次数［TSI］、发送频率［Freq］等，同时显示相关提示信息。

2）周期循环功能主要包括：①每秒更新 LCD 上的显示时间；②控制运行指示灯每秒闪烁一次；③根据发送频率，定时向 CS-Monitor 发送数据；④当触摸按键 TSI 次数达到 3 的倍数时，则重新发送数据；⑤接收 CS-Monitor 回发的数据；⑥根据下行命令修改存储在 Flash 中的相关参数。

3）中断处理程序功能：①在 TIMERC 中断处理程序中进行计时；②TSI 中断主要是记录 TSI 有效触摸次数，并显示在 LCD 上；③MCU 与通信模组相连接的串口中断，UE 与 CS-Monitor 通信使用该中断。

3. 线程划分

按照功能集中原则、时间紧迫原则及周期执行原则进行线程的划分。

1）初始化线程 thread_init，负责完成上电启动后的初始化工作。

2）小灯线程 thread_light，负责的功能包括：①控制运行指示灯每秒闪烁一次；②每秒更新 LCD 时间；③每到发送频率 30 s 时，将待发送数据组帧放入消息队列 mq_data 中并设置数据发送事件 SEND_EVENT。

3）TSI 触摸线程 thread_touch，负责的功能是：当触摸次数达到 3 的倍数时，将待发送数据放入消息队列 mq_data，设置数据发送事件 SEND_EVENT。

4）发送数据线程 thread_send，负责的功能是：从消息队列 mq_data 中取出待发送数据，然后发送给 CS-Monitor。

5）接收数据线程 thread_receive，在中断处理程序接收到来自 CS-Monitor 的回发数据并判断数据无误后，存入全局变量 g_RecvBuf 中，由该线程对 g_RecvBuf 进行处理并修改存储在 Flash 中的相关参数。

4. 线程和中断处理程序执行流程

终端模板工程在 RT-Thread 系统下实现，运行流程主要由 5 个线程 thread_init.c、thread_light.c、thread_touch.c、thread_send.c、thread_receive.c 及中断处理程序 6 个部分组成。因该程序代码量较大，这里给出各线程执行流程，如图 14-7 所示，以及中断处理程序执行流程，如图 14-8 所示。

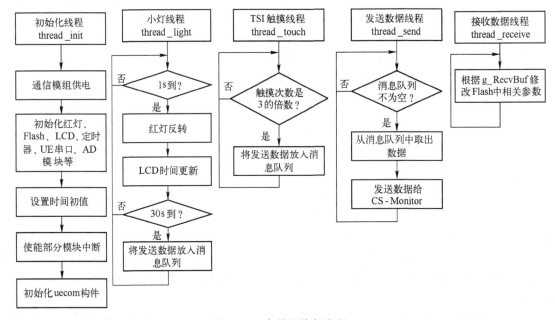

图 14-7　各线程执行流程

14.3.2　云侦听模板工程功能简介

云侦听程序（CS-Monitor）是指运行在云服务器上的、负责侦听终端和人机交互系统（包括 Web、微信小程序等）并对数据进行接收、存储和处理的程序。可以形象地理解，云服务器"竖起耳朵"侦听着 UE 发来的数据，一旦"听"到数据，就把它接收下来，因此称为"CS-Monitor"，云侦听模板工程在"CS-Monitor"文件夹下。

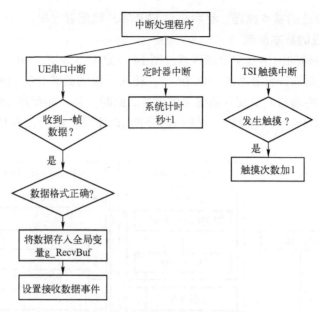

图 14-8　中断处理程序执行流程

1. 界面加载处理程序

界面加载过程主要包括：①从 Program.cs 文件的应用程序主入口点 main 函数开始执行，创建并启动主窗体 FrmMain；②在主窗体加载事件处理程序 FrmMain_Load 中初始化数据库表结构，然后跳转至实时数据界面 frmRealtimeData 窗体运行；③在 frmRealtimeData 窗体中，动态加载界面待显示数据的标签和文本框，显示侦听终端 UE 的 IMSI 号，侦听面向终端数据的端口，将 IoT_rec 函数注册为接收终端 UE 上行数据的事件处理程序，最后开启 websocket，服务于 UE 回发数据，以及 CS-Monitor 与 HCI 的数据交互。

2. 云侦听事件处理程序

云侦听事件包括接收终端数据的 DataReceivedEvent 事件和接收人机交互系统数据的 On-Message 事件。DataReceivedEvent 事件绑定的处理函数是 IoT_recv，其主要功能包括：①解析并显示 UE 的数据；②将数据存入数据库的上行表中；③向 HCI 广播数据到达信息。OnMessage 事件主要功能包括：①接收 HCI 发来的数据；②将数据回发给 UE。

3. 控件单击事件

控件单击事件包括"清空"和"回发"按钮事件，以及实时曲线、历史数据、历史曲线、基本参数、帮助和退出等菜单栏单击事件。"清空"按钮事件主要功能是清除实时数据界面的文本框内容，"回发"按钮事件主要功能是在指定的回发时间内将更新后的数据发送给 UE。

14.3.3　建立云侦听程序的运行场景

在 NB-IoT 的通信模型中，终端的数据是直接送向具有固定 IP 地址的计算机，本书把具有固定 IP 地址的计算机统称为"云平台"，云侦听程序（CS-Monitor）需要运行在云平台上，才能正确接收终端的数据，并建立上下行通信。我们利用 SD-ARM 租用的固定 IP 地址"116.62.63.164"（域名为 suda-mcu.com），拿出 7000~7009 十个端口，服务于本书教学，这个服务器简称为"苏大云服务器"。在此服务器上，运行了内网穿透软件快速反向代理（Fast Reverse Proxy，FRP）的服务器端，将固定 IP 地址与端口"映射"到读者计算机上。下面首先简要介绍 FRP 内网穿透的基本原理，然后给出 FRP 客户端配置方法。

1. FRP 内网穿透的基本原理

采用 FRP 内网穿透的网络基本原理可通过图 14-9 来基本理解。FRP 服务端软件将内网的 CS-Monitor 服务器映射到云服务器的公网 IP 上，接入外网的读者计算机和云服务器一起组成了新的信息邮局，为终端与人机交互系统提供服务。此时，客户端程序 CS-Client、Web 程序、微信小程序、Android App、终端都可以像访问公网 IP 那样，访问读者计算机上运行的 CS-Monitor 服务器了。

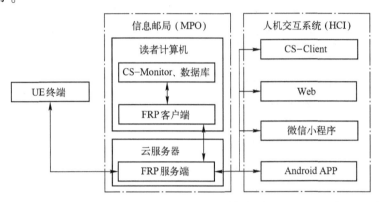

图 14-9　FRP 内网穿透拓扑图

2. 利用苏大云服务器搭建读者的临时服务器

CS-Monitor 的运行需要两个端口，一个服务于 UE，另一个服务于 HCI。假设读者手中的终端 UE 的卡号（IMSI 号）为"460113003225036"，面向终端的映射名称为"UE_map"，本机服务侦听的 UE 端口为 32221，映射到公网的 UE 端口为 32221，这两个端口号（32221）必须相同；面向人机交互系统各客户端的映射名称为"HCI_map"，本机服务侦听的 HCI 端口为 32222，映射到公网的 HCI 端口为 32222，这两个端口号（32222）必须相同。

（1）复制 FRP 文件夹

将电子资源中 frp 文件夹复制到读者计算机的 C:盘根文件夹下，就完成了 FRP 客户端的安装，即 C:盘具有了"C:\frp"文件夹，这就是读者计算机上的 FRP 客户端软件文件夹。

（2）修改客户端配置文件 frpc.ini

在读者计算机上，用记事本打开"C:\frp\frpc.ini"文件并进行修改，有关需要配置字段的说明如表 14-3 所示。

表 14-3　配置文件字段说明

字　　段	说　　明
server_addr	云服务器 IP 地址，设置为 116.62.63.164（苏大云服务器）
server_port	FRP 服务器侦听端口，可设置 7000-7009 中的一个端口号
[xxx_map]	xxx_map 为映射名称，读者可自定义，不重复即可
type	连接类型，设置为 tcp
local_ip	读者计算机的 IP 地址，一般直接使用 0.0.0.0
local_port	本机服务侦听的端口，范围为 0-65535（其中 80 和 443 不能使用），可自定义，不重复即可
remote_port	映射到公网的端口，范围为 0-65535（其中 80 和 443 不能使用），可自定义，不重复即可
#	用于注释说明

"C:\frp\frpc.ini" 文件的内容如下：

```
#frpc.ini
[common]
server_addr = 116.62.63.164
#FRP 服务器端口,苏大云服务器提供了 7000~7009 十个端口,读者可选用其中之一
server_port = 7000
#UE 的内网穿透配置,可修改,不重复即可
[UE_map]
#连接类型为 tcp
type = tcp
#读者计算机的 IP
local_ip = 0.0.0.0
#本机端口,范围为 0~65535(其中 80 和 443 不能使用),读者可自定义,不重复即可
local_port = 32221
#映射到公网的端口,与 local_port 相同
remote_port = 32221
#HCI 的内网穿透配置,可修改,不重复即可
[HCI_map]
#连接类型为 tcp
type = tcp
#读者计算机的本机 IP
local_ip = 0.0.0.0
#本机端口,范围为 0~65535(其中 80 和 443 不能使用),读者可自定义,不重复即可
local_port = 32222
#映射到公网的端口,与 local_port 相同
remote_port = 32222
```

通过以上配置，就可以将面向终端服务的本地计算机 IP 和端口（0.0.0.0:32221）映射到云服务器 IP 和端口（116.62.63.164:32221），将面向人机交互系统服务的本地计算机 IP 和端口（0.0.0.0:32222）映射到云服务器 IP 和端口（116.62.63.164:32222 或 suda-mcu.com:32222），如表 14-4 所示。

表 14-4　云服务器与本地计算机的映射关系

功　能　名　称	本地计算机 IP 和端口	映射的云服务器 IP 和端口
UE 服务	0.0.0.0:32221	116.62.63.164:32221
HCI 服务	0.0.0.0:32222	116.62.63.164:32222 或 suda-mcu.com:32222

（3）启动 FRP 客户端

双击 "C:\frp\frp.bat"，启动 FRP 客户端。若成功启动 FRP 服务端，则命令行会提示以下信息：

```
2021/03/16 16:02:40 [I] [proxy_manager.go:144] [36936630d83c7cce]… : [UE_mapcl HCI_mapcl]
2021/03/16 16:02:40 [I] [control.go:164] [36936630d83c7cce] [UE_mapcl] start proxy success
2021/03/16 16:02:40 [I] [control.go:164] [36936630d83c7cce] [HCI_mapcl] start proxy success
```

至此，FRP 客户端已经启动，读者的临时服务器已经搭建完毕，终端是与 "116.62.63.164:32221" 这个地址及端口打交道，人机交互系统是与 "116.62.63.164:32222" 这个地址及端口打交道。接下来，将介绍云侦听程序 CS-Monitor 与终端模板工程的设置及运行。

14.3.4 运行云侦听与终端模板工程

在完成 14.3.3 小节工作并启动了 FRP 客户端后，读者就拥有了自己的临时云服务器，形象地说，拥有了"一朵临时云"，它是运行 CS-Monitor 程序的基础。

1. 运行终端模板工程

为了对终端模板工程有个初步的认识，下面简要阐述运行终端程序的基本步骤。

（1）修改 UE 数据送向的 IP 地址与端口号

利用开发环境 AHL-GEC-IDE 打开电子资源中的"User_NB"终端模板工程，打开 thread_linkcs. c 线程文件，修改 FlashData，服务器 IP 地址修改为 116.62.63.164，服务器端口修改为 32221（此端口号为面向终端的端口号）。此时，就确定了 UE 的数据是发向 116.62.63.164：32221 这个地址和端口的。

（2）编译下载

对修改好的 UE 程序进行编译，建议先删除 Debug 文件再进行编译，将编译好的 hex 文件烧录进 UE 中。

（3）观察 UE 的运行情况

完成前面两个步骤后，读者可以观察 UE 的 LCD 屏幕对应的服务器 IP 和服务器端口号是否与上面所设置的一致，若相同则表示读者已经完成了自己的 UE 的基本配置，此时若直接上电运行，会发现 LCD 屏幕初始化失败，屏幕最下方提示"AHL. . . . Link CS-Monitor Error"。产生该错误信息的原因是读者未启动 CS-Monitor 侦听程序，UE 与 CS-Monitor 通信过程无法交互，下面将介绍运行 CS-Monitor 模板工程。

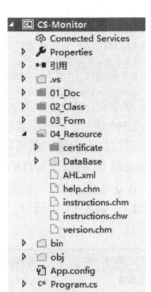

图 14-10　CS-Monitor 工程目录

2. 运行 CS-Monitor 模板工程

（1）修改"AHL. xml"文件的连接配置

本书电子资源所提供的 CS-Monitor 无法直接在新服务器上正常工作，因为运行的环境已经发生了变化，读者需要根据自己设置的 FRP 客户端或云服务器对端口进行修改。

打开电子资源中的 CS-Monitor 工程，如图 14-10 所示。其中"04_Resource\AHL. xml"是 CS-Monitor 提供给读者配置服务器地址、侦听 UE 端口号和 HCI 端口号的文件。

1）设置面向终端 UE 的端口号

HCIComTarget 值表示 CS-Monitor 面向 UE 的 IP 地址和端口号，由于侦听的是本地的 32221 端口，故使用"local：32221"表示。

```
<!--【2】【根据需要进行修改】指定 HCICom 连接与 WebSocket 连接-->
<!--【2.1】指定连接的方式和目标地址-->
<!--例<1>：监听本地的 32221 端口时,使用"local：32221"表示-->
<HCIComTarget>local：32221</HCIComTarget>
```

2）设置面向 HCI 的端口号

WebSocketTarget 键值是表示 CS-Monitor 面向 HCI 的 IP 地址和端口号，由于侦听的是本地的 32222 端口，故使用"ws：//0. 0. 0. 0：32222"。WebSocketDirection 键值是表示 WebSocket 服

务器二级目录地址，此处设置为 "/wsServices/"。

```
<!--【2.2】指定 WebSocket 服务器地址和端口号与二级目录地址-->
<!--【2.2.1】指定 WebSocket 服务器地址和端口号-->
<WebSocketTarget>ws://0.0.0.0:32222</WebSocketTarget>
<!--【2.2.2】指定 WebSocket 服务器二级目录地址-->
<WebSocketDirection>/wsServices/</WebSocketDirection>
```

（2）运行 CS-Monitor 程序

单击 "启动" 按钮，就可以运行 CS-Monitor 程序，此时，若终端未启动或未重新发送数据，则出现如图 14-11 所示的结果，界面上各文本框的内容为空。

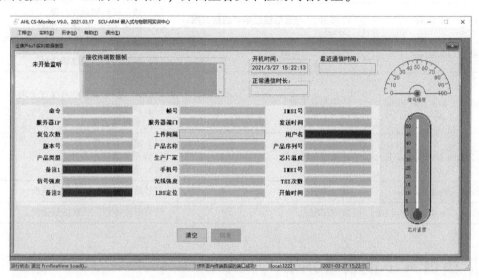

图 14-11　CS-Monitor 运行情况

当终端重新启动后，LCD 屏幕上出现发送数据成功的提示 "AHL Send Successfully"，就可以在 CS-Monitor 中看到终端发来的数据，如图 14-12 所示。CS-Monitor 程序还提供了实时曲线、历史数据、历史曲线、终端 UE 基本参数配置、程序使用说明和退出等功能。

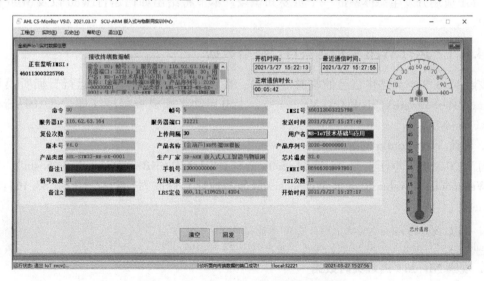

图 14-12　CS-Monitor 侦听到终端数据

14.3.5 通信过程中常见错误说明

要实现终端和 CS-Monitor 之间的正常数据通信，需要确保以下几步正确执行：①设置并启动 FRP 客户端；②您的计算机已联网；③设置并启动 CS-Monitor；④设置并启动终端。否则，"运行状态"将会提示错误信息，如表 14-5 所示。

表 14-5 AHL-NB-IoT 开发套件错误提示对应表

错 误 提 示	提 示 含 义	可能原因及解决办法
LCD 不显示、红灯不闪烁		供电有误，重新上电尝试
AHL Init .. AT Error	内部 MCU 与通信模组串口通信失败	(1) 通信模组初始化有误 (2) 偶尔出现，会继续尝试
AHL Init .. sim Error	读取 sim 卡失败	(1) 通信模组与 sim 卡通信有误 (2) 偶尔出现，会继续尝试
AHL Init ... link base Error	连接基站失败	(1) 无基站 (2) 离基站太远，信号强度太弱 (3) 供电不足 (4) 会继续尝试
AHL.... Link CS-Monitor Error	连接服务器失败	(1) SIM 卡欠费 (2) 服务器程序未开启 (3) 会继续尝试
Send Error：Send Not Start	发送失败	信号质量不好，观察信号强度
Send Error：Send Data Not OK	发送超时	信号质量不好，观察信号强度

14.4 通过 Web 的数据访问

Web 程序是一种可以通过浏览器访问的应用程序，其最大的优点是用户容易对其访问，只需要一台已经联网的计算机即可通过 Web 浏览器进行访问，不需要安装其他软件。通过 Web 访问 NB-IoT 终端，获取终端数据，实现对终端的干预，是 NB-IoT 应用开发的重要一环，也是 NB-IoT 应用开发生态体系的一个重要知识点。本节将给出如何运行 Web 以及 Web 模板工程结构。

14.4.1 运行 Web 模板观察自己终端数据

按照 14.3.3 小节搭建自己的临时服务器，然后启动 FRP 客户端。运行云侦听模板程序（即".. \04-Software\CH14\CS-Monitor"），上电启动终端模板程序（即".. \04-Software\CH14\User-NB"）。

1. 修改 Web. config 的配置

用 VS2019 打开电子资源".. \04-Software\CH14\ AHL-NB-WEB\ US-Web. sln"，将配置文件 Web. config 中 value 值（即 WebSocket 服务器地址）修改为"ws：//116. 62. 63. 164：35001/wsServices"。

```
<!--更改此处的 value 为苏大云服务器 IP 地址和端口号-->
<add key="connectionPathString" value="ws://116.62.63.164:32222/wsServices"/>
```

2. 观察 NB-IoT 终端实时数据

单击顶部菜单中的 ▶ IIS Express (Google Chrome) 按钮可运行该工程，出现如图 14-13 所示的页面。也可更改默认的浏览器，单击 ▶ IIS Express (Google Chrome) 菜单右侧的下拉箭头，选择"使用以下工具浏览"，此时会弹出一个对话框，在对话框右侧选择常用的浏览器，并单击右侧的"设为默认值"按钮，接着单击"浏览"按钮，可完成更改。进入首页之后单击"实时数据"菜单，可以显示终端 UE 的实时数据，可以观察到"实时数据"页面中的 IMSI 号与终端的 IMSI 号一致（设读者终端的 IMSI 号为 460113003239817），表示此时网页上的数据确实是终端的数据。若网页无数据，可重新给终端上电，再继续观察。

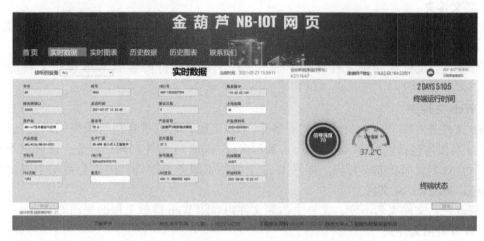

图 14-13　Web 网页"实时数据"页面

3. 数据回发

实时数据侦听网页在接收到数据后的 30 s 内，可修改页面中白色背景的输入框中的数据，并单击"回发"按钮，将数据更新到终端中。如果终端的数据得到更新，则表示数据已成功传输到终端。读者也可以触摸终端的 TSI 触摸键位置 3 下，触发终端再次上传数据操作，如果在网页上更新了刚刚修改的数据，可验证数据确实回发至终端。

14.4.2　NB-IoT 的 Web 模板工程结构

图 14-14 给出了 Web 模板的树形工程结构，其物理组织与逻辑组织一致。该模板是在 Visual Studio 2019（简称 VS2019）开发环境下，基于 ASP. NET 的 Web 而制作的。

目录	说明
▷ 📁 01_Doc	Web 模板工程说明文档文件夹
⊿ 📁 02_Class	抽象提取的类
▷ 📁 DataBase	数据库操作相关类
▷ 📁 FineUI	引用 FineUI 的类
▷ 📁 Frame	帧封装类
▷ 📁 03_Web	Web 网页文件夹
⊿ 📁 04_Resources	引用的资源文件夹
▷ 📁 css	样式表文件夹
▷ 📁 icon	图标文件夹
▷ 📁 images	图片文件夹
▷ 📁 js	JavaScript 文件夹

图 14-14　Web 模板的树形工程结构

1. 说明文档文件夹

说明文档文件夹（01_Doc）中存放的是"说明.docx"或者"Readme.txt"文件，它是整个 Web 模板工程的总描述文件，主要包括项目名称、功能概要、使用说明以及版本更新等内容，使得用户在首次接触 Web 模板工程时，无须打开项目即可了解项目的实现功能及运行方法。

可修改性：文件夹名不变，文件内容随 Web 模板工程的变动而修改。

2. 类文件夹

类文件夹（02_Class）中存放的是 Web 模板工程用到的各种工具类，如 SQL 操作类在 Database 文件夹下，界面优化类在 FineUI 文件夹中。

可修改性：文件夹和子文件夹名不变，文件个数和文件内容随 Web 模板工程的变动而修改。

3. Web 文件夹

Web 文件夹（03_Web）中存放的是各个 Web 页面，它们是直接与最终用户交互的界面。任一 Web 页面均包括前台（.aspx 文件）和后台（.aspx.cs 文件）两个部分，前台用于页面的设计，后台负责页面功能的实现。如果 Web 上使用了服务器控件，则还会自动生成设计器文件（.aspx.designer.cs 文件）。

可修改性：文件夹名不变，文件个数和文件内容随 Web 模板工程的变动而修改。

4. 资源引用文件夹

资源引用文件夹（04_Resources）包含所引用的 CSS 文件、JS 文件，以及引用的图片、图标等，用于实现网页的样式设计以及动画效果。

可修改性：文件夹名不变，文件个数和文件内容随 Web 模板工程的变动而修改。

5. Web 工程配置文件

Web 工程配置文件 Web.config 用于设置 Web 模板工程的配置信息，例如，连接字符串设置，是否启用调试、编译及运行，对 .Net Framework 版本的要求等。

可修改性：文件名不变，文件内容随 Web 模板工程的变动而修改。

14.5 通过微信小程序的数据访问

2017 年 1 月 9 日，中国腾讯公司推出的微信小程序正式上线，这是一种不需要下载安装即可使用的应用。它实现了应用"触手可及"的梦想，用户通过扫一扫或者搜索小程序名即可打开应用。在有网络的情况下，可以在手机或者平板等移动端设备中，借助微信打开微信小程序访问 NB-IoT 终端 UE 的数据，实现对终端数据的查询以及控制，具有重要的应用价值。本节将给出如何运行微信小程序以及微信小程序的模板工程结构。

14.5.1 运行小程序模板观察自己终端数据

按照 14.3.3 小节搭建自己的临时服务器，然后启动 FRP 客户端。运行云侦听模板程序（即".. \04-Software\CH14\CS-Monitor"），上电启动终端模板程序（即".. \04-Software\CH14\User-NB"）。

1. 修改微信小程序工程的配置

（1）修改实时数据和实时曲线的侦听地址

打开微信小程序开发工具，导入电子资源".. \04-Software\CH14\Wx-Client"文件夹，在配置文件 app. js 中将侦听地址修改为自己终端的 IP 地址和端口。

```
//服务器侦听地址
wssue：侦听地址：116. 62. 63. 164：32221,
```

（2）修改 wss 的访问地址

```
//wss 访问地址(关闭合法域名校验)
wss：'ws：//suda-mcu. com：32222/wsServices',
```

2. 观察 NB-IoT 终端实时数据

进入首页之后可单击"实时数据"进入"实时数据"界面，如图 14-15 所示。正常情况下，可以显示终端的实时数据，可以观察到"实时数据"页面中的 IMSI 号与终端的 IMSI 号一致（设读者终端的 IMSI 号为 460113003207294），表示此时界面上的数据确实是终端的数据。若 IMSI 号不一致，可单击"请选择 imsi 号"下拉框选择或者单击"手动输入"，输入自己终端的 IMSI 号。若微信小程序无数据，可重新给终端上电，再继续观察。

3. 数据回发

微信小程序在接收到终端数据的 30 s 内，可修改页面中"上传间隔"的输入框内容，并单击"回发"按钮，如果终端相应的数据得到更新，则表示微信小程序已将数据回发给终端，此为下行数据过程。读者也可以在终端的 TSI 触摸键位置触摸 3 下，可触发终端再次上传数据操作，如果在微信小程序上更新了刚刚修改的数据，则表明终端成功将回发的数据上传到微信小程序，此为上行数据过程。

图 14-15　微信小程序"实时数据"界面

14.5.2　NB-IoT 的微信小程序模板工程结构

1. 工程结构

工程结构共有 5 个文件夹和 4 个文件，它们的功能如表 14-6 所示。

表 14-6　微信小程序工程视图下文件目录结构

目　　录	名　　称	功　　能	备　　注
▸ doc	文档文件夹	存放文档文件	
▸ images	图片文件夹	存放图片资源	
▸ pages	页面文件夹	存放小程序的页面文件	文件名不可更改
▸ templates	模板文件夹	存放自定义构件模板	
▸ utils	工具文件夹	存放全局的一些 . js 文件	文件名不可更改
app.js	逻辑文件	运行后先执行的 js 代码	文件名不可更改，文件内容根据需要修改
{} app.json	公共设置文件	运行后首先配置的 json 文件	
app.wxss	公共样式表	全局的界面美化代码	
{} project.config.json	工具配置文件	对开发工具进行的配置	文件名不可更改

1）文档文件夹（doc）：主要存放与微信小程序相关的文档文件，如目录结构介绍、项目相关介绍，以及实现的功能等。

2）图片文件夹（images）：用于存放小程序中需要使用的图片资源。

3）页面文件夹（pages）：主要存放微信小程序的各个页面文件，内部包含的每个文件夹都对应于一个页面。

4）模板文件夹（templates）：保证在页面编写过程中使用的自定义构件模板，与普通的页面类似，但是提供一定的方法，可以被 pages 中的页面调用。

5）工具文件夹（utils）：主要用于存放全局使用的一些 JS 文件，公共用到的一些事件处理代码文件可以放到该文件夹下，作为工具用于全局调用。对于允许外部调用的方法，用 module. exports 进行声明后，才能在其他 JS 文件中引用。

6）逻辑文件（app. js）：微信小程序运行后首先执行 JS 代码，在此页面中对微信小程序进行实例化。该文件是系统的方法处理文件，主要处理程序的生命周期的一些方法，例如，程序刚开始运行时的事件处理等。

7）公共设置文件（app. json）：是小程序运行后首先配置的 JSON 文件。该文件是系统全局配置文件，包括微信小程序的所有页面路径、界面表现、网络超时时间、底部 Tab 等设置，具体页面的配置在页面的 JSON 文件中单独修改。文件中的 pages 字段用于描述当前小程序所有页面的路径（默认自动添加），只有在此处声明的页面才能被访问，第一行的页面作为首页被启动。

8）公共样式表（app. wxss）：是全局的界面美化代码，需要全局设置的样式可以在此文件中进行编写。

9）工具配置文件（project. config. json）：在工具上做的任何配置都会写入 project. config. json 文件，在导入项目时，会自动恢复对该项目的个性化配置，包括编辑器的颜色、代码上传时自动压缩等一系列选项。

2. 页面文件夹

在表 14-7 给出的目录结构中，pages 文件夹下的实时数据页面（data）包含的目录内容。

表 14-7　data 文件夹内容

目　录	名　　称	功　　能	备　注
▾ ▣ pages 　▾ ▣ data 　　▣ data.js 　　{·} data.json 　　▣ data.wxml 　　▣ data.wxss	页面文件夹	存放页面文件，包含多个文件夹	名称不可更改
	单个页面文件夹	页面文件夹，包含实际页面文件	
	事件交互文件	用于微信小程序逻辑交互功能	
	配置文件	用于修改导航栏显示样式等	文件不必更改
	页面文件	用于构造前端界面组件内容	
	页面美化文件	用于定义页面外观显示参数	文件不必更改

pages 文件夹下包含多个文件夹，每个文件夹对应一个页面，每个页面包含 4 个文件，其中 . wxml 文件是页面文；. js 是事件交互文件，用于实现小程序逻辑交互等功能；. wxss 为页面美化文件，让页面更加美观；. json 为配置文件，用于修改导航栏显示样式等。小程序每个页面必须有 . wxml 和 . js 文件，其他两种类型的文件可以没有。

注意：文件名称必须与页面的文件夹名称相同，如 index 文件夹，文件只能是 index. wxml、index. wxss、index. js 和 index. json。

14.6　本章小结

　　本章把 NB-IoT 应用知识体系归纳为终端（UE）、信息邮局（MPO）、人机交互系统（HCI）三个有机组成部分。从应用开发者视角来看，SIM 卡号可以作为终端 UE 的唯一标识，信息邮局则抽象为固定 IP 地址与端口，从程序上看就是云侦听程序，人机交互系统通过信息邮局与终端打交道。本章给出了以通用嵌入式计算机为基础、以 RT-Thread 实时操作系统为工具的终端应用模板，并给出了云侦听程序模板、Web 及微信小程序模板，为"照葫芦画瓢"地进行具体应用提供共性技术，形成了以 GEC 为核心，以构件为支撑，以工程模板为基础的 NB-IoT 应用开发生态系统，为有效地降低 NB-IoT 应用开发的技术门槛提供了基础。

参 考 文 献

［1］ 邱祎，熊谱翔，朱天龙 . 嵌入式实时操作系统：RT-Thread 设计与实现 ［M］. 北京：机械工业出版社，2019.

［2］ 王宜怀，朱仕浪，姚望舒 . 嵌入式实时操作系统 MQX 应用开发技术 ［M］. 北京：电子工业出版社，2014.

［3］ The Free Software Foundation Inc. Using as The gnu Assembler ［Z］. Version 2. 11. 90. 2012.

［4］ RANDAL E B, DAVID R, HALLARON O. Computer systems：a programmer's perspective ［M］. 3rd ed. Pittsburgh：Carnegie Mellon University，2016.

［5］ ARM. Armv7-M Architecture Reference Manual ［Z］. 2014.

［6］ ARM. Arm Cortex M4 Processor Technical Reference Manual Revision r0p1 ［Z］. 2015.

［7］ NATO Communications and Information Systems Agency. NATO Standard for Development of Reusable Software Components ［S］. 1991.

［8］ JOSEPH Y. Arm Cortex-M3 与 Cortex-M4 权威指南 ［M］. 3 版 . 吴常玉，曹孟娟，王丽红，译 . 北京：清华大学出版社，2015.

［9］ 王宜怀，许粲昊，曹国平 . 嵌入式技术基础与实践 ［M］. 5 版 . 北京：清华大学出版社，2019.

［10］ 王宜怀，张建，刘辉，等 . 窄带物联网 NB-IoT 应用开发共性技术 ［M］. 北京：电子工业出版社，2019.

［11］ STMicroelectronics. STM32L431xx Datasheet ［Z］. 2018.

［12］ STMicroelectronics. STM32L4xx Reference manual ［Z］. 2018.

［13］ 甘瑟尔 . 嵌入式系统设计的艺术：第 2 版 ［M］. 北京：人民邮电出版社，2009.

［14］ 张海藩，牟永敏 . 软件工程导论 ［M］. 6 版 . 北京：清华大学出版社，2013.

［15］ 王万良 . 人工智能导论 ［M］. 5 版 . 北京：高等教育出版社，2020.